지구의 생성과 진화

지구의 생성과 진화

유강민 엮음

KSI 한국학술정보㈜

"지구의 생성과 진화" 질문/답변 모음집을 출판하며

　대학에서 교양 강좌로 수년간 "지구의 생성과 진화" 강의를 생동하는 지구 (박수인 외 공역, 원서: *The Dynamic Earth*, Brian J. Skinner & Stephen C. Porter, John Wiley & Sons, Inc.) 교재로 강의한 바 있다. 강의 중에 학생들 스스로가 질문을 자제하기도 하고 질문과 답변의 시간적 제약이 있으나, 사이버 강좌에서는 수강생이 원하는 질문을 질문/답변방에 올려 두면 이것에 대한 답변이 수강생들 간에 시간 및 공간적 제약을 받지 않고 여유 있게 행하여질 수 있는 장점이 있다. 그리고 본 강의가 사이버 강좌로 진행되어 교과서 이외의 다양한 자료에 학생들이 손쉽게 접근할 수 있고, 또한 우리의 둘레에서 보고 느낄 수 있는 자연 현상에 대한 의견과 토론이 자유롭게 이루어지게 되는 강점을 갖게 된다.

　"지구의 생성과 진화" 강의 내용은 초기 지구의 생성과정에 관한 것과 생성 후 현재까지 변화 내지 진화해온 내용 등 지구의 변화를 여러 주제로 나눠 다양한 측면으로부터 활동적인 지구를 이해하기 위한 내용을 담고 있다. 태양계와 지구생성, 지구 자체에 대한 것, 그리고 지구생성 후 지구의 변화와 함께, 즉 진화해온 광물과 암석, 판구조론, 하천과 지하수, 빙하, 바람과 사막, 해양, 지진 등에 관한 것들, 또한 생물 진화에 이르기까지 광범위한 내용을 다루고 있다. 계속 역동적으로 활동하고 있는 지구를 올바로 알기 위해 자연현상의 내용을 요약하여 기본적인 것을 손쉽게 이해할 수 있도록 구성하였다. 질문/답변방에서 오고 간 내용은 일반인들도 궁금하게 생각하고 있는 것이고 또한 흥미로운 내용이기에 정리하여 질문/답변 모음집을 출판하게 되었다.

질문/답변방에 올려진 수강생의 느낌을 최대한 그대로 전달하기 위해 원본의 내용에 충실하고자 했고 부분적으로 표현 등을 수정하여 수록했다. 그림이나 사진은 대부분 생략했다. 질문 내용에 나오는 비디오는 한국방송공사(KBS) 출간의 "지구대기행"이라는 비디오이며, 이 비디오는 원래 일본 NHK가 제작한 프로그램이다.

이 책의 내용은 열두 가지 제목으로 나눠 수록하였다. 첫 번째, 두 번째 및 다섯 번째 제목에 질문이 편중되어 있어 관심의 대상을 엿보게 한다.

질문과 답변을 열심히 해준 여러 수강생들에게 진정 고마움을 표한다. 이 책을 만드는 데에 수고해준 염종권 박사에게 감사의 마음을 전한다. 그리고 흔쾌히 출판을 해주신 한국학술정보(주)의 채종준 사장님, 권현옥 팀장님 등 편집과정에 도움을 주신 모든 분들께도 진정 감사드린다. 또한 나의 가족인 오쿠야마 요코, 준, 리라에게 사랑과 고마움을 전한다.

아직 여러 모로 미비한 "지구의 생성과 진화" 질문/답변 모음집이 독자 분들께 지구와 우리들 주변의 자연 현상을 이해하는 데 조금이나마 도움이 되었으면 하는 바람이다.

2007년 10월
유강민

9   제1장   태양계와 지구생성

101   제2장   지구에 관한 소개 및 지질연령

155   제3장   광 물

165   제4장   암 석

177   제5장   판구조론

213   제6장   풍화 작용과 토양

217   제7장   하천과 배수계, 지하수

237   제8장   빙하와 빙하 작용

253   제9장   바람의 영향과 사막

271   제10장   해 양

279   제11장   지 진

299   제12장   에너지 자원

311   제13장   생물의 진화

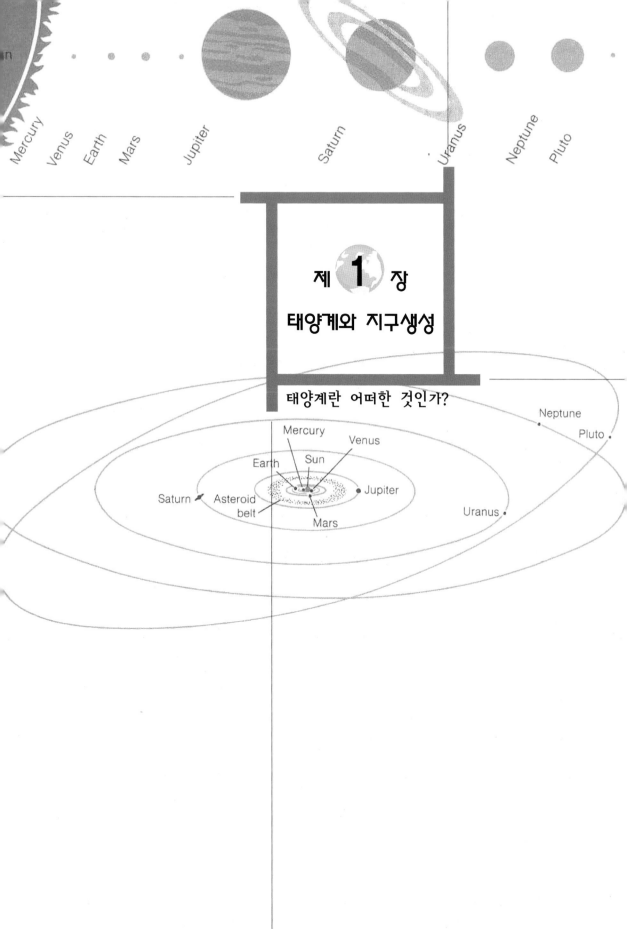

제 **1** 장

태양계와 지구생성

태양계란 어떠한 것인가?

태양계와 관련된 질문/답변 모음

질문 1 빅뱅이 무엇?

빅뱅이 뭔지 아시는 분이나 그 내용에 관한 사이트를 아시는 분은 가르쳐
주세요.

답변 1 big bang!

빅뱅이란 말 그대로 큰 폭발이지요.

우주의 탄생이론 중 하나로 대폭발 이론이라고 하는데 가장 그렇다고 믿어
지는 학설이지요.

빅뱅이론이 의지하는 두 가지 실험적 근거가 있다.

그중 하나가 1929년부터 1931년 사이에 에드윈 허블이 발견한 우주의 팽창
이다. 그는 멀리 떨어진 은하계들로부터 오는 빛의 적색 이동이 우리로부터 그
들의 거리에 비례한다는 것을 관측했다. 그것은 마치 기차가 멀어질 때 기차의
기적소리의 진동수가 변하는 것 같은 도플러 이동으로 멀어져 갈 때 원자의
스펙트럼은 적색으로 이동한다. 즉 우주는 팽창하고 있다는 것이다. 두 번째로
는 아르노 펜지아스와 로버트 윌슨이 1964년에 발견한 마이크로파 바탕복사다.
우주의 검은 빈 공간들이 절대적으로 차갑지 않은 절대온도 0도 바로 위의 3
켈빈의 온도를 가진다. 우주가 매우 높은 온도에서 내려가기 시작하여 오늘날
에 이르렀다는 것이다. 그리고 식는 속도는 점점 줄어들고 있지만 아직도 식어
가는 도중이라는 것이다.

그럼 이런 폭발은 '왜, 어떻게, 어디서 생겨났는가?' 하는 물음이 남는다. 과
연 어디서 시작되었을까? 하인즈 페이겔스가 쓴 '우주의 암호'라는 책을 보면
진공에서 우주가 생겨났다는 이론이 있다. 우주의 모든 에너지를 더하면 거의
0이 된다. 별들 간의 위치에너지를 음의 값으로 질량에너지를 양의 값으로 하
여 더하면 '거의' 0이 된다. 아직 발견하지 못한 물질들(가령 작은 중성미자들

의 질량)을 더하면 우주의 총 에너지는 0이 되리라 예상된다. 즉 우주는 무(無)에서 태어났다는 것이다. 진공이 안정한 것 같지만 양자론의 법칙들에 의하면 안정한 것처럼 보였던 핵이 붕괴하듯이 진공이 자신을 대폭발로 변하게 할 대단히 작은 양자적 확률이 있다고 한다. 확률이 0이 아니어서 언젠가는 충분히 일어날 수 있다고 한다.

더 궁금하다면 '우주의 암호'를 읽어 보길······.

 답변②: 빅뱅을 인간의 힘으로 만든다.

인간의 손으로 지구를 집어삼킬 만한 블랙홀을 만들 수 있을까? 세계 물리학계에서 블랙홀이 인위적 형성 가능성을 놓고 뜨거운 논쟁이 벌어지고 있다. 지금까지 알려진 블랙홀은 형체는 거의 없지만 무게는 무한대에 가까울 정도로 무겁다.

미국 뉴욕 주 롱아일랜드의 브룩하벤 국립연구소의 물리학자들이 입자가속기 실험에서 블랙홀이 만들어질 수 있으며 이 블랙홀이 지구를 멸망시킬 수도 있다는 주장이 학계에서 제기되어 파장을 일으키고 있다. 이 연구소는 1990년대 초부터 「상대론적 중이온 충돌기(Relativistic Heavy Ion Collision, RHIC)」라는 고성능 입자가속기의 제작을 시도해 최근 완성했다. 가속기를 이용해 금과 같은 무거운 원소를 순간적으로 충돌시키는 실험을 실시할 계획이다. 무거운 이온들이 순간적으로 충돌하면 이온들이 어지럽게 뒤섞이는 플라즈마 상태가 형성된다. 특히 RHIC는 원자핵을 '쿼크'와 '글루온'으로 분리해 쿼크 글루온 플라즈마라는 아주 특이한 상태를 유도할 수 있다.

포항공대 가속기연구소 김귀년 박사는 "쿼크 글루온 플라즈마 상태는 우주 대폭발이 일어났던 빅뱅과 비슷한 상태"라고 설명했다. 그러나 우주의 신비를 풀어 나갈 이번 실험계획에 대해 일부 학자들이 제동을 걸고 나섰다. 이들은 "무거운 원소들이 높은 에너지의 상태에서 충돌하면 순간적으로 고온, 고밀도로 변질된다."며 "이 때문에" 블랙홀이 만들어져 지구의 모든 것을 삼킬 수도 있다."고 경고했다. 이 내용은 영국 일간지인 선데이타임스에 소개되어 물리학계를 발칵 뒤집어 놓았다.

브룩하벤 국립연구소는 곧바로 전문가들로 구성된 국제위원회를 구성, 재앙이 일어날 가능성을 조사한 뒤 "그런 일이 일어날 확률은 0에 가깝다."고 반박했다. 브룩하벤의 연구진은 먼저 아무리 작은 블랙홀이라도 직경이 10^{-35}m 이상이 되어야 한다는 점을 강조한다. 이 크기의 블랙홀을 만들어 내려면 10^{19}GeV(기가일렉트론볼트·에너지 단위의 일종)에 해당하는 에너지가 필요한데 RHIC는 겨우 100GeV의 에너지만을 사용하고 있다. 브룩하벤 연구소의 RHIC 가속기실험에 함께 참여하고 있는 연세대 강주환 교수도 "연구소 측과 관련 e-메일을 주고받았으나 우려할 만한 수준은 아닌 것 같다."고 분위기를 전했다. 그는 "원자 크기의 작은 공간에서 순간적으로 이뤄지는 실험이므로 위험하지 않을 것"이라며 "이러한 수준의 충돌은 우주에서도 여러 번 일어났으며 그때마다 지구가 위험에 빠졌어야 하는데 그러한 현상은 없었다."고 설명했다.

〈경향신문에서 발췌〉

 답변③: 호킹 아저씨께서 "우주는 초기에 완두콩 크기였다."

제가 알기로는 호킹 박사는 빅뱅이론을 확립한 사람으로 알고 있고 실제로 이전에 어떤 사람이 비슷한 이론을 내놓았다고 알고 있습니다. 하여간 빅뱅이론의 확립자인 호킹 박사의 이론을 더 자세히 알고 싶은 분은 스티븐 호킹 박사의 "시간의 역사(Brief History of Time)"를 참고해 주세요.

영국의 과학자 스티븐 호킹의 새로운 이론에 따르면 우주는 120억 년 전 빅뱅에 의해 시작되기 전 완두콩보다 크지 않았다고 한다. 휠체어에 몸을 의지하고 있는 '시간의 역사'의 저자인 이 저명한 물리학자는 우주는 빅뱅 바로 전 몇 분의 일 초 동안 완두콩만 했다고 믿고 있다.〈출처: Science, 1998년 2월 21일〉

호킹과 튜록이 믿기는 빅뱅 바로 직전의 우주는 작은 콩알만 한 것으로 시간이 없는 공간에 매달려 있었는데 곧이어 급격한 팽창이 일어났고 이 팽창은 순간적으로 거대한 폭발로 이어졌다. "여러분은 아마 유한한 것으로부터 무한한 우주를 그려낸다는 것이 불가능하다고 여길지 모르겠다. 이것은 하나의 역설로 여겨질 것이다. 그러나 우리들의 이론은 완두콩만 한 우주의 구성과 그것의 전체적인 미래에 대해 설명하는 것이다."라고 튜록은 말했다.

호킹과 튜록은 천체의 직접적 관찰이 아닌 물리학의 여러 법칙들을 감안하여 이 이론을 도출했다. 그들은 아직 이 이론에 의거하여 우주의 미래를 예측하는 상세한 작업을 시작한 바 없지만 지적할 만한 결점이 전혀 없는 이론이라는 게 그들의 설명이다.

질문2 우주의 생성에 대해

우주의 생성 이론 중 빅뱅론에 대해서는 정말 믿음이 가지를 않습니다. 아무리 과학적 이론이라고 하지만요. 태초에 작은 먼지가 있었다고 했는데요, 그러면 도대체 그 먼지는 어느 공간 위에 떠 있었던 겁니까? 그건 전혀 설명이 되어 있지를 않군요. 그 먼지가 있던 공간이 우주가 아니면 무엇이란 말입니까?

그리고 제가 이번에 다른 과목 과제를 작성하면서 알게 된 일인데요, 우연히 단백질 하나가 생성될 확률은 10의 수천억 승 분의 일보다도 더 작구요, 우주에서 단 한 개의 아미노산이 만들어질 확률은 수십억 년에 한 번이 있을까 말까 한 정도의 확률이라고 합니다. 그런데 이러한 것들이 존재하지 않는 공간에 우연히 있던 먼지가 우주가 되고 또 우연히 아미노산이 합성되어 생명체가 만들어지는 등 이런 것들은 정말 저의 머리로는 이해하기가 힘들군요. 그런데 그들 중에서도 앞에서 말한 바와 같이 대체 그 먼지는 어느 공간에 떠 있었을까요? 그럼 그 공간은 우주가 아니고 대체 무엇이란 말입니까? 아니면 우주 수십억 개가 또 다른 우주 안에 떠 있는 것이고 또 그 밖의 우주들은 수십억 개가 또 다른 훨씬 더 큰 우주에 의해 둘러싸여 있고. 그런 끝없이 펼쳐진 공간을 대체 어떻게 한 번의 폭발로 설명할 수가 있는 건지. 차라리 4차원의 통로가 존재하여 우주의 끝은 순환을 거듭하는 유한하면서도 무한한 공간이라고 생각하는 것이 훨씬 더 신빙성이 있는 것 같군요.

답변1 빅뱅설에 대해서 오해하고 있는 부분들

빅뱅은 하나의 가설에 불과합니다. 우주배경복사로 그 설에 대한 증명이 이뤄진 것으로 여겨졌으나 최근에 그것이 필요조건이지 필요충분조건이 아님이 밝혀졌습니다. 이후에 인플레이션 이론 등 또 다른 이론 등이 많이 나왔음에도 불구하고 빅뱅이론은 그 이름 덕택에 사람들 입에 아직도 오르내리고 있죠. 빅뱅이론이 획기적인 것은 사실입니다. 우주는 고정되어 있다는 정상우주론이라는 고정관념을 깨었으니까요. 저는 그 자체만으로도 굉장한 의미를 가진다고 보는 편입니다.

빅뱅설에서 사람들이 가장 오해하는 부분 중의 하나가 한 점에서 시작했다는 말입니다. 그 표현이 이해하기가 가장 쉬우면서도 빅뱅설을 오해하게끔 만들 수 있는 말입니다.

두 점이 있다면 그 사이의 거리는 엄연히 존재합니다. 빅뱅 당시에도 두 점은 거리를 두고 존재했습니다. 그 거리가 굉장히 아주 굉장히 짧았을 뿐이죠. 그러니까 빅뱅 당시는 한 점에서 출발한 것이 아니죠. 예를 들면 서울과 부산이 있다면 그리고 서울과 부산이 계속 멀어진다고 하면 미래에 서울과 부산은 더 멀리 떨어져 있을 것입니다. 하지만 두 점 사이의 거리는 존재하는 것입니다. 과거에도 미래에도 두 점 사이의 거리는 존재할 것입니다. 이 말이 왜 중요하냐면 여기서부터 공간의 개념(우주)이 나오는 것이죠. 빅뱅 당시에도 공간이 존재합니다. 단지 그 공간이 아주 작았을 뿐이죠. 그리고 그 공간이 지금과 같이 이렇게 퍼진 것이구요. 그래서 빅뱅 당시의 그 한 점(?) 즉 우리가 사는 공간 이외의 공간은 아무런 의미가 없는 것입니다. 이것은 마치 우리가 영혼의 공간을 논하는 것과 같은 이치입니다.

 질문❸ 지구 생성에 관한 증거는?

지구 생성에 관한 많은 학설이 있는 것으로 알고 있는데요. 행성의 생성이 그와 같다면 지금도 지구처럼 생성되고 있다는 증거 같은 것은 아직 없나요? 인공위성 같은 걸로 찍은 사진 같은 거요. 궁금합니다.

 답변① 행성생성 사진

허블망원경에서 행성생성 사진을 찍었죠. 항성 주위에서 3~4개의 행성생성

장면이 목격되었는데 암석질의 행성인지는 잘 모르겠습니다. 사진을 봤더니 아직 초기 상태인지 행성 주위가 뿌연데 아직 합쳐지지 않은 우주의 먼지와 가스덩어리겠지요.

 질문4 어제 강의에서

음에는 원자가 수소와 헬륨밖에 없었는데 어떻게 여러 가지가 생겼나요?

 답변1 여러 가지 원소.

이 지구상에는 105가지의 원소가 있는데 처음에는 수소와 헬륨밖에 없습니다. 하지만 수소와 헬륨의 핵융합 반응에 의해서 여러 가지 원소가 생겨납니다. 하지만 이 수소와 헬륨의 반응으로는 Fe, 즉 철까지밖에 만들 수가 없다고 합니다. 왜냐하면 철이 가장 안정한 원소이기 때문이지요. 그럼 다른 원소들은 초신성의 폭발 같은 갑자기 생겨난 큰 폭발에 의해서 생긴 것 같습니다.

 답변2 핵융합에 의해서 그렇게 된답니다.

간단하게 말해서 수소 핵융합의 결과, 별에 헬륨의 핵이 형성되면 핵은 수축하면서 좀 더 고온이 되고 결국 헬륨도 점화되어 타기 시작하며 헬륨이 타면 탄소와 산소가 만들어지게 됩니다. 지구과학 참고서를 뒤져보니

"100억 년에서 150억 년 전, 우주가 막 생겨났을 즈음에는 수소, 헬륨 그리고 극소량의 리튬과 베릴리움, 보론만이 존재했었다. 이보다 더 무거운 원소는 존재하지 않았었다. 초기에 존재하던 원소 이외의 중원소들은 별 내부의 핵 연소에 의해 생성되었다.

수소의 핵연소 결과 헬륨을 만들었고 헬륨은 탄소와 산소, 또 이들은 더 무거운 원소를 거듭하여 만들어냈다. 한 원소의 핵연소의 재는 연속적인 핵연소의 연료가 되었다."

이렇게 나와 있습니다.

질문5 우주의 끝은 어디인가요?

 황당한 질문이죠? 하지만 오래전부터 가끔 이런 생각을 했거든요. 우주의 끝은 있나? 우주는 팽창하고 있다는데 어디로 팽창을 하고 있는 거지? 이런 생각을 하다보면 답은 안 나오고 항상 머리만 아프거든요.

답변1 Scientific American

천문학자들의 말대로 우주의 팽창이 가속되고 있다면 우주는 엄청난 크기로 커질 것이다. 그러나 우리의 세계는 축소되고 있다. 은하계 사이의 광대한 거리는 그들 사이를 가로지르는데 빛의 속도로 항해할 수 있는 우주선이 나타날 때까지 점점 더 멀어질 것이다. 비교적 가까이 있는 은하계 내의 Coma 성단은 600억 년 이후면 은하수에서 떨어져 나갈 것이다. 결국 우리는 우리의 우주 이웃들과 떨어져 외톨이가 될 것이다. Case Western Reserve 대학교의 우주론학자 Glenn D. Sterkman은 이렇게 말한다. "만일 Coma를 보기 원한다면 지금 출발하십시오. 시간이 없습니다." 1년 반 전만 해도 전통적인 팽창이 감속하는 우주에 대립되는 것으로서 가속되는 우주 속에 존재하는 생명의 기이함에 대해서 생각했던 과학자들은 거의 없었다. 그러나 우주론학자들은 우주 안의 질량의 총량에 대한 모순뿐만 아니라 멀리 떨어진 초신성의 관측을 통해서 생각이 달라졌다. 최근의 발견들은 가속에 대한 두 가지의 주요 논쟁을 불러일으켰고 기묘한 반중력에 대해서 무엇인가를 암시하고 있다. 초신성은 우주에서 팽창 속도에 대한 가장 직접적인 증거를 제공해 준다.

이것은 공간의 팽창으로 인해서 빛의 파장이 늘어서 적색편이를 일으키며 지구에 빛이 도달하는 시간을 지연시키는 현상이다. 빛이 쇠약해진다는 가설은 빛의 색과 예상된 밝기를 변화시킬 수 있지만 명백한 시간 경로까지 바꾸지는 못한다. 가속에 대한 두 번째 주요 쟁점은 관측된 우주 내의 물질의 총량과 우주에 유클리드 기하학을 적용하기 위해서 필요한 물질의 총량 사이의 차이이다.〈출처: Sceintific American〉

질문❻ 허블의 법칙에 대해 더 자세히 알았으면

저는 허블의 법칙에 대해 '우주는 계속해서 팽창한다'라는 정도의 단순한 내용밖에는 알지 못합니다. 그런데 우주가 계속해서 팽창하다 보면 언젠가는 우주의 끝도 있지는 않을까 합니다. 또한 우주가 팽창을 처음 시작한 과거의 어느 시기에는 과연 우주가 어떤 상태였을까 하는 의문도 생깁니다

답변① 우주의 끝에 대한 것

앞에 답변들을 읽어보니 허블 상수에 대해서 자세히 기술해 놓았더군요. 제가 조금 아는 부분은 우주의 끝에 대한 것인데요. 흔히들 현재 팽창하는 우주가 끝없이 팽창하거나 결국에 가서 수축되어서 붕괴한다는 두 가지 설이 있는데요. 여기서 중요한 변수는 우주의 질량입니다. 우주 전체의 질량이 일정한 수준을 넘는다면 우주의 팽창은 자신의 중력에 못 이겨 수축하기 시작할 것이구요. 일정한 수준이 안 된다면 끝없이 팽창한다고 합니다.

현재까지 관측된 별들의 개수, 평균 질량 등을 고려해서 계산해 보면 우주의 질량이 수축되기에는 턱없이 부족하다고 합니다. 하지만 여기에 또 다른 미지수는 우주 안에 존재하는 것으로 알려진 암흑 물질입니다.

암흑 물질은 관측되진 않지만 질량은 엄연히 존재하는 물질로서 일부에서는 우주의 반 이상이 이러한 물질로 이루어졌다고 하더군요. 그게 사실이라면 우주는 계산되었던 것보다 훨씬 무거워서 결국엔 수축하겠지요.

답변② 허블의 법칙

20세기 초반까지만 해도 우주는 절대적으로 고정된, 정적인 우주임을 믿어 의심치 않았다. 그러나 1920년대에 이르러 이러한 단순한 우주관에 변화가 일어났다. 그 변화는 아인슈타인의 중력이론에 의해서 그리고 그 이론을 연구하던 물리학자들에 의해서 시작되었다. 이어서 미국에 천문학자 에드윈 허블(Edwin Hubble)이 먼 은하 속의 별에서 오는 빛을 관측하여 그 결과를 발표함으로써 우주관을 크게 변화시켰다. 허블은 간단한 파동의 성질을 이용했다. 파를 발생시키는 파원이 관측자로부터 멀어지고 있으면 관측자에게는 그 파동

의 진동수가 실제보다 작게 관측된다. 빛 또한 파동이므로 이와 같은 성질이 나타난다. 빛을 내는 광원이 관측자로부터 멀어져 갈 때에는 그 진동수가 감소하고 따라서 관측되는 빛은 원래의 빛의 파장보다 붉은색 쪽으로 치우쳐 나타난다(광학적 영역에서 빛의 스펙트럼은 붉은색에서 보라색까지 파장에 따라 배열되어 있다. 붉은색의 파장이 더 길고 보라색 쪽으로 갈수록 파장이 짧아진다). 이러한 현상을 '적색편이(red shift)'라고 부른다. 허블은 그가 관측한 외부은하들로부터 오는 빛이 체계적으로 적색편이를 나타내고 있음을 발견했다. 그는 편이가 일어난 정도를 측정하여 은하가 얼마나 빨리 후퇴하고 있는지 알 수 있었다. 그리고 외부은하 속에 있는 별들 중 실제 밝기가 같을 것으로 여겨지는 동일한 종류의 별들을 찾아서 그 밝기를 비교함으로써 우리와 그 은하들 사이의 상대적인 거리를 추측할 수 있었다. 허블이 관찰한 바에 따르면 멀리 있는 광원일수록 더 빨리 우리에게서 멀어져 간다는 사실이 알려졌다(이것이 바로 허블의 법칙이다). 허블이 발견한 사실은 곧 우주팽창을 의미한다. 멀리 있는 은하일수록 더 빨리 멀어져 간다는 사실은 우주 전체가 팽창하고 있음을 뜻하기 때문이다. 즉 허블이 발견한 것은 다름 아닌 우주팽창이었다. 그때까지 생각해 온 정적인 우주가 아닌 역동적인 우주를 발견한 것이다.

 답변③ 허블의 법칙에 대해서만

허블의 법칙은 당연히 허블이 발견한 거겠죠. 그 당시 사람들에게 있어 은하란 것은 임의적으로 움직인다고 여겨졌고 지구에 가까워지는 은하가 있으면 지구에서 멀어지는 은하도 비슷한 수만큼 있다고 생각했을 겁니다. 그러나 허블이 여러 은하들의 스펙트럼과 그 거리를 측정하고 목록을 작성한 결과 새로운 사실을 알아낸 것입니다. 대부분의 은하들이 적색편이를 일으킨다는 것으로, 즉 은하들이 지구에서 멀어진다는 것입니다. 그것도 지구와의 거리에 정비례하는 속도로 말입니다. 이를 식으로 나타내면 'V=HR'인데 V는 은하의 후퇴속도, H는 허블 상수, R은 지구와 은하 사이의 거리를 나타냅니다. 도플러 효과는 다 아실 거라 생각하지만 혹시 모르는 사람을 위해 간단히 적겠습니다. 어떤 움직이는 파원이 있다고 생각합시다. 그리고 그 파원이 관측자에게 다가

가고 있다면 그 파동의 마루와 마루 사이의 거리는 줄어들 것입니다. 그러면 그 파동의 파장은 짧아지게 되고 동시에 진동수는 높아지겠죠. 만약 이 파동이 빛이라고 생각해 봅시다. 그러면 파원이 관측자에게 가까워질 때는 파동의 파장이 짧아지기 때문에 그 빛의 스펙트럼은 파장이 짧은 청색 쪽으로 이동하게 될 것입니다. 그와 반대로 파원이 관측자에게서 멀어지면 파장이 길어지기 때문에 적색편이가 나타나는 것입니다.

그리고 허블상수를 적으려고 했는데 허블상수라는 것이 시대에 따라 변해 왔더라구요. 저도 인터넷 사이트에서 안 것인데. 흥미 있으신 분들은 아래 홈페이지로 가보시길 바랍니다. 허블에 관한 거의 모든 것이 있더라구요.

인터넷 주소는 http://galaxy.channeli.net/samslee/hubble/입니다.

답변④ 우주가 4차원의 표면일 수도

허블의 법칙은 단지 확장되어간다는 관찰입니다. 우주의 시작은 아직 알 수 없지요. 들은 바로는 빅뱅을 증명한 호킹이 요즘은 양자론을 써서 우주 초기의 빅뱅을 피할 수 있다고 이야기한다고 하더군요. 우주의 끝이라. 흔히 뭐 계속 확대, 평행, 축소 세 가지로 이야기하는데 얼마 전에 그 뭐냐, 어떤 입자가 질량이 있는 것으로 판명되면서 축소 가능성도 이야기되고 있는 것으로 압니다. 참! 그리고 우주의 끝이라. 한 가지 조심해야 할 것은 우주가 3차원이라고 흔히 생각해 버리는 것입니다. 잘 모르죠. 흔한 예로 풍선 표면에 점을 그려놓고 부는 것처럼 우리 우주가 4차원의 표면일 수도 있겠지요.

질문7 태양계의 생성

비디오 내용 중에 태양계의 생성에 관한 언급이 나오는 걸 보았습니다. 그 가설에 의하면 태양의 생성이 먼저 있은 뒤에 우주의 가스와 여러 물질들이 서로 접촉하면서 운석이 생기게 되었고 이 운석들이 서로 충돌하면서 점점 큰 행성의 생성이 가능해졌다는 말로 이해를 하게 되었는데요. 어떻게 운석들이 충돌을 하고서 산산조각이 나지 않고 융합할 수 있는 것인가요? 운석이 끈적

끈적한 점도가 그리 높지 않은데도 그런 융합이 가능합니까?

답변① 운석 충돌의 의미

그냥 제 생각인데요. 운석이 충돌했다는 것의 의미는 태양의 중력에 의해 운석 같은 것들이 모였고 거기에 먼지와 가스 같은 것들이 섞여 콘크리트 작용을 한 것이 아닌가 합니다. 그러한 것이 점점 커져서 인력을 작용하게 되고 주변의 가스와 먼지들을 모아 지금의 형상을 이룬 게 아닐까 하네요. 이건 순전히 제 추측입니다.

질문❽ 태양풍이 무엇인지?

제1주 강의내용에 보면 태양풍에 의해 가벼운 원소들은 바깥쪽으로 날려가 성분이 분화되었다고 나오는데 태양풍이 무엇인지 알고 싶습니다. 그리고 태양계를 보면 지구형 행성들은 크기는 작지만 밀도는 크고 목성형 행성은 크기는 크지만 밀도는 작습니다. 제 생각에는 태양풍에 의해 날라 간 가벼운 원소들에 의해 목성형 행성들이 구성되었기 때문에 밀도가 작게 형성되었을 거라 추측하는데 맞는지요(태양이 생성된 것은 60억 년 전이라고 되어 있는데 그 이전에는 태양계의 생성에 태양풍이 영향을 미치지는 못했을 거라는 생각에 딜레마가 생기네요). 또 화성과 목성 사이에는 소행성들이 존재하는데 그 소행성들은 어떻게 생성되었는지도 궁금합니다.

답변①

화성과 목성 사이에는 소행성이라고 부르는 작은 천체가 많이 있습니다. 이 소행성대는 그 옛날에 몇 개의 행성이 만들어졌을 적에 근처에 있던, 미처 행성이 되지 못한 암석의 무리일는지도 모릅니다. 몇몇 소행성들은 지구의 경로를 가로지르는 궤도를 갖고 있으며 과거 어떤 것들은 지구와 충돌하기도 하였습니다.

소행성은 주로 화성과 목성 사이에서 태양 둘레를 공전하고 있으며 작은 천체들 이러한 소행성대의 중심은 태양으로부터 행성까지의 거리를 결정하는 티티우스-보데의 법칙에 의하면 태양으로부터 약 2.8A.U.되는 곳에 위치하고 있습니다. 또 이 소행성대의 위치는 목성의 공전주기와도 밀접한 관계를 맺고 있습니다. 즉 목성의 공전주기와 소행성의 공전주기의 비가 1:3, 2:5, 3:7, 1:2가 되는 곳에서는 소행성이 거의 존재하지 않는 커크우드 틈이 생기게 되는데 이것은 목성이 소행성에 미치는 중력 때문에 생기는 것이라고 합니다. 또 목성의 중력에 의해 목성의 궤도와 소행성의 궤도가 공명을 일으켜 생기는 소행성의 무리도 있다고 하는데 그 예로 트로쟌 소행성군이라는 게 있습니다. 소행성의 생성에 대해서는 그 위치에 있던 행성이 부스러졌다는 가설과 소행성들이 뭉치지 못하고 그냥 소행성으로 존재하였다는 가설이 있습니다. 하지만 아직 정확한 원인에 대해 밝혀진 것은 없다고 하네요.

태양의 코로나는 태양의 중력을 충분히 탈출할 수 있을 정도의 에너지를 가진 입자들을 포함하고 있습니다. 이 입자들은 태양으로부터 초속 900km에 달하는 속도로 나선형을 그리며 뻗어나가 태양풍을 만듭니다. 그러니까 태양풍은 태양의 코로나에 의해서 발생된다고 보면 되겠죠. 태양풍의 입자들은 태양의 자기력선을 따르는데 이 입자들은 전하를 띠고 있으므로 태양계를 전류로 채우며 태양풍이 차지하는 영역을 태양권이라 합니다. 1958년 파커에 의해 태양풍의 존재가 이론적으로 증명되고 1962년 과학위성 마리너 2호에 의해 확인되었습니다. 태양은 1초 동안 약 1백만 톤의 수소를 태양풍으로 잃어버립니다. 태양풍이 태양의 전체 질량을 행성 사이의 우주공간으로 흩어 놓으려면 모두 100조 년의 세월이 필요하다고 합니다. 하지만 태양의 수명은 100억 년에 지나지 않는다고 하네요.

 답변②

웹에서 우연히 발견한 것이랍니다. 천체물리학자들이 지난 37년 동안 풀지 못한 태양풍의 속도에 대한 수수께끼가 미국과 유럽이 공동 추진 중인 우주탐험사업 덕분에 밝혀졌다고 최근 미국 항공우주국(NASA)이 발표했다. 지난 62년 '마리너 2 우주 심해탐사'를 통해 처음 관측된 태양풍은 태양 표면에서 발생, 초속 800~900km로 우주를 이동하는 바람이다. 하지만 그동안 과학자들은 태양풍의 속도가 이론상으로 가능한 속도보다 두 배나 빠른 이유를 설명하지 못했다. 태양풍은 지구궤도를 도는 인공위성의 전자기능을 방해하는 것으로 추정돼 과학자들의 큰 관심거리였다. 그러나 최근 NASA의 소형 우주선 '스파르탄'과 국제 공동의 태양 및 태양계 관측기구(SOHO)에 실린 정밀기기들이 촬영한 자료들을 판독한 결과 이 같은 비밀을 알아냈다. 과학자들은 태양 코로나에서 자기파를 발견했으며 이 자기파가 태양에서 방출되는 전자 및 양자의 흐름을 가속시키는 것으로 추정했다. 코로나는 태양 표면의 가스층으로 둥근 태양 위에서 불타며 너울거리는 모습이 마치 왕관처럼 보인다. 미국 매사추세츠주 케임브리지 소재 스미소니언 천체물리관측소의 존 콜은 "이 파동 치는 자기파가 마치 파도가 사람에게 윈드서핑을 태워주듯이 태양풍 분자를 밀어낸다."고 말했다. 하버드－스미소니언 천체물리학센터의 스티븐 크랜머는 그러나 소호와 스파르탄이 관측한 자기파 분석 결과 산소나 수소 분자만이 자기파를 타고 이동하며 헬륨 등 다른 물질 분자들은 자기파에 의해 가속되지 않는 것으로 나타났다고 덧붙였다. 〈자료: 조선일보, 나사뉴스〉

답변③

태양풍 뭐 물질이든 파든 음 그렇지만, 일단 태양풍은 각종 ray들이 마구 분출되는 것이구요. 마치 핵융합, 분열할 때 나오는 그 안 좋은 광선들 같은 거요. 그래서 태양 내에 큰 폭발이 있을 때는 태양풍이 아주 강해지죠. 물론 이 태양풍을 그냥 맞으면 그냥 죽지만 지구의 반알렌대에 의해(지구 자기에 의해 형성된 것) 태양풍이 막아집니다. 덕분에 지상에 생명체가 존재할 수 있구요.

답변④

먼저 태양계가 생겨날 때 성간운의 밀도가 높은 곳에서 모여 원시태양이 만들어 지잖아요? 여기서 원시태양은 위치에너지로 약간의 열을 낼 뿐 아직 핵융합은 못합니다. 원시태양과 성간운들이 모여 적도면에 먼지의 층을 이루고 이것들이 소행성들이 되는데 지금의 목성 바깥쪽에서는 암석 물질 이외에 얼음 물질 등의 먼지도 쌓여 있어서 원시 행성의 질량이 현재의 지구 질량의 10배가 넘으면 주위의 원시태양계의 성운 물질을 자꾸 끌어들입니다. 그 후 총질량이 목성 정도 되면 반대로 가까운 성간운은 밀어버리므로 더 이상 커지진 않는답니다. 이렇게 거두어들이기가 끝나면 원시 태양계 성운의 가스의 주성분인 수소와 헬륨이 풍부한 대기를 가진 목성이 생깁니다. 그러므로 목성은 태양풍에 밀려난 성간물질로서 만들어진 것이 아닙니다. 태양풍에 의해 성간물질이 태양계 밖으로 밀려난 시기는 원시태양이 비로소 핵융합 반응을 일으킨 다음이라고 알고 있습니다.〈출처: Newton, 1995년 5월〉

답변⑤

태양풍(solar wind)은 태양의 대기로부터 뿜어져 나온 물질의 흐름을 의미하는데 혜성의 꼬리를 만들어 내는 원인입니다. 소행성은 조그마한 지구형 행성이고 수백km까지 되는 것도 있습니다. 때때로 서로 충돌하여 파편이 생기면 지구 쪽으로 오기도 합니다. 수많은 크레이터(creator)들이 이 소행성과 혜성의 파편에 의해 생깁니다. 생성은 행성폭발설도 있지만 설명할 방법이 없고 몇 개의 행성이 목성의 조석에 의해서 부서졌다는 설도 있습니다. 토성의 고리가 이 소행성대와 비슷한 점이 많죠. 위성이 될 뻔했는데 토성의 인력 때문에 안 되었다든가, 아니면 토성인력의 조석으로 위성이 부서졌다든지. 교재에 목성형 행성이 가벼운 원소인 것은 태양에서 가까운 거리에선 높은 온도에서도 응축될 수 있는 내화성 원소가 응축되고 따라서 태양에서 멀리 떨어진 곳에서(낮은 온도에서) 수소 등의 휘발성 원소가 응축되었기 때문이라고 하는군요. 제 생각에 태양풍은 수성을 비롯하여 지구형 행성에서 수소 – 헬륨대기를 날려버린 영향에 관련되지 않았을까요? 그 후 생성된 이산화탄소, 산소 등은 암석에서 분출한 2차 생성대기고 말이죠.

답변⑥: 태양풍은……

태양의 회전에 따라 뿜어내는 전자 – 양성자 플라즈마입니다.
400 – 900km/s의 속도로 움직인다고 하네요. 하지만 지구의 자기보호막(지구

가 자석인 것 아시죠? 자기장이 여러 방법으로 에너지 입자를 지구의 표면으로 유도합니다). 때문에 실제 대기 속으로 유입되는 양은 1%도 채 되지 않는다고 합니다. 하지만 이 정도가 대기의 초고층에 몇 백만 암페어의 전류를 흘릴 수 있는 정도의 크기이며 지구의 자기장을 교란시켜 오로라 현상을 만들기도 하지요.

 답변⑦ 아는 대로 자료 찾아서 올립니다.

태양풍(Solar wind)

태양의 내부는 대부분 수소로 이루어져 있으며 헬륨과 다른 원소들은 소량 존재한다. 그러나 태양 내부에서는 모든 원자가 높은 열과 압력에 의해 분해되어 플라스마 상태를 이루고 있다. 전하를 띤 고온의 하전입자(주로 양성자와 전자로 이루어짐) 상태인 플라스마는 매일 많은 양이 태양 면을 통해서 외부로 방출되어 공간으로 흩어지는데 이런 입자들의 흐름을 태양풍이라고 한다. 플라스마에는 기본적으로 알펜파, 빠른 자기음파, 느린 자기음파 등이 존재하는데, 태양풍의 속도는 이들 모든 파동의 속도보다 빠른 초속 400km의 초음속이다(음속과 알펜파가 각각 약 20km/sec와 60km/sec).

태양풍의 원천은 일반적으로 태양의 자기력선이 열려 있는 코로나 구멍인 것으로 알려져 있다. 이 코로나 구멍은 열린 자기력선을 통하여 계속적으로 플라스마와 에너지를 태양풍에 공급하기 때문에 밀도와 온도가 주위보다 낮아 상대적으로 검게 보인다. 이런 코로나 구멍은 주로 북반구에 놓이고 태양 적도 주위의 강한 자기장은 보통 닫힌 자기장 형태로 있어 태양풍의 원천으로 작용하지는 않으나 때로는 적도 부근에서 태양풍이 발생하기도 한다. 이와 같이 태양 플라스마의 근원이 바뀔 때 태양풍은 비균질적인 요소를 갖게 되고 이것은 지구 자기권의 변화를 초래한다.〈일부 내용 줄임〉 혜성에서는 태양풍에 의해 혜성의 이온화된 기체가 태양의 반대쪽으로 밀려나 꼬리를 형성하기도 한다.

한편 태양의 자기장은 혜성의 이온 꼬리와 태양풍과의 상호 작용에 중요한 역할을 한다. 태양풍과 혜성의 만남은 혜성에서 태양 쪽으로 약 100만km 떨어진 곳의 충격파 전면에서이다. 태양빛은 꼬리에 있는 분자들을 이온화시키고 이온들은 자기장에 붙잡히게 된다. 붙잡힌 플라스마들은 핵 주위를 감싸면서 전류판과 이온의 꼬리를 형성하게 된다. 이온 꼬리는 핵 주위의 영역과 자기장으로 연결되어 있다.

답변⑧ 태양계의 자기권.

태양풍이라면 태양계의 거대한 자기권이라고 할 수 있을 것 같다. 그 영향은 거의 태양계의 끝에까지 이르고 있다고 한다. 좀 더 자세히 보기로 하자. 태양에서는 이온화된 가스의 흐름인 태양풍이 우주공간으로 항상 방출되고 있다.

이 태양풍은 인간의 눈에는 보이지 않는 거대한 요소로서 태양계를 형성하고 있다. 태양풍은 주로 양성자(수소의 원자핵)와 전자로 구성되고, 태양 코로나 안에서 초속 400km로 가속되는 고에너지 입자군이다. 태양풍은 태양의 자전에 실려 확대되기 때문에 소용돌이를 그리면서 밖으로 퍼져나가고 있다.

태양풍은 자기장을 가진 행성과 상호 작용하고, 행성 자기권을 형성하고 있다. 지구에서 오로라가 보이는 것은 태양풍에 운반되어 온 입자가 지구 자기권으로 돌입해 오기 때문이다. 또 혜성의 이온 꼬리도 태양풍의 영향을 받고 있는 보기의 하나이다. 지구의 오로라도 혜성의 이온 꼬리도 태양풍의 운동이 인간의 눈으로 볼 수 있는 형태로 나타나고 있는 것이다.

태양풍은 명왕성의 궤도를 훨씬 넘는 곳에까지 이르고 있으며 '헬리오스피어(heliospere)'라 불리는 거대한 자기권을 형성하고 있다. 헬리오스피어는 태양풍에 의해 지배되고 있는 영역을 말한다. 또 태양풍의 영향과 태양계 이외의 성간물질의 영향이 거의 같아지는 경계 영역을 '헬리오포즈(heliopause)'라고 한다. 바꿔 말하면 헬리오포즈는 태양풍의 영향이 없어지는 경계 부분이다.

태양계 바깥에는 성간풍이라 불리는 성간물질의 흐름이 있으며 성간풍과 태양풍이 충돌하는 곳에서는 충격파면을 형성하고 있을 것으로 보인다. 1992년, 탐사선 보이저의 전파 수신기가 태양계 밖에서 다가오는 저주파의 전파를 수신하였다. 그 발생 메커니즘은 태양풍과 성간풍의 간섭에 따른 것이라고 생각하고 있다. 헬리오포즈는 반지름 130~160A.U.로 보고 있다. 파이오니어 10호, 11호와 보이저 1호, 2호는 현재 각각 50~70A.U.인 곳을 지나고 있다. 파이오니어 탐사선는 1972~1973년에 발사되어 목성과 토성을 탐사하였다. 보이저 탐사선은 1977년에 발사되어 목성형 행성을 탐사하였다. 이들은 모두 현재 태양계의 바깥쪽을 향하여 항행 중이다. 2015년경에는 보이저 1호, 2호는 130A.U.의 곳에까지 이른다. 그 무렵에는 헬리오포즈에 관한 정보를 지금보다도 많이 얻을 수 있을지도 모른다.

참고 태양계는 이렇게

❖ 원시 태양계 성운의 생성

약 46억 년 전, 은하계의 어느 한 지점에서 초신성 폭발이 일어났다. 이 폭발의 충격파가 성간운에 전해지면서 밀도가 더욱 불균형해졌다. 그러자 성간운은 밀도가 높은 부분을 향하여 수축하고 그 중심에서 원시 태양이 생기기 시작하였다. 원시 태양 옆의 가스는 그대로 원시 태양에 떨어져 들어가고 먼 곳의 가스는 원시 태양 주위를 돌기 시작하여 원반 모양의 회전 성운이 원시 태양계 성운을 형성하였다. 그렇다면 행성은?

1. 약 46억 년 전, 초신성 폭발이 일어났다.
2. 충격파가 성간운에 전달되고 밀도의 불균형이 증대되었다.
3. 고밀도 부분으로 성간운이 수축하여 원시 태양계 성운이 탄생하였다.
4. 원시 태양이 탄생하고 먼 부분의 가스는 주위를 원반상으로 회전하였다.
5. 무수히 많은 미행성이 형성되고 그것이 원시 행성으로 성장해 나갔다.

❖ 먼지가 모여 미행성으로 성장

원반의 적도면에 모인 먼지의 층은 마침내 분열을 일으켜 무수한 미행성이 되었다. 미행성의 크기는 지구 궤도 부근에서는 수km, 질량은 100조kg 정도이다. 이들 미행성은 서로의 중력에 의해 충돌, 합체를 되풀이하면서 성장하였다. 지금의 목성 영역보다 바깥쪽에서는 암석 물질 이외에 얼음 물질도 쌓였기 때문에 안쪽보다 바깥쪽의 원시 행성의 질량은 더욱 커졌다. 원시 행성의 질량이 현재의 지구 질량의 10배를 넘을 정도가 되면 주위의 원시 태양계 성운의 물질을 자꾸만 끌어들이게 된다. 그 후 총질량이 현재의 목성 정도가 되면 반대로 가까운 성간운을 밀어버리므로 그 이상은 떨어져 들어가지 않게 된다. 이렇게 대기의 거둬들이기가 끝나고 원시 태양계 성운의 가스의 주성분인 수소와 헬륨이 풍부한 대기를 가진 목성이 완성된다.

❖ 태양계의 형성과 목성의 영향

거대화된 목성은 주위의 원시 태양계 성운에 기조력을 미치게 된다. 이 영향에 의해 성운은 목성보다 안쪽에서는 태양계 밖으로 날아가 버렸다. 한편 토성보다 먼 행성은 성장하는 데 시간이 더 걸렸기 때문에 가스를 충분히 끌어들이기도 전에 성운이 사방으로 흩어져 바깥쪽 행성일수록 대기의 양이 적어지게 되었다. 지구형 행성에서는 모두 질량이 너무 부족하여 성운의 가스를 끌어들일 수 없었기 때문에 미행성의 조성을 그대로 반영한 금속, 암석질의 행성이 되었다. 태양계 성운은 목성이 형성된 후에 흩어져 현재의 태양계의 모습이 되었다고 생각되고 있다.

참고 태양계의 기원과 생성, 진화에 대한 학설입니다.

이 자료는 PC통신 천리안에서 퍼온 것입니다. 태양계가 어떠한 과정을 통해서 형성되었으며 그 후 어떻게 진화하여 오늘에 이르게 되었는지에 관한 것은 천문학이 해결해야 할 주요 과제 중의 하나이다. 그동안 여러 가지 이론이 제시되었으나 그 어느 것도 만족스럽게 태양계의 생성 과정을 기술하지 못하고 있다.

태양계의 기원에 관한 최초의 과학적 이론은 1755년 칸트가 주장한 성운론(星雲論)이다. 그는 태양계는 거대한 회전 구름으로부터 형성되었다고 주장하였다. 그 후 1796년 라플라스(Laplace)는 칸트(Kant)의 생각을 좀 더 발전시켜 태양계의 형성 과정을 보다 구체화시켰다. 그는 먼지와 가스로 된 회전 구름의 수축은 회전속도의 증가를 가져오고 그것은 결국 구름 중심에 원시 태양을 형성하고 그 주변에 여러 개의 고리를 만들게 하여 그로부터 태양과 행성과 위성이 생겼다고 주장하였다. 그러나 그는 행성과 위성이 고리로부터 어떻게 형성되었으며 또 태양계 내의 각운동량이 어떻게 오늘과 같은 분포를 하게 되었는지에 대해서는 설명하지 못했다. 태양의 각운동량의 문제란 현재 태양이 태양계 총질량의 99% 이상을 차지하고 있음에도 불구하고 그의 각운동량은 태양계 총각운동량의 겨우 2%밖에 안 된다는 데에 있다.

참고   은하형성 비밀

'은하형성 비밀' 단서 찾았다.

– 연세대 연구팀 '오메가 센타우리' 첫 규명 –

국내 천문학자들이 우리은하 형성과정의 비밀을 풀 수 있는 획기적인 연구 결과를 내 놓았다.

연세대 자외선우주망원경연구단(단장 이영욱 교수)은 태양계에서 1만 5천 광년 떨어진 「오메가 센타우리(ω – Centauri)」가 1백억 년 전 우리은하와 충돌한 다른 은하의 핵이라 는 사실을 최초로 규명했다고 발표했다. 이는 여러 개의 작은 덩어리들이 충돌하면서 우 리은하를 형성했음을 드러내 우리은하가 하나의 커다란 가스구름이 수축돼 형성된 것이 란 기존학설을 뒤집는 것이다. 따라서 연세대 연구단의 연구 결과가 공식적으로 받아들 여지면 현행 천문학 교과서에 실려 있는 은하형성이론은 수정이 불가피하다.

과학전문지 「Nature」는 최신호(1999년 11월)에서 이 연구 결과를 주요 논문으로 채택, 게재했다. 캐나다 도미니언 천체물리연구소 시드니 반덴버그 박사는 해설기사에서 "이번 발견은 우리은하의 외곽이 외부 왜소은하와의 충돌에 의해 형성됐음을 뒷받침하는 것" 이라고 평가했다. 연구팀은 1997년 칠레 안데스산맥의 세로톨로로 천문대에서 관측한 자 료를 1년여 동안 컴퓨터로 분석한 결과 오메가 센타우리가 별들의 생성·소멸과정을 거 친 독립된 은하라는 사실을 밝혀냈다.

이영욱 교수는 "이번에 발견한 왜소은하는 1994년 영국 천문학자들이 발견한 것에 비 해 거리가 짧아 은하의 형성비밀을 푸는 데 더 효율적인 단서가 될 것"이라고 설명했다.

참고   초끈이론이 해결사?

"우주에 대한 이해가 깊어지면 우주를 지배하는 원리는 단순하고도 우아한 모습으로 드러날 것"이라는 믿음으로 아인슈타인은 생애 마지막 30년 동안 통일장 이론(중력과 전 자기력의 통합)의 완성에 매달렸다. 아직 때가 이르지 않아 천재의 꿈은 실패로 끝나고 말았지만, 아인슈타인은 우주를 지배하는 만물의 원리를 밝혀 우주의 아름다움과 우아함 을 온 세상에 알리고 싶어 했던 것이다.

아인슈타인이 외로운 사투를 벌이고 있는 동안 다른 물리학자들은 기존의 물리학을 완전히 대체하는 양자역학의 체계를 세웠고, 이 과정에서 미시세계에는 아인슈타인이 간과했던 두 가지 기본 힘(강력과 약력)이 더 작용하고 있음을 알아냈다.

아인슈타인의 일반상대성이론과 양자역학을 두 기둥으로 하여 세워진 20세기의 현대 물리학은 원자 이하의 미시세계로부터 별과 은하 그리고 우주 전체에 이르는 모든 자연 현상을 설명하고, 신의 영역으로 간주되던 빅뱅 직전에 있는 초기 우주에 도전하였다. 하지만 그 도전은 번번이 참담한 실패로 끝나고 있었다.

브라이언 그린(Brian Green)은 '엘러건트 유니버스'(원제: The Elegant Universe)에서 이 지점으로부터 이야기를 풀어간다. 그린은 "왜 양자역학과 일반상대성이론은 초기 우주와 같은 초미세영역(플랑크 길이, 10^{-33} cm)에서는 물과 기름처럼 양립할 수 없는지"를 설명하고 초끈이론(Superstring Theory)이 그 해결사임을 천명한다.

초끈이론은 모든 만물의 최소 단위는 '점 입자'가 아니라 '끈'이며, 이 '끈'은 피아노 줄처럼 고유한 떨림을 갖고 있어 그 진동에 따라 다양한 입자들과 힘을 만들어내고 지금의 우주를 결정한다는 것이다. 그린은 바로 초끈이론이 50년 전 아인슈타인의 꿈을 실현시켜 줄 만물의 이론(TOE: Theory of Everything)의 가장 확실하고 유일한 후보임을 조리 있게 설명해 간다. 하지만 '끈'이 사는 공간은 10 또는 11차원의 시공간이 되어야 함이 논리적으로 밝혀졌기 때문에 끈이론을 받아들이려면 상대성이론에서 수정한 시공간의 개념이 송두리째 다시 뒤집혀지는 대가를 치러야 한다. 이를 빗대어 초끈이론의 대가로 추앙받는 위튼(Edward witten)은 "시공간은 운을 다했다."고 표현한다.

여기에 한술 더 떠 4차원(3차원 공간과 1차원 시간)을 제외한 나머지 6 또는 7차원 공간은 아주 작은 크기로 감겨 있다고 설명하며 "당신의 손이 허공을 저을 때, 그 손은 3차원 공간 외에도 숨겨진 6 또는 7차원의 공간까지 스쳐간다."고 주장할 땐 무척이나 당혹스럽다. 하지만 그린은 숨겨진 차원의 의미를 일상의 언어로 아주 쉽게 풀어준다. "물 뿌리는 수도용 호스는 멀리서 볼 때 1차원의 선처럼 보이지만, 가까이 접근해서 보면 그 표면은 2차원 곡면이다. 따라서 호스의 굵기가 아주 가늘다면, 거기에는 1차원 공간이 숨어 있는 셈이며 우리가 살고 있는 우주에는 이런 식으로 숨겨진 차원이 존재한다."는 것이다.

책을 읽다 보면 "만물의 최소 단위가 왜 하필 끈일까? 원반이면 안 될까?", "우주는 정말 10 또는 11차원 시공간을 갖고 있을까?"와 같은 의문들이 꼬리를 물고 생겨났다가 그린이 풀어주는 설명에 고개를 끄덕이며 점점 아름답고 심오한 초끈이론의 세계에 빠져들게 된다.

하지만 아무리 수학적으로 아름답다 해도 실험적 검증을 거치지 않은 물리학이론이 인정받은 예는 단 한 번도 없다. 초끈이론 학자들의 최대 희망은 실험적으로 검증가능한 결과를 제시하여 검증을 받는 것이지만, 개개의 '끈'을 관측하려면 우주 전체 크기만 한 가속기를 만들어야 할 형편이므로 당분간 실현되기 어려울 전망이다.

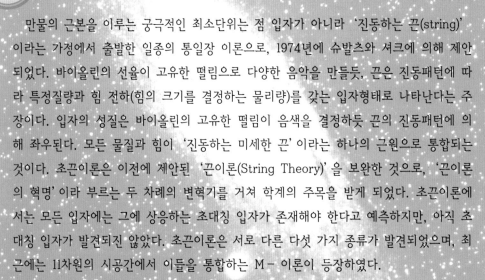

참고   **초끈이론(Superstring Theory)**

만물의 근본을 이루는 궁극적인 최소단위는 점 입자가 아니라 '진동하는 끈(string)'이라는 가정에서 출발한 일종의 통일장 이론으로, 1974년에 슈발츠와 셔크에 의해 제안되었다. 바이올린의 선율이 고유한 떨림으로 다양한 음악을 만들듯, 끈은 진동패턴에 따라 특정질량과 힘 전하(힘의 크기를 결정하는 물리량)를 갖는 입자형태로 나타난다는 주장이다. 입자의 성질은 바이올린의 고유한 떨림이 음색을 결정하듯 끈의 진동패턴에 의해 좌우된다. 모든 물질과 힘이 '진동하는 미세한 끈'이라는 하나의 근원으로 통합되는 것이다. 초끈이론은 이전에 제안된 '끈이론(String Theory)'을 보완한 것으로, '끈이론의 혁명'이라 부르는 두 차례의 변혁기를 거쳐 학계의 주목을 받게 되었다. 초끈이론에서는 모든 입자에는 그에 상응하는 초대칭 입자가 존재해야 한다고 예측하지만, 아직 초대칭 입자가 발견되진 않았다. 초끈이론은 서로 다른 다섯 가지 종류가 발견되었으며, 최근에는 11차원의 시공간에서 이들을 통합하는 M - 이론이 등장하였다.

〈출처: 조선일보 2002년 3월 23일, 『엘러컨트 유니버스(브라이언 그린 저, 박병철 역)』에 대한 김충섭 교수(수원대학교)의 글에서 발췌〉

별과 관련된 질문/답변 모음

질문①

사람들은 옛날부터 별에 관심을 가져왔습니다. 과학이 발전하면서 별에 대한 관심도 높아지고 있습니다. 별의 크기는 얼마나 되며 별의 생성과정은 어떻게 됩니까? 또 별의 밝기를 구분할 때 사람 눈과 기계로 측정하는데 과연 사람의 눈으로 별의 밝기를 구분할 수 있나요? 가능하다면 얼마까지 그리고 밝기를 측정하는 방법도 알려주세요.

답변①

눈으로 볼 수 있는 별의 등급 한계는 6등급입니다. 구체적으로 말씀드리자면 5등급차이가 나는 별간의 밝기는 거의 100배가 나지요. 하지만 실제적으로는 지구의 대기와 성간물질 등으로 인해 눈으로 보이는 별의 밝기가 어느 정도 된다고 말하긴 힘든 걸로 알고 있습니다. 그 말은 별이 보통 어둡게 보인다는 거죠. 서울을 경우로 보면 사실 서울 시내가 밝고 대기가 흐린 관계로 별들이 상대적으로 더 보이지 않겠죠. 제가 알기론 맑은 날 학교에서 북두칠성의 별 7개는 다 보이는 걸로 알고 있습니다. 정확히 지금 참고 서적이 없어 북두칠성의 가장 어두운 별의 등급은 모르겠지만 한 번 찾아보세요. 그럼 상대적으로 어느 정도의 별이 우리 눈에 보일 수 있는가를 알 수 있을 겁니다. 그리고 크기가 큰 별은 밝습니다. 그건 당연한 거겠죠. 흔히 말하는 거성이라는 것을 보게 되면 사실 온도는 다른 별과 비교하여 높은 편이라고는 말할 수 없지만 별의 크기가 크기 때문에 밝게 되는 거죠. 온도가 높으면 역시 별은 밝습니다. 위에 관한 내용은 일반 물리책이나 고등학교 때 과학에서 배우신 공식을 적용하시면 금방 증명할 수 있습니다.

답변②

별의 탄생과정에 대해서 설명하면 다음과 같다. 우주공간에는 성간물질의 밀도가 큰 영역이 많이 있는데, 그러한 곳에서는 물질 사이의 상호인력에 의하여 주위에 있는 가스와 먼지의 입자들이 뭉쳐진다. 이렇게 응축하는 영역이 점점 커지고 또 중력의 영향도 커져서 공간의 큰 영역을 차지할 때까지 물질이 모여들게 된다. 결국 그곳은 밀도가 높아져서 불투명하게 된다. 그렇게 되면 열복사는 그곳을 빠져나오지 못하고 또 수축이 계속됨에 따라 더 많은 중력 에너지가 방출되어 내부는 점점 더 뜨거워진다. 이때 성간먼지는 증발하고 가스는 이온화하여 빛을 내는데 이것이 원시별의 탄생이다. 계속하여 증가하는 밀도와 온도 때문에 더 높은 압력이 형성되며 결국은 이러한 압력이 물질의 수축을 정지시킨다. 그러면 유체역학적 평형 상태가 이루어져서 새로 태어난 원시별은 안정된 상태가 된다. 중력 수축으로 별이 태어나는 데 걸리는 시간은 별의 전체 수명 중 1% 이하로 매우 짧다. 우주공간에서는 이러한 원시별이 태어나는 곳으로 믿어지는 천체들이 관측되고 있다. 그 좋은 예가 글로블(globule)이라고 하는 작고 둥근 어두운 영역들과 밝은 성운 가운데에 있는 어두운 점들이다. 이들 글로블은 밀도가 커서 자체의 중력으로 수축하며 이들의 밀도가 더 커지면 온도가 높아지면서 복사 에너지를 내게 되어 별이 탄생하는 것으로 알려져 있다. 또 하나는 은하의 나선팔이다. 은하의 나선팔에 있는 성간구름이 수축하면서 질량이 큰 별이 탄생하고 있으며, 성간구름이 균열하여 많은 별들이 한꺼번에 탄생한다.

원시별의 표면온도는 낮지만 반지름은 대단히 크다. 따라서 탄생 후 잠깐 동안은 현재 태양의 1000배 정도의 밝기로 빛나다가 그 후 표면의 온도는 거의 변하지 않고 서서히 수축하여 점차적으로 어두워지게 된다. 원시별은 수축함에 따라 얻어지는 중력 에너지로 빛을 내며 내부의 온도는 계속 상승한다. 결국 중심부의 온도가 1000만 K에 이르면 그 중심부에서 수소가 헬륨으로 변하는 핵융합 반응을 시작한다.

답변③

　다른 분이 설명을 잘 해 주셨는데 조금 덧붙입니다. 우선 우리 눈에 보이는 별의 밝기로 별을 구분하는 것을 실시등급이라고 합니다. 그리스의 천문학자 히파르코스가 1~6등급까지로 분류했었고 19세기 영국의 천문학자 포그슨이 1등성이 6등성에 대해 100배 밝다는 것을 밝혀냈습니다. 그리고 별의 실제 밝기인 절대등급은 별의 밝기가 거리의 제곱에 비례해서 줄어든다는 것을 이용해 구하게 됩니다.

질문②

　10번째 행성, 존재할 수도……. 조선일보 기사예요. 수업 중에 교수님께서 10번째 행성의 존재를 부인하셨는데요. 관련 기사를 올립니다.

　'태양계 10번째 행성 있다' 영미 과학자들 주장, 명왕성보다 1천배 멀리. 공전주기 6백만 년의 '태양을 도는 10번째 행성을 찾아라.'

　최근 영국 오픈대학과 미국 루이지애나대학 과학자들이 각각 독립적으로 태양계의 막내인 명왕성 너머에 10번째 행성이 존재할 수 있다는 주장을 제기해 관심을 끌고 있다. 이 10번째 행성은 명왕성보다 1000배나 멀리 떨어진 것으로 추정되고 있다.

　영국 오픈대학의 존 머레이 박사팀의 관심사는 혜성의 궤도. 혜성은 굉장히 길쭉한 타원을 그리며 태양을 도는 얼음과 바윗덩이의 천체. 머레이 박사는 주기가 긴 13개 혜성의 궤도를 정밀 연구한 결과, 태양에서 가장 멀리 떨어졌을 때 이들 혜성들의 궤도는 하나의 일정한 군집 내에서 움직이는 것을 발견했다. 뭔가 이들을 끌어당기고 있는 듯하다는 것.

　머레이 박사는 "여러 가능성이 있지만 결국 태양계 저 너머에 강력한 행성이 있어 혜성들의 궤도를 휘게 하고 있다는 결론을 내렸다."고 밝혔다. 루이지애나대학의 다니엘 휫트마이어 교수팀은 80여 개의 혜성 궤도를 연구하면서 독자적으로 연구팀과 비슷한 결론을 내렸다. 이들의 계산에 따르면 10번째 행성까지의 거리는 무려 3조 마일(4조 8000억km). 이 행성의 질량은 목성의 1~

10배 정도로 추정되고 있다. 태양을 한 바퀴 도는 데 걸리는 시간은 무려 600만 년. 이 행성은 특이하게도 현재의 다른 행성들과는 다른 방향으로 태양계를 돌고 있다. 이 때문에 과학자들은 아직 가설적 수준이지만 이 행성이 현재 9개 행성과는 달리 다른 별에서 튀어 나와 태양계 인력에 잡혔을 가능성이 높다고 보고 있다.

이 기사를 읽고 여러분의 의견은 어떠신지요?

〈조선일보, 1990년 10월 10일, 모태준 기자: *taimo@chosun.com*〉

 답변①

10번째 행성이 발견될지도 모른다는 기사 흥미롭군요. 제가 알기로는 학계에서는 명왕성을 행성으로 보지 않는 학설도 있습니다. 명왕성이 태양의 영향 아래 있는 행성인지에 대한 논란이 있는 것으로 알고 있습니다(전 그쪽 전공은 아니지만요). 즉 혹성이라는 거죠. 공전하는 것처럼 보이지만 그냥 맨 바깥쪽에 떠돌아다니는 별이라는 것입니다. Hot issue 중의 하나로 알고 있습니다. 10번째 행성도 행성이 아니라 혹성이 아닐까요.

 질문③ 왜 우리가 알고 있는 행성은 다 구형입니까?

태양계 생성 초기에 우주가스와 먼지 등이 응집하여 원심력이 생기면서 농축되어 태양과 다른 행성들이 형성되었다고 하는데, 왜 원심력이 생기는지 도저히 이해가 되지 않는군요. 더군다나 무중력 상태에서 어떠한 힘이 작용/형성된다는 것도 역시 막막한 의문점입니다. 만유인력의 법칙과 상관이 있는지?

 답변① 음.

저도 표면 장력에 의해 구 모양이 될 것이라고 생각합니다. 우선 지구 생성 당시에는 액체입니다. 그러니 표면장력에 의해 체면적이 가장 작아지는 구형태를 띠는 것이 맞다고 봅니다. 아니면 표면장력과 만유인력의 복합적인 형태이지는 않을까요?

답변② 그냥 한 번 생각해 봤는데요.

초기 태양계에서 비록 무중력 상태라 할지라도 두 생성이 충돌을 하면 그 충격에 의해 원자들이 잠시 무질서해지지 않을까라는 생각을 해봤습니다. 그러면서 이 원자들 사이에 유도 쌍극자가 생긴다던가 해서 새로운 결합이 생성이 되고 이를 바탕으로 원자들 사이에 응집력이 생기지 않을까요? 그러면서 중심에 중력을 일으킬 만한 근원지가 생기는 것이구요. 그리고 항상 그 형태가 구가 된다는 것에 대해서는 만유인력이나 원심력이 모두 중심으로부터의 거리에 반비례하게 되는 것과도 관련이 있을 듯싶은데요. 아무래도 중심에서 발생한 일정한 인력이 일정한 거리까지 그 영향력을 미치려면 가장 좋은 방법이 구를 형성하는 것이니까요. 아시다시피 구는 중심에서부터 각 표면까지 이르는 거리가 모두 같다는 걸 보면 그렇지 않을까 싶은데. 원자의 경우에도 중심핵에서부터 전자의 배열이 일정한 전자기 인력을 중심으로 구의 형태를 이루면서 구름 모양의 배치를 한다는 걸 보면 좀 더 확실해지지 않을까요? 그리고 가장 안정한 형태는 원을 바탕으로 한 구가 아닐까 생각되는군요. 하지만 다들 아시다시피 지구는 자전 때문에 적도 쪽의 길이가 극 쪽보다 더 긴 회전 타원체이니까 아무래도 위의 제 생각은 다분히 이상적인 이론에 해당할 것 같네요.

답변③ 실제는 타원형

노현정 학생의 의견에 손을 들어주고 싶군요. 지구를 보면 완전 구형은 아닙니다. 적도 반경이 조금 더 크나(실제는 타원형) 지구 전체의 크기를 생각할 때 임의로 구형으로 표현합니다만 무난한 표현입니다. 또한 구형으로 형성되는 것은 원심력과 구심력이 일치하여 역학적으로 안전하기 때문입니다. 만일 원심력과 구심력이 일치하지 못하면 일그러지거나 수축이 일어나겠지요.

질문④ 행성의 자전과 공전을 유지하는 에너지는?

행성은 끝없이 자전과 공전을 계속하고 있다. 과연 이 에너지의 원천은 무엇일까? 우주가 진공상태이므로 처음 생성 시의 회전이 에너지의 마찰손실 없이 계속되고 있는 것이라면 여러 행성들의 자전 혹은 공전속도가 제각기 다른 것은 과연 왜일까?

답변① 짧은 생각이지만

제가 생각하기에 행성은 본래의 모행성의 폭발이나 소행성의 결합에 의해서 생겨나고 그것들이 어떤 힘(예: 소행성 충돌, 행성 자체의 폭발)에 의해서 인력이 강한 행성에 이끌리면서 관성과 원심력에 의해서 그 공전력과 충돌 시의 방향에 의해서 자전력을 얻게 되는 것이 아닐까 생각합니다.

답변② 자전과 공전이 유지되는 이유

공전: 간단히 말하면 태양이 행성을 끌어당기는 힘과 행성의 관성이 합쳐져서라고 말할 수 있겠네요. 지구둘레를 도는 인공위성을 생각해 보시면 쉽게 이해가 될 것 같습니다. 궤도에 진입만 시켜주면 다른 동력을 사용하지 않고 계속 궤도가 유지되죠. 자세한 물리적인 얘기는 하지 않겠습니다. 처음 돌기 시작한 원인은 회전하는 성운에서 태양계가 탄생했기 때문이라고 하더군요. 그 회전력이 남아서.

자전: 이 경우는 더 간단합니다. 회전하고 있던 가스들 사이에 어떤 조금 큰 질량이 그 점을 향해 가스들이 나선형으로 모여들게 되죠. 그 힘이 자전의 원동력이라 생각합니다. 우주에는 특별한 저항이 없습니다. 물론 아주 없는 건 아니겠지만. 행성, 태양 간의 만유인력이 거의 전부죠. 특별히 방해하는 힘이 없다면 운동이 계속 일정하게 유지되겠죠. 마찰이 없는 평면을 공이 영원히 굴러가듯이…… 즉 원동력이 있는 게 아니라 방해하는 힘이 없기 때문이라고 하는 게 더 나을 듯합니다.

답변③ 에너지의 개념은 아니지만.

상대성 이론의 관점에선 행성의 공전은 에너지의 발산－수렴관계가 아닌 듯합니다.

어떤 에너지가 주어지고 그것을 소비하여 공전에 필요한 에너지를 얻는 것은 물론 아니고.

보통은 원심력과 태양과의 인력이 평형을 이루고 있기 때문이라고 설명하지요. 하지만 이건 모든 현상을 힘의 작용－반작용으로만 설명하려니까 나온 생각이지요. 초기 태양계 생성 당시 회전하던 물질들의 관계가 지속된 것은 아닌가 합니다. 방정식을 세울 때 $y(t)=f(x(t))$가 두 변수 사이의 관계이듯이요. 공전에너지는 포텐셜의 개념이라는 생각만을 적은 부분 답변입니다.

 답변④ 행성의 자전과 공전에 대해

빅뱅설은 우주의 시작에 관한 것이고 태양계는 성운설에 무게가 실려 있지요. 태양계 형성에서 태양의 각운동량 보전을 행성들이 하게 되므로 회전을 유지한다고 생각하고 있습니다. 태양계 행성들에 관한 자전과 공전에 관한 것을 언급합니다.

1. 달은 자전과 공전 시기가 거의 같아 지구에서는 달의 한쪽만 보이는 것으로 알고 있습니다.
2. 태양계 행성에서 내행성(수성, 금성, 지구)은 자전속도가 느리고 외행성은 자전속도가 빨라 목성의 경우는 자전속도가 10시간이라고 합니다.
3. 태양이 자전하는데 태양의 적도(28일)와 극(35일)의 자전속도가 다르다고 합니다. 자전속도가 다른 것은 유체속도의 차이에 의한 것으로 생각하고 있고 흑점의 움직임을 관찰하여 자전속도의 차이를 알 수 있다고 합니다.
4. 태양계 전체는 은하에 대한 공전속도가 250－300km/sec라고 합니다. 태양계가 은하계를 한 바퀴 도는 데 걸리는 시간은 2억 년 가량이라고 천문학자는 말합니다. 해서 엄밀한 의미론 태양도 공전을 한다고 할 수 있으나 태양계만을 생각한다면 자전만을 한다고 표현하게 되겠죠.
5. 은하계는 은하계와 가까운 안드로메다은하에 110km/sec로 접근하고 있다고 합니다. 우주는 큰 규모에서 보면 팽창하고 있다고 표현할 수 있고 작은 규모에서는 수축하고 있는 부분이 있다고 볼 수 있습니다.
6. F＝ma(힘＝질량속도)라는 것은 질량이 커지면 속도가 줄어들게 되고 우주의 별들이 힘의 균형을 위해 움직이기 때문에 자전과 공전을 하는 것으로

알고 있습니다. 만약 힘의 균형이 깨지면 별들이 각각의 궤도에서 벗어나게 되어 이탈되는 현상이 생기게 되겠지요. 위에 언급한 더욱 자세한 내용은 저도 공부를 해야 합니다.

질문5

나머지 행성들은 모두 서에서 동으로 자전하는데 금성만 왜 거꾸로 돌까요? 천왕성은 기울어져서 그런 것처럼 보인다고 알고 있는데.

답변1

우선 이 질문에 답하기에 앞서 생각난 건데 예전에 썰렁한 유머 중에 장학사가 어느 학교에 시찰을 왔는데 지구본이 기울어진 것을 보고 한 학생에게 왜 지구본이 기울어졌는지 물어 봤더니 자기가 안 그랬다고 하는 이야기가 있지요. 이건 지구의 자전축이 기울어져 있다는 사실을 모르면 그저 썰렁하게 넘길 만한 이야기입니다. 지구본이 그렇게 기울어져 있는 이유는 앞서 말한 대로 지구의 자전축이 23.45도 기울어져 있기 때문이지요. 이에 비해 금성이 거꾸로 자전하는 이유는 자전축이 177.36도 기울어져 지구의 반대가 되기 때문입니다. 예리한 분들은 지적하시겠지만 이건 금성이 반대로 자전하는 이유라고 하기는 어렵지요. 왜냐하면 자전축이 반대로 되어 있는 이유가 뭐냐면 할 말이 없거든요. 저도 왜 자전축이 반대로 되어 있는지에 대해 자료를 인터넷에서 뒤져봤는데 거기에 대한 이유는 어디에도 없더군요(모두 찾아보지는 않았지만요). 그래서 개인적으로 생각한 내용을 씁니다(이런 추리를 써도 될지는 모르겠지만). 우선 중·고등학교 때 배운 지식에 의하면 공전의 원동력은 만유인력이죠. 지구와 태양의 공전을 보면 태양의 지구에 대한 만유인력이 구심력으로 해서 지구가 원심력을 받아 공전을 유지하게 됩니다. 그럼 자전의 원동력은 무엇일까요? 우선 지구가 계속 자전을 하는 것은 관성 때문이라고 생각됩니다. 한 번 돌기 시작했으니까 계속 돌아야죠. 그럼 처음 그 지구를 돌린 힘은 무엇일까요? 어디까지나 저의 추리지만 생성 초기의 소행성과의 충돌 등의 힘으로 서서히 자전을 하기 시작한 것 같습니다. 즉 생성 초기의 어떤 힘에 의해서 행성은 자전을 시작했고 그것이 계속 관성에 의해 유지된다고 예상됩니다. 그렇다면 금성의 역자전도 쉽게 설명되지요. 태양계의 행성은 행성마다 다른 자전축의 기울기를 가지고 있습니다. 그것은 어떤 방향으로 외부의 힘을 받았느냐 하는 데 있다고 볼 수 있지요. 지구가 23.45도 기울어진 방향으로 그 힘을 받았다면 금성은 177.36도 기울어진 방향으로 힘을 받았다고 할 수 있지요. 물론 이건 저의 어쭙잖은 식견으로 내린 가설입니다. 저도 계속 자전의 원동력을 찾아보겠지만. 혹시 그 원동력에 대해 아시는 분이 계시다면 정정해 주시면 고맙겠습니다. 다음은 참고 사항입니다. 태양계 행성들의 자전축의 경사는 다음과 같습니다.

수성 0.00(기준이 되는 것 같죠)

금 성	177.36	토 성	25.33
지 구	23.45	천왕성	97.86
화 성	25.19	해왕성	28.31
목 성	3.13	명왕성	122.52

 답변② 금성, 명왕성의 자전 방향

금성의 자전 방향이 다른 행성들과 달리 시계 방향으로 도는 것은 아직 확실치 않으나 태양계 형성 후 제3천체의 중력적인 영향으로 시계 반대 방향에서 시계 방향으로 바뀐 것으로 추측한다고 합니다. 또한 명왕성의 시계 방향 자전에 대해서는 명왕성이 원래 해왕성의 달이었는데 떨어져 나오면서 즉 튀어나올 때의 영향에 의해 자전 방향이 바뀐 것으로 추정하고 있습니다.

 질문⑥

명왕성은 태양계 가장 바깥쪽의 행성이지만 해왕성보다 더 가까워질 때가 있습니다. 그것은 명왕성이 타원궤도를 돌기 때문이죠. 그럼 명왕성은 어떻게 태양계의 다른 행성들과 달리 타원궤도를 돌게 됐을까요? 그리고 혹시 명왕성과 해왕성이 충돌할 가능성은 없나요?

답변①

명왕성은 다른 목성형 행성과는 판이하게 다른 성질을 갖고 있는 것으로 추측됩니다. 밀도도 훨씬 높고, 크기도 작고, 오히려 지구형 행성과 더 비슷해 보이지요. 그런데 명왕성은 유독 다른 행성과는 다른 각도로 공전하는데요. 제 추측인데 명왕성은 다른 8개의 행성과는 다른 시기 혹은 다른 방법으로 생성되어서 그런 결과가 나온 것 같다고 생각해요.

답변②

명왕성은 다 아시다시피 다른 행성과는 달리 그 공전궤도가 많이 찌그러져 있죠. 그리고 해왕성보다 더 안쪽으로 들어오기도 하구여 제가 책에서 보니깐. 1979년부터 1999년까지 해왕성보다 안쪽에 있다더군요. 그럼 제가 태어나서 살아오는 동안에는 해왕성이 마지막 행성이었겠군요. 그런데 명왕성의 궤도 반지름보다도 더 큰 천체들이 지금까지 수십 개나 관측된 걸로 보아 명왕성이 태양계의 마지막 행성이라는 말이 좀 신빙성이 없어 보입니다. 그리고 장주기 혜성들의 궤도를 통계적으로 고찰하고 이 혜성들이 대부분 태양의 수만 A.U. 떨어진 곳으로부터 거의 같은 방향에서 날아온다는 사실을 발견했다고 합니다. 이를 바탕으로 태양에서 수만A.U.보다 먼 곳에 태양을 구각모양으로 둘러싸는 혜성의 집이 존재할 가능성을 시사했다고 합니다. 이를 관측하고 주장한 사람이 오르트라는 사람인데. 그 혜성의 집을 이 사람의 이름을 따 '오르트의 구름'이라 부르고 있다고 합니다. 혜성들의 궤도를 보시면 알겠지만 행성들의 궤도와는 상당히 틀립니다. 아마 이 점에서 명왕성도 한때(?)에는 혜성이 아니었을까 하는 생각이 듭니다. 여느 때처럼 태양을 돌다가 어떤 우연한 힘에 의해 그 궤도가 바뀌게 되어서 지금의 궤도에까지 이르지 않았을까 하는 것이 제 생각입니다. 그리고 명왕성은 자신의 크기에 비해 상당히 큰 위성, 카론을 가지고 있습니다. 이는 아마 외부의 충격에 의해 원래 하나였던 혜성이 둘로 갈라진 것은 아닐까요? 그러면서 그 충격으로 궤도가 바뀌기까지 하구요. 어떤 책에서는 명왕성 밖의 어떤 천체의 중력에 의해 명왕성의 궤도가 휘어지는 것이 아닐까 하드라구요. 이것 말고도 많은 가설들이 있습니다만. 팔은 안으로 굽는다고. 전 저와 비슷한 생각을 가진 가설을(만약 이런 가설이 있다면) 믿고 싶군요.

답변③

일단 명왕성은 행성 여부 논란이 크게 일어나고 있다더군요. 명왕성이 해왕성의 위성이었거나 혜성의 궤도가 변해서 생성된 것이라는 주장도 있답니다. 그래서 궤도가 특이한 것이 아닐까요? 그리고 명왕성은 1989년에 태양에 가장 근접하였고 1999년 3월 14일까지는 해왕성의 안쪽에 있지만 공전궤도가 17도 정도 기울어 입체 교차를 하고 있으므로 해왕성과의 충돌은 없다고 합니다. 답변이 너무 부실해서. 명왕성에 관심이 많으시면 http://netizen.att.co.kr/~sonata/astro/AShome.html로 구경 가 보세요.

답변④

명왕성이 발견된 것은 1930년의 일이랍니다. 가장 바깥쪽 행성이라고 해서 지옥의 신인 '플루토'의 이름을 땄다고 하네요. 아직 탐사선이 간 적이 없어 아직은 미지의 행성이라고 하네요. 명왕성의 공전 궤도 이심률은 0.25(참고로 지구는 0.02), 그만큼 타원에 가깝다는 건데. 태양에 가장 가까울 때는 30A.U. 가장 멀 때는 50A.U.라는군요. 공전주기는 248년. 명왕성의 위성 카론은 1978년에 발견. 카론은 명왕성에 아주 가깝게 붙어 있다고 합니다. 명왕성 반지름의 17배 되는 거리에 있습니다(참고로 지구와 달은 지구의 반지름 60배). 이렇게 가깝게 접근한 이유는 둘 사이의 강한 조석력 때문이라고 하던데. 카론이 너무 커서 명왕성의 절반 정도의 크기. 그래서 둘의 관계를 위성관계로 보기보다는 연성계라고 할 수 있습니다. 명왕성은 가스의 행성이 아니라 지구와 마찬가지로 고체의 행성입니다. 또한 매우 희박한 대기가 있는 것으로 알려져 있는데요. 이것은 명왕성이 별을 가리는 항성식에 의해서 밝혀졌습니다. 명왕성은 해왕성의 최대 위성인 트리톤과 그 크기나 밀도가 비슷하고 희박한 대기를 가진다는 점에서 아주 흡사합니다. 따라서 사람들은 이 두 행성이 같은 과정에 의해 생겼지만. 하나는 해왕성에 잡히고 하나는 태양에 잡힌 것 같다고 합니다.

질문7

늘 비디오에서 좀 틀린 것을 발견한 것 같아서. 비디오에서 지나가는 말로 목성의 위성이 4개라고 했는데. 제가 알고 있는 바로는 그것보다는 많은데.

답변①

우선 비디오가 틀리지는 않았다는 것을 먼저 알려드립니다. 일반적으로 목성의 위성은 4대 위성을 언급하는 것이므로, 4개라고 표현합니다. 하지만 12개의 소위성까지 합치면 16개가 되지요.

■ 목성의 위성

목성 주위에는 16개의 위성들이 궤도를 돌고 있는 것으로 밝혀졌다. 그것들 중의 대부분은 비교적 그 크기가 작고 목성의 궤도를 돌고 있다기보다는 홀로 있는 것을 포착한 듯하다. 목성의 네 개의 큰 위성인 이오(Io), 유로파(Europa), 가니메데(Ganymede), 칼리스토(Callisto)는 목성이 만들어질 때 같이 형성된 것으로 알려져 있다.

Metis(1979년 발견)	Io(1610)	Leda(1974)	Ananke(1951)
Adrastea(1979)	Europa(1610)	Himalia(1904)	Carme(1938)
Amalthea(1892)	Ganymede(1610)	Lysithea(1938)	Pasiphae(1908)
Thebe(1979)	Callisto(1610)	Elara (1905)	Sinope(1914)

질문8

재를 구입해서 열심히 공부를 하고 있는데 말이죠. 이런 내용이 있더군요. 태양계의 행성의 통계분석표 같은 게 나와 있는데 거기에는 각 행성의 크기, 밀도, 질량, 위성의 수 등이 나와 있습니다. 그런데 한 가지 흥미로운 것은 크기가 큰 목성형 행성에는 위성의 수가 상당히 많고 지구형 행성에는 지구에 1개, 화성에 2개가 존재하는데. 그래서 제 생각에는 행성의 크기와 위성의 수 사이에는 어떠한 상관관계가 존재하지 않을까 하는 생각이 드는군요. 행성의

42 지구의 생성과 진화

크기와 중력의 힘에 따라 거느리는 위성의 수도 달라진다. 흥미롭지 않나요? 여러분은 어떻게 생각하시는지.

답변①

물론 더 발견될 수도 있겠지만.

1. 수 성	없음	4. 화 성	2개	7. 천왕성	5개
2. 금 성	없음	5. 목 성	16개	8. 해왕성	8개
3. 지 구	1개	6. 토 성	23개	9. 명왕성	3개

이상이랍니다.

　일단 목성형 행성이 더 많은 위성을 가진 것은 확실한데. 질량이나 밀도에 따른 정확한 비례관계는 찾기 힘들군요. 뭐, 있던 위성이 혜성과의 충돌로 사라진 것도 있을 거구. 장구한 시간이 지나면서 위성이 생길 수도 있고. 아직 발견되지 않은 위성이 발견될 수도 있고 하니까. 정확한 관계식을 찾긴 힘들지 않을까요.

질문⑨

만약 운석이 충돌하여 지구표면이 용융되었고 그 이후에 지구 표면이 응고된 뒤에 풍화에 의해서 크레이터들이 없어지거나 또는 아예 액체 상태의 용융시에 크레이터가 생기지 않았다고 하면 달에 있는 또 다른 행성들에 있는 수많은 크레이터들은 어떻게 설명을 해야 하나요? 화성에만 해도 그런 크레이터들이 엄청 많은 것으로 알고 있는데요.

답변①

　당연히 지구에도 수많은 운석이 떨어집니다. 아니 지금도 떨어지고 있겠죠. 하지만 그런 운석들은 거의 대기권에서 공기와의 마찰열에 의해 다 타버리고 아주 조그만 조각들만 간간히 지상에 떨어질 뿐입니다. 그러나 아시다시피 달에는 진공상태라고 여겨도 될 만큼 대기가 아주 희박하기 때문에 우주공간의 운석들이 그냥 달의 표면에 떨어지겠죠. 지구의 중력이 더 커서 운석이 떨어질 확률이 높다. 그래도 대기가 있기 때문에 지상에 떨어지는 운석은 거의 없습니다. 그리고 지표면의 크레이터들도 아시다시피 대기가 있음으로써 풍화에 의해 그 흔적이 점차 사라지게 되었겠죠. 화성의 경우에도 마찬가지라고 생각합니다. 그런데 화성엔 대기가 희박하지만 그나마 달보단 많은 편이라고 배웠습니다. 그리고 계절의 변화도 있다고 그러구요. 화성의 크레이터가 달보다 적은 이유가 여기에 있지 않을까 생각됩니다.

답변②

행성의 초기 생성 당시에는 당연히 말랑말랑한 용융상태였기 때문에 그때의 크레이터 흔적은 남아 있지 않을 것이라고 생각됩니다. 만약 남아 있더라도 그것이 크레이터의 직접적인 흔적이라고 보긴 힘들 것 같습니다. 행성이 식는 데 걸리는 시간도 어마어마하게 길어서 식는 과정에 크레이터의 흔적이 지구 내부의 여러 가지 힘으로 변형되었을 것이기 때문입니다. 그리고 달과 화성 같은 행성의 크레이터 중에는 행성 초기의 것은 남아 있지 않을 것이라고 생각됩니다. 그러면 지금 보이는 크레이터는 행성이 다 식고 응고된 후에 소행성과의 충돌로 생겨난 것들이겠죠. 행성이 식은 후에도 수없이 많은 시간이 흘렀으니까요.

답변③

풍화에 의해 크레이터(crater)가 변형됩니다. 지구는 지금도 활동성이지만 타행성은 이미 활동을 마친 비활동성이기 때문에 달에는 크레이터가 많이 보존되어 있습니다.

화산 분출구로 인식되어 온 것들이 실제로는 운석의 충돌로 생성되었음이 여러 개 확인되었습니다.

질문❿

늘 비디오 내용에 따르면 지구를 포함한 별들은 소행성끼리 충돌하면서 그 크기가 커진 것들이라고 했는데 그것이 물리 법칙상 가능한 일인가요? 크기 차이가 엄청난 지구와 소행성이 충돌해도 커다란 크레이터가 생기는데 크기 차이가 얼마 나지 않는 소행성끼리 충돌한다면 그것이 깨지거나 튕겨져 나가야 하지 않나요? 그게 지금까지 제가 가진 배경지식의 한계인 것 같네요. 조금 생각해 보아서 떠오른 것이 충돌을 거듭하며 온도가 올라가고 표면이 용융되어 고체보다 유체에 가까운 형태가 되어서 충돌 시 합쳐지는 게 가능하지 않았나 하는 것인데 정확히 알 수가 없네요. 아시는 분 알려주시기를!

답변①

하도 예전에 읽은 책에서 본 내용이라 기억이 가물거리기는 하지만 소행성을 구성하는 물질 중에 철(Fe) 성분이 많은 경우 쪼개어지는 힘보다 결합력이 더 세어 합쳐진다고 되어 있었던 것으로 기억합니다. 깨어지기 쉬운 성분으로 이루어진 소행성끼리의 충돌이라면 당연히 부서져버리구요. 그렇게 하여 어느 정도 커진 소행성은 그 자체 인력으로 더 많은 소행성들을 끌어들이게 되고 혹시라도 부서지기 쉬운 성분으로 이루어진 소행성이 여기에 끌려 충돌하게 되더라도 이제는 그 조각들을 붙잡아 둘 만한 인력이 있기에 점점 더 빠른 속도로 커지게 되구요.

답변②

질량이 큰 것이 작은 것들을 끌어들인다고 생각해 보세요. 실제로 지구는 많은 충돌의 흔적을 남기고 있습니다. 운석 충돌에 관한 연구의 예로 충돌 시 충격을 받은 석영(shocked quartz)을 들 수 있습니다. 운석 충돌 시 여러 방향으로 깨어진 면(fracture)을 갖는 석영을 연구하여 깨어진 면의 크기와 개수로 충돌지점을 추정하기도 합니다.

질문⑪

비디오를 보니 행성들이 최초로 생길 때 우주의 먼지들과 가스들이 모여 태양을 형성하고 그 밖에 행성들이 생긴 것 같더군요. 그렇다면 생성할 당시 행성의 구성물질들이 돌면서 뭉친 후 행성이 탄생되었다고 가정해 봅시다. 그렇다면 그때 돌던 여파가 지금의 행성의 공전 형태로 나타난 것인지 궁금하군요. 그리고 만약 이것이 사실이라면 행성 중에서 공전 방향이 다른 행성과 다른 행성이 있는 것으로 아는데 공전 방향이 다른 행성들은 생성 당시 거꾸로 돌았다고 봐야 하는 것인지? 그리고 그것이 가능한 것인지 궁금하군요?

답변①

대부분의 행성은 공전 방향이 같습니다. 물론 이유는 질문하신 분이 아시는 대로구요. 그리고 공전 방향이 다른 행성에 대해선 제가 듣기론 예를 들어 태양계에 공전 방향이 다른 행성이 존재한다면 그건 태양계가 생길 때 같이 형성된 게 아니라 해성 같은, 즉 다른 곳에서 생성된 것이 태양 근처를 지나다 태양의 중력에 잡혀 태양 주위를 돌게 됐다는 식으로 설명하더군요.

답변②

예전에 지구과학 배울 때 그런 거 배운 기억나시나요? 지구 북반구와 남반구에서 소용돌이의 방향이 다르다는 것. 그건 지구의 자전 방향과 관련이 있다고 했었는데요. 소용돌이는 에너지가 적게 드는 방향으로 정해진다는 것이었죠. 태양계의 행성들의 자전 방향이 모두 같고(다만 자전축의 기울기만 다른 걸로 압니다. 태양의 자전 방향과 맞춰서 공전함으로써 공전에 들어가는 에너지를 줄이기 위해서 똑같은 자전 방향을 갖게 된다는 거죠. 태양의 자전 방향과 잘 맞는 공전 방향으로 돌아야 행성이 적은 에너지로 공전을 할 수 있겠죠. 그래서 공전 방향이 정해진 거고 공전 방향이 일정하다는 건 자전 방향도 일정하다는 거니깐. 제 생각엔 태양의 자전 방향과 반대인 공전 방향, 즉 반대인 자전 방향을 갖고 돌게 되면 행성의 공전에 들어가는 에너지가 많이 필요하게 되고 그렇게 오래 돌다가 보면 결국 공전 속도가 느려지게 되고 결국엔 공전을 중단하게 될 거 같네요. 공전을 중단하면 결국엔 태양계를 이탈하든가 다른 행성에 부딪치든가 태양에 부딪치든가 하겠죠.

답변③

제가 알기론 모든 행성의 공전 방향은 같은 것 같습니다. 시계 반대 방향으로 말이죠. 그건 말씀하신 대로 태양계생성 당시 우주먼지나 성운들이 시계 반대 방향으로 돌면서 서로서로 뭉쳐졌기 때문입니다. 그리고 금성은 다른 행성과 달리 자전 방향이 다르다고 배웠습니다. 그건 원래는 다른 행성처럼 잘 돌고(시계 반대 방향으로) 있었는데 어떤 커다란 소행성과 자전 반대 방향으로 충돌한 후로 자전 방향이 바뀐 걸로 알고 있습니다.

질문⑫

해성의 생성에 관해서 잠깐 생각해 본 건데요.

지구가 생성될 때 작은 암석들이 충돌해서 점점 커지고 커진 행성에 암석이 계속 충돌해서 수많은 분화구를 만들었다고 들었습니다. 근데요, 한 가지 궁금한 것은 어떻게 충돌하는데 점점 커질 수 있죠? 어떤 방법으로 행성이 생성되는지 좀 자세히 알고 싶습니다.

답변①

지구의 생성에 관해서.

물론 언뜻 생각해 보면, 작은 암석들이 서로 충돌하면 산산이 부서지는 것은 사실입니다. 하지만 그때 엄청난 열이 발생한다는 사실은 기억나시죠? NASA에서 크레이터 생성을 실험했을 때, 그 경우를 생각해 보세요. 만약에 암석들이 서로 충돌하면 산산이 부서질 것입니다. 하지만 이 암석들 속에 금속물질이 포함되어 있다면 어땠을까요? 철 같은 금속들이 있었다면 녹았겠죠? 가령 두 암석이 충돌했을 때 일시적으로 철이 녹았다가 서로 합쳐진 채로 굳어질 수도 있지 않았을까요? 그리고 일단 철은 밀도가 커서 부피에 비해 질량이 많이 나가므로 이런 충돌을 통해 합쳐지면 합쳐질수록 주변의 작은 암석들을 끌어당기기 쉬웠을 것입니다. 그리고 나중에 가서는 운석과 충돌했을 때 인력 때문에 산산이 부서진 암석 파편까지도 끌어당길 수 있게 되었을 것이고, 이것이 커져서 지구가 되었다고 생각합니다.

물론 작은 암석들이 서로 충돌하면 철 같은 물질이 녹을 수 있는 온도까지 오르기는 힘들다고 생각할 수도 있습니다. 하지만 태양계의 행성들은 이미 태양이 생성된 다음에 생겨나기 시작했으므로 태양에서 나오는 열도 여기에 한몫을 했을 것입니다.

 답변②

잘 알려진 태양계모델(설정된 모형의 전체적인 성질은 대체로 정확하지만 자세한 부분은 아직 모호하고 불확실합니다).

태초에는 질량이 지금보다 크고 반지름이 약 1PC 정도의 거대한 크기의 성간가스와 티끌로 된 불균질한 성운이 있었습니다. 이 가스에는 질량으로 약 75%의 수소, 약 25%의 헬륨과 약간의 중원소가 섞여 있었는데 이 성운은 난류 현상 때문에 조그만 자전운동과 각운동량을 가지게 됩니다. 이 성운 자체의 중력으로 인하여 중력수축을 하게 되는데 초기 단계에서 일부의 가스와 티끌은 서로 뭉쳐서 성운의 바깥부분의 혜성핵을 형성합니다.

중력 수축이 진행되면 성운은 자전 때문에 타원체의 모양을 가지게 되며 각운동량을 보존하기 위해 자전속도가 증가됩니다. 한편 성운 중심부의 밀도는 가장 급속히 증가되어 질량이 큰 덩어리가 형성되는데 이것이 원시 태양입니다. 이 원시 태양이 수축함에 따라 중력 에너지는 열로 전환되며 이 열은 원시 태양으로부터 성간공간으로 방출됩니다. 성운의 밀도가 증가함에 따라 티끌입자는 얼어붙은 물, 이산화탄소, 암모니아, 메탄 등과 함께 섞여서 큰 입자를 형성합니다. 이때 급격히 가열된 원시 태양 가까이에 있는 입자는 그 속의 휘발성 물질을 잃어버리게 되며 반면 멀리 떨어져 있는 입자는 중간을 가로막는 구름 때문에 중심에서 오는 열을 덜 받게 됩니다. 미행성체는 자신의 강한 중력으로 주위의 물질을 끌어당겨 급격히 성장합니다. 그리고 그들의 궤도 근처의 성운 물질을 휩쓸어 들여 원시 행성으로 자랍니다. 작은 미행성체는 원시 행성의 위성궤도 속으로 들어가게 됩니다.

모든 원시 행성은 이러한 단계로서 막대한 양의 대기를 끌어당깁니다. 아마 원시 태양으로부터의 지구형 행성의 대기에 작용하는 기조력이 이 행성의 자전속도를 크게 감소시켰을 것입니다. 또 목성형 행성으로부터의 중력섭동의 작용으로 소행성대에는 행성이 형성되지 못하도록 방해되었을 것입니다. 그러나 몇 개의 미행성체가 그곳에 남아 있다가 서로 충돌하여 소행성대가 형성되었을 가능성도 큽니다. 이때까지는 아직 원시 태양의 핵반응이 시작되지 않았으나 에너지 방출량은 현재 태양 복사량의 10000배나 되었을 것입니다.

이렇게 막대한 복사량은 지구형 행성의 원시 대기를 불어 내었고 나머지 성운 가스를 이온화했으며 이것이 태양과 결합되어 태양의 각운동량을 외각으로 전환시키게 되었을 것입니다. 태양계 내의 원시 성운 물질은 깨끗이(?) 제거됨과 동시에 원시 태양은 또 중력수축을 계속하여 결국 핵반응을 일으키게 되어 안정된 별이 됩니다. 행성의 내부는 굳어지고 금성, 지구, 화성은 제2차대기를 만들어 냅니다. 소행성은 충돌에 의하여 조각의 수가 증가되고 혜성은 운동방향을 바꿔 태양계 안쪽으로 향하게 됩니다. 행성의 궤도는 안정을 이루게 됩니다. 2개의 행성이었던 지구와 달은 현재의 지구 궤도 근처에서 각각 독립적인 궤도를 돌다가 결국 달이 지구에 붙잡히게 되고 그때부터 조석에 의한 진화가 시작된 것으로 추정하기도 합니다. 태양계가 거의 현재의 상태로 정착하게 되자 명왕성은 해왕성의 둘레를 돌던 위성의 궤도에서 떨어져 나갔을 가능성도 있습니다. 이러한 모형은 완전한 것이 아닙니다. 단지 높은 가능성으로 추리한 결과일 뿐입니다.

질문⑬

기여, 태양도 가스 성운이 모여서 된 거잖아요. 근데 왜 태양은 계속 커졌나요? 목성은 태양이 되다 만 행성이라고 들었습니다.

답변①

　먼저 원시 태양계의 맨 처음 시작은 태양의 탄생입니다. 태양계의 재료인 성간운이 우주공간에 떠 있다가 그중에 특별히 많이 모여 있어 밀도가 높은 부분을 향하여 수축하면서 그 중심에 태양이 생겨났다고 합니다. 왜 밀도가 높은 부분이 생겼냐는 초신성 폭발의 충격파가 전해지며 밀도가 불균등해졌기 때문이라는군요. 목성이 태양이 되지 못한 것은 목성을 이루는 수소, 헬륨 등이 충분히 핵융합을 일으킬 만한 질량이 되지 못하여 그냥 목성으로 남은 것입니다. 만약 충분한 양의 질량이 있었다면 태양계엔 아마 태양이 두 개였겠지요.

답변②

　태양계엔 태양이 2개이겠죠. 사실 은하계의 많은 별들이 쌍을 지어 서로 공전하고 있습니다. 만약 목성에도 충분한 수소와 헬륨이 주어졌다면 내부의 온도가 올라가 핵융합을 하게 되고 신화에나 나올 법한 태양이 2개가 뜨는 광경이 벌어졌겠군요. 목성은 태양으로부터 받은 에너지의 2배에 해당하는 에너지를 우주로 방출하고 있습니다. 스펙트럼상으로 보면 항성이겠지요.

질문⑭　명왕성에 대해서.

　명왕성이 해왕성보다 바깥에 있지만 공전궤도는 더 안쪽으로도 지나고 구성물질도 크게 다릅니다. 그러면 정확하게 명왕성이 우리 태양계에 끼이게 된 원인을 알고 싶습니다. 일전에 책에서는 태양계를 지나다가 인력에 의해 붙잡히게 된 것이라고 적혀 있었는데 이게 어느 정도 인정을 받고 있으며 또 확실한 이유를 찾았는지 알고 싶습니다.

답변①　제 짧은 소견입니다만.

　이게 질문에 대한 정확한 답변이 될는지는 모르겠지만 아무튼 고등학교 때도 배웠듯이 지구형 행성에는 수성, 금성, 지구, 화성; 목성형 행성에는 목성,

토성, 천왕성, 해왕성이 있죠. 명왕성은 어디에도 끼어 있지 않죠. 그래서 명왕성을 해왕성의 위성이라고 보는 견해도 있더군요. 만약 그렇다면 궤도문제나 구성물질 문제가 어느 정도 해결되리라 보는데 어떻게 생각하시는지?

 답변② 나름대로 정리해 보았습니다.

행성은 태양을 중심으로 공전을 하고 위성은 행성을 중심으로 공전을 하는 것입니다.

명왕성은 태양을 중심으로 공전을 하므로 행성이 맞는 말입니다. 명왕성이 해왕성의 위성이라는 말은 확실히 잘못된 말입니다. 보통 행성은 지구형 행성과 목성형 행성으로 나뉩니다.

책을 참고하시면 두 부류의 특성이 잘 나와 있습니다. 그런데 명왕성은 딱히 어디에 정확히 속한다고 볼 수 없습니다. 거리상으로 보아 목성형 행성의 특징을 가져야 하는데 그렇지 않은 점 그리고 공전궤도면이 다른 행성들은 거의 동일면인 데 비해 황도면(태양이 지나는 궤적)에 상당히 기울어진 점 그리고 그 궤도가 때로는 해왕성의 궤도 안쪽으로 들어올 때가 있다는 점, 내부구조가 얼음의 맨틀과 그 밑으로 일부 수화된 암석의 중심핵으로 되어 있다는 점 때문에 많은 해석을 낳고 있습니다.

그중 유력한 것이 명왕성은 어떤 큰 천체와 충돌하여 그가 지녔던 얼음으로 된 물질의 일부를 잃어버려서 암석과 얼음의 비가 적은 목성형 행성의 위성과 대조를 이루게 되었다는 설입니다. 또 궤도의 이상의 관점에서 보면 제10행성의 존재로 해석하려는 사람들도 있습니다. 하지만 해왕성보다 먼 행성의 탐사 계획은 좋은 성과를 이루지 못했기에 아직 정확한 이론은 없습니다.

 질문⑮ 티티우스-보데의 법칙?

책을 읽던 중에 티티우스-보데의 법칙이 나오네요. 정확한 공식을 알려주셨으면 합니다. 그리고 노트에 보면 소우주, 대우주가 나와 있는데요. 어떤 개념인지 모르겠네요.

답변① 티티우스–보데의 법칙

티티우스–보데의 법칙은 순전히 경험식입니다.

d= 0.4+(0.3 * 2^n)

n= -무한대(수성), n=0(금성), n=1(지구),

n=2(화성), n=3(소행성), n=4(목성), n=5(토성)

거리 d의 단위는 A.U.입니다.

답변② 티티우스–보데는

티티우스–보데의 법칙은 태양계 안에서 태양으로부터의 행성들의 거리를 알아내는 일종의 경험식이죠. 각각의 행성은 수성부터 해서 0, 3, 6, 12, 24, 48,(앞의 값의 두 배로 증가)의 값을 차례로 갖고 이 값들에 4를 더해서 10으로 나눈 값을 갖죠. 예를 들어 수성은 (0+4)/10=0.4, 금성은 (3+4)/10=0.7 이런 식으로 계산이 되지요.

이것들의 단위는 A.U.가 되고 1A.U.는 약 1억 5천만 킬로미터입니다.

이 식으로 하여 태양계의 행성을 계산해 보면 화성과 목성 사이에 무엇인가 있어야 하는데 그것을 찾다가 그 지점에서 발견된 것이 소행성입니다. 현재 알려진 소행성은 약 3300개 정도이고 총수는 수십만 개에 달할 것으로 예상되고 있습니다. 그런데 이런 소행성 중 어떤 것은 긴 타원궤도를 가지고 수성보다도 태양에 더 가까이 올 때도 있고 천왕성보다도 멀리 돌 때도 있다는군요.

질문⑯ 쓸데없는 질문

전 노스트라다무스에 관심이 참 많았습니다. 그의 예언을 보면 '공포의 대왕'이라는 단어가 나옵니다. 그게 불어로 그랜드 그로이인데 그랜드 크로스와 글자가 하나 차이난다고 합니다(섬뜩). 얼마 전 예고되었던 그랜드 크로스 예정일인 1999년 8월 18일이 무사히 지나갔습니다. 제가 알기로는 그랜드 크로스는 수, 금, 화, 목, 토, 천, 해, 명이 지구를 중심으로 십자가 모양으로 늘어서는 것이라고 합니다. 세간의 얘기로는 그랜드 크로스 때 지구를 향해 4방향의 인력이 동시에 작용해 지구에 이상변화가 있을 거라고 했습니다. 그때를 또 노스트라다무스가 말한 지구멸망의 날이라고 하곤 했죠. 하지만 1999년 8월 18일은 아무 일 없이 지나갔습니다. 그럼 그랜드 크로스가 일어나면 지구에는 어떤 영향을 끼치게 되나요? 그리고 8월 18일에 진짜로 그랜드 크로스가 일어나긴 일어난 걸까요?

답변① 주워들은 제 답변.

저도 관심을 가지고 그 상황을 지켜보았기 때문에 조금 흘려들었던 기억이 나는군요. 우선, 그랜드 크로스라는 것 자체가 정확한 그랜드 크로스가 일어날 수가 없다고 하더군요(궤도상으로 우주가 뒤틀리지 않는 이상). 또 그랜드 크로스라 부를 만한 현상들이 이번 한 번에만(일어나는지 안 났는지는 모르지만) 일어나는 것이 아니라 역사상으로 볼 때 여러 번 일어났다고 하더군요. 그러니까 지구가 벌써 여러 번 멸망했어야 한다는 소리겠죠. 음, 그래서 그랜드 크로스와 지구멸망과는 아무런 연관이 없다고. 저는 그 1999년 8월 전에 알고 있었던 걸로 기억이 납니다.

답변②

알고 있다시피 그랜드 크로스는 행성들이 십자가 모양으로 늘어선 것을 말합니다. 그 그랜드 크로스는 1999년 8월과 9월 사이에 일어났습니다(요즘은 컴퓨터 시뮬레이션으로 그런 것들을 볼 수도 있습니다). 그런 현상에 대해 사람들이 의미를 부여해서 재앙이 온다든지 영향을 받는다든지 소문이 난 것 같습니다. 거기에 밀레니엄이라는 영향도 한몫했습니다.

태양계에서 태양의 질량이 굉장히 큽니다. 그래서 나머지 행성들의 질량을 모두 합쳐도 태양의 0.1%에도 못 미칩니다. 쉽게 예를 들어 상공에 떠 있는 모든 인공위성들을 합쳐도 그 위성의 영향으로 지구의 궤도를 변경시킬 수 없는 이치와 비슷하다고 볼 수 있습니다(엄밀히 말하면 영향을 미치긴 미치지만 우리가 감지할 수 없을 정도이죠).

2체 문제(가장 이상적인 경우로 가정)로 가정해서 태양과 나머지 행성의 모든 질량을 합친 임의의 행성을 가정하고 우리가 알고 있는 만유인력공식에 넣어서(대충 목성까지의 거리로) 계산해도 그 임의의 행성의 영향은 거의 없습니다. 즉 태양계 내에서 가장 큰 영향력을 가진 것은 태양입니다. 보통 생각하는 것 이상으로 영향력이 큽니다. 그 영향이 대단히 크므로 다른 행성에 의한 영향은 거의 제로에 가깝습니다.

질문⑰ 행성의 질량은 어떻게 측정하나요?

행성의 질량이나 부피 같은 건 어떻게 측정하나요? 지구를 기준으로 상대적인 값인가요? 아님 절대적인 값인지 그리고 그 측정방법이나 정확성에 대해 알고 싶어요.

답변① 아주 간단히 설명하면요.

그냥 고등학교 때 배웠던 것을 다시 한번 생각해 보면 될 것 같네요. 만유인력의 법칙이나 케플러의 제3법칙 등을 사용하면 우리가 알고 있는 지구의 질량과 행성까지의 거리들을 이용해서 미지의 별의 질량 등을 알 수 있다고 알고 있습니다. 저도 배운 지 오래되어서 구체적인 식은 생각이 나지는 않지만요. 더 설명을 붙이실 분 계시면 계속 글을 올려 주세요.

답변② 슬링샷 효과에 대하여

자료를 찾다 보니 행성의 질량을 측정하는 방법이 있어서 소개합니다. 슬링샷 효과라고 나와 있더군요, 도움이 되었으면……. 우주를 탐사하는 탐험선은 행성에 접근할 때보다 행성을 떠날 때 그 속도가 더 빨라지는 역학적 효과를 이용하여 가속시킨다. 이러한 논의는 운동량 보존과 에너지 보존의 원리로 설명할 수 있다. 하지만 이러한 현상은 주위에서 쉽게 볼 수는 없는 것으로 컴퓨터를 통한 가상의 형태로 확인할 수밖에 없다. 이 현상은 두 가지 조건이 필요하다.

첫째, 행성 질량이 우주 탐사선보다 훨씬 커야 한다.

둘째, 우주 탐험선이 행성궤도의 안쪽으로 접근하였다가 바깥쪽으로 빠져나와야 한다.

운동량 보존법칙에 의하면

Mvpi+mvsi=Mvpf+mvsf

(M: 행성의 질량, m: 탐사선의 질량, vpi: 충돌 전 행성의 속도, vsi: 충돌 전 탐사선의 속도, vpf: 충돌 후 행성의 속도, vsf: 충돌 후 탐사선의 속도)가 된다. 또한 역학적 에너지 보존법칙에 의해서 1/2 Mvpi2+1/2 mvsi2=1/2 Mvpf2+1/2 mvsf2가 된다. 이 두 식을 연립해서 풀면 vpf−vsf=−(vpi−vsi)의 식을 얻는다. 이는 충돌 전과 후의 상대 속도가 같다는 식으로 탄성충돌에서는 모두 성립한다. 여기서 행성의 질량은 탐사선에 비해 상당히 크므로 vpi=vpf이라고 할 수 있다. 따라서 위 식을 정리하면

vsf=2vp+vsi

위 식에서 보는 것과 같이 탐사선의 나중 속력은 행성의 속력의 두 배에 탐사선의 초기속력을 더한 값과 같다. 그림과 같이 초기속력의 거의 세 배에 가까운 속력을 얻을 수 있다.

즉 우주 탐험선이 행성의 궤도 에너지(퍼텐셜에너지)를 빼앗은 셈이다. 다만 행성의 질량이 워낙 크기 때문에 행성 자체의 궤도 운동에너지는 거의 아무런 변화도 일어나지 않지만 우주 탐험선은 그 질량이 작기 때문에 행성궤도를 빠져나올 때 속도가 빨라지게 되는 것이다. 흔히 충돌을 입자의 충돌과 같이 역학적인 '충격'으로 생각하기 쉬운데 충돌은 비교적 짧은 시간에 운동을 변화시키는 힘을 받은 것으로 정의한다. 따라서 이 문제와 같이 행성에 접근했을 때 만유인력으로 인한 힘이 운동방향을 바꾸었을 때도 충돌이라고 할 수 있다.

 질문⑱ 태양계의 행성 중 수성에 대해서

제가 글을 올린 것은 수성에 대해서 여쭤어 볼 것이 있어서입니다.

수성은 태양계에 속해 있는 행성 중 태양과 가장 가까이 붙어 있습니다. 그리고 수성의 크기도 그리 크지가 않습니다. 저는 수성이 어떻게 해서 태양에

부딪치지 않고 태양 주위를 공전할 수 있는지가 궁금합니다. 태양은 크기도 클 뿐만 아니라 질량도 태양계의 99% 이상을 차지한다고 합니다. 그렇다면 금성, 지구는 태양에서 멀리 떨어져서 그렇다지만 수성은 어떻게 해서 태양의 인력에 끌리지 않을 수 있을까요?

그리고 하나 더 여쭤보고자 하는 것이 있습니다. 수성은 일교차가 크다고 합니다. 낮에는 온도가 매우 높이 올라가지만 밤이 되면 영하로 기온이 떨어진다고 합니다. 수성과 같은 위치에서 어떻게 그러한 일이 생길 수 있는지요?

답변① 열용량의 차이?

이건 제 생각입니다. 우선 낮에 온도가 급격히 올라가는 것은 이해가 될 것입니다. 저녁이 되면 일단 태양으로부터의 복사 에너지가 전달되지 않기 때문에 식게 되는데 수성은 지구처럼 대기는 존재하지만 두 행성의 대기는 조성에서 차이가 날 것입니다. 그리고 이것은 열용량에서 차이를 나타내므로 빨리 식게 되는 것입니다. 예를 들면 사막과 같은 경우 모래는 물에 비해서 열용량이 작기 때문에 낮에는 빨리 온도가 올라가지만 밤이 되면 해양보다 온도가 더 낮아지는 것과 같은 것 같네요.

답변② 덧붙이자면

앞의 답변이 맞는 것 같습니다. 약간 더 붙이자면 행성들이 태양주위를 공전하는 것은 구심력과 만유인력의 평형이라는 것을 들어보셔서 아실 것입니다. 그래서 태양과 가까운 행성일수록 바깥에 있는 행성들보다 훨씬 빨리 돕니다. 즉 각속도가 내행성일수록 엄청 크죠. 이것은 인공위성에서 쉽게 볼 수 있습니다. 저궤도 위성의 경우는 주기가 약 11시간이지만 굉장히 높은 곳에 있는 정지궤도 위성의 경우는 주기가 24시간이니까요. 밤에는 대기가 희박해 열차단막이 없어 적외선 복사로 태양이 비추지 않는 면으로부터 밤 시간 동안에 공간으로 곧바로 방출됩니다(약 100K). 정오의 표면온도는 표면 반사도와 태양으로부터의 거리에 의존하므로 약 630K 정도입니다.

이처럼 낮이 뜨겁고 탈출속도가 매우 낮은데도 수성에는 어떻게 대기가 있을까요? 그 해답 중에 하나는 태양풍이라고 합니다. 약 10%의 헬륨을 포함하고 있는 태양풍으로부터의 물질의 유입이 있어 수성에서의 손실 부분을 다시 공급할 수 있다고 합니다.

 답변③

수성에 대한 자세한 자료들입니다.

수성은 태양계의 9개의 행성 중 태양에 가장 가까운 행성이므로 태양의 강렬한 복사열에 의해 매우 뜨겁고 대기는 태양풍에 의해 모두 날아가 존재하지 않습니다.

1974년에 우주 탐사선 마리너 10호가 발사되기 전까지는 수성에 대해 거의 알지 못했죠. 수성은 달과 매우 유사하며 수성은 해 뜨기 2시간 전과 해가 진 후 2시간 사이에만 하늘에 나타나는데 이것은 수성의 최대 이각이 28도밖에 안 되기 때문입니다.

(최대이각: 내행성이 태양에서 가장 멀리 벗어날 때 이루는 각도. 그러므로 지구에서 망원경으로 수성을 관측하기가 매우 어렵습니다).

수성은 달과 매우 많이 닮았습니다. 크레이터투성이에 크기도 비슷하며(수성 지름: 4898km, 달 지름: 3476km), 대기도 거의 없습니다. 수성의 표면은 달처럼 태양계 탄생 무렵에 우주공간에서 날아온 무수한 운석들과 충돌하여 생긴 분화구가 표면을 덮고 있습니다.

그러나 달의 표면과 다른 점도 있습니다. 수성의 표면에는 수백km에 달하는 절벽이 있는데 이것을 스카프(scarp)라고 하며 생성 초기에 뜨거운 행성 상태에서 갑자기 식으면서 수축하는 과정에서 생겨난 지표의 주름입니다. 그리고 마리너 10호가 보내온 사진들을 분석하던 과학자들은 수성의 적도 바로 남쪽의 특정지역에서 울퉁불퉁한 언덕들이 촘촘히 모여 있는 것을 발견하였습니다. 그런데 이 지역과는 정반대 쪽에는 지름 1300km에 달하는 거대한 분지가 있습니다. 이곳을 칼로리스(Caloris) 분지라고 부르는데 거대한 유성체가 충돌하여 형성된 것으로 보입니다. 이때의 충격으로 수성에는 대지진이 일어났고 그 지진파들이 전달되어 행성의 정반대 편에서 초점을 이루는 부분에 언덕들이 생겨났다고 지질학자들은 추정하고 있습니다.

　수성은 지구처럼 밀도가 큰 철핵 주위를 밀도가 낮은 암석물질 맨틀이 둘러싸고 있습니다. 그러나 지구의 핵이 지구 반지름의 반 정도인 데 비해 수성의 핵은 반지름의 3/4이 넘습니다. 수성은 이와 같이 철이 풍부한 핵을 갖고 있지만 수성의 자전 속도는 지구에 비해 매우 느리기 때문에 액체상태의 철핵이 회전하여 자기장이 생긴다 하여도 그 세기가 극히 미약합니다. 그러므로 수성은 지구자기장의 1/100의 세기의 약한 자기장을 갖습니다. 그리고 수성의 대기는 아주 희박해서 지구의 1/1000에 불과하며 긴 밤에는 영하 120도나 되므로 생명이 존재하기 매우 힘든 환경입니다.

　수성의 표면은 마리너 10호 탐사선의 접근에 의해 밝혀졌는데 그 표면은 달의 표면처럼 평탄치 않고 무수한 분화구(웅덩이)로 덮여 있으며 이것들은 오랜 시간 동안 많은 운석의 충돌에 의해 생긴 것이 확실시됩니다.

　1965년 푸에르토리코의 아레시보 전파 망원경에서 수성에 강한 전파를 쏘아 그 반사파를 포착함으로써 수성의 정확한 자전주기를 알아내었습니다. 이렇게 해서 얻은 수성의 자전주기는 59일이었습니다. 1970년 중반 마리너 10호가 수성을 지나가면서 측정한 수성의 자전주기는 58.66일로 밝혀졌습니다. 즉 29일은 낮이고 29일 동안은 밤이죠. 그런데 이 값은 정확히 수성의 공전주기(87.969일)의 2/3가 되는 값이며 수성은 태양 주위를 두 바퀴 도는 동안에 스스로는 세 바퀴 자전을 하게 됩니다. 이와 비교하기 위해 지구와의 데이터를 보자면,

	수성의 데이터	지구의 데이터
태양과의 평균거리	0.387A.U.	1A.U.
공전주기	87.969일	365.256일
자전주기	58.646일	23.9345시간
이심률	0.206	0.0167
지 름	4878km(지구의 0.382배)	112,756km
질 량	지구의 0.055배	12,756km
평균 표면온도	낮 350℃ / 밤 -170℃	20℃

질문⑲ 태양은 대체 언제까지 탈건가?

태양이란 제 상식으로는 거의가 가스덩어리로 이루어져 있다고 알고 있습니다. 수소와 헬륨이라죠, 아마도. 태양의 내부에는 계속해서 핵융합과 핵분열이 일어난다고 합니다. 그래서 그 에너지원으로 태양이 타고 있다고 알고 있는 게 제가 알고 있는 전부입니다. 그러면 생각을 해 보죠. 태양은 왜 폭발하지 않는 거죠? 하물며 1회용 라이터도 깨지면 퍽하고 터지는데. 태양이라는 놈은 내부가 인화성 위험물질로 그득한데도, 게다가 표면에는 불까지 붙었는데 폭발은 안하고 활활 타기만 하죠. 영화에서 보면 뭐 가스 같은 거에 살짝 불만 붙여도 홀라당 타거나 쾅 하고 터지죠. 물론 그러한 가스들은 밀폐된 용기 속에 있기 때문에 갑작스런 기압변화로 인해 터진다는 것이라면 이해가 갑니다. 하지만 적어도 태양은 항성전체가 가스덩어리이니 폭발하지 않는다는 게 조금 이상합니다.

 답변①

　영화에서 가스가 폭발하는 것은 산소와 결합하여 즉 산화되어 발생하는 에너지로 폭발하는 것이고 태양은 수소끼리 결합하여 헬륨이 되면서 발생하는 질량결손이 에너지로 방출되는 것입니다. 물론 핵융합으로 발생하는 에너지가 산화에 의한 에너지보다 훨씬 크지만 태양은 그 크기만큼 대단히 무겁기 때문에 태양의 내부에서는 엄청난 중력이 존재하게 됩니다. 따라서 태양에서 발생하는 에너지는 그 중력을 이겨내고 튕겨 나갈 만큼 강하지 않기 때문에 폭발하지 않는 것이라고 할 수 있습니다. 그리고 만약 태양이 수소에 의한 핵융합 반응이 일어나지 않는다면 태양은 자체 중력에 의하여 응축하여 지구만 한 크기로 줄어들 것입니다(즉 중성자별이 되는 것이죠).

 답변②

　1. 솔직히 그 사실을 명쾌하게 설명 드리기에는 어려운 점이 있습니다. 먼저 알고 있어야 할 기반 지식이 필요하기 때문입니다. 이 문제에 대답을 하기 위해선 먼저 별의 생성부터 진화까지의 과정을 알고 있어야 합니다(통상적으로 생각하는 것만큼 이 과정은 단순하지 않습니다).

별은 티끌과 가스로 이루어진 성운의 중력 수축에 의해서 탄생됩니다. 즉 성운이 수축함에 따라 방출되는 중력에너지가 절반은 내부의 온도를 높이는 데 쓰이고 나머지 절반은 복사에너지로 방출합니다(이걸 Virial theorem이라고 합니다). 그러다 결국 별의 중심부가 수소핵융합 반응을 일으킬 정도의 높은 온도까지 가열되어 하나의 별이 탄생하게 됩니다. 여기서부터가 우리가 눈으로 볼 수 있는 별이 된 것입니다.

이렇게 되면 중력으로 수축하려는 힘과 중심에서의 핵융합 반응(핵융합 반응은 별 전체에서 일어나는 것이 아니라 중심에서만 일어납니다)에 의한 바깥으로의 압력이 평형이 되어 더 이상 수축하지 않습니다. 이 상태를 정유체 역학적 평형이라고 부릅니다. 별은 이 상태로 자기 생의 90% 이상을 보내고 또한 우리가 보는 대부분의 별이 이 상태입니다.

결국 정리를 하자면 (팽창하려는)내부압＝(수축하려는)중력인 것입니다.

2. 별에서의 폭발의 개념은 지구에서의 폭발의 개념과 다릅니다.

평형상태가 깨어지는 것을 하나의 폭발이라고 봅니다. 일정한 온도 이상이 되면 헬륨연소가 되어서 내부압이 중력을 이겨서 급작스럽게 팽창하는데 이런 경우를 폭발이라고 합니다(솔직히 이 부분은 이렇게 단순하게 설명드릴 부분이 아니지만 폭발의 개념을 도와드리기 위함이니 이해해 주시기 바랍니다).

3. 또 별을 지구상에서 보는 가스덩어리로 생각하시면 안 됩니다.

지구상의 가스 폭발은 산소와 결합하는 화학적 반응이지만 별에서의 반응은 화학적 반응입니다. 또한 별(특히 중심부)의 밀도는 우리가 상상하는 것 이상입니다.

어느 정도냐면 태양의 반경이 약 70만km입니다. 빛의 속도가 30만km인 것을 감안하면 태양 중심에서 발생한 강한 에너지를 가진 X선이 광구표면(태양표면)에 도달하는데 2초 남짓 걸릴 것입니다. 하지만 높은 에너지의 X선은 중심에서 발생하자마자 근처에 있는 입자와 충돌하여 흡수되거나 반사 또는 산란됩니다. 그래서 중심입자 밀도가 대단히 크기 때문에 충돌하지 않고 직진할 수 있는 평균거리가 0.5cm 정도입니다. 따라서 X선 광자(빛)가 발생하자마자 무수히 많은 충돌을 거듭한 끝에 광구표면에 도달하는 데 30000년이나 걸립니다.

4. 태양의 나이는 45억 년에서 50억 년 정도 입니다.

태양의 수명이 약 100(10Gyr: giga year)억 년인 것을 감안하면 이제 절반 정도 살았다고 볼 수 있습니다.

5. 별의 종말과정 또한 복잡한 메커니즘을 따르고 있습니다.

참고 별의 생성과 죽음

고등학교 지구과학 참고서를 발췌했습니다.

100억 년에서 150억 년 전, 우주가 막 생겨났을 즈음에는 수소, 헬륨 그리고 극소량의 리튬과 베릴리움, 보론만이 존재했었다. 이보다 더 무거운 원소는 존재하지 않았었다. 초기에 존재하던 원소 이외의 중원소들은 별 내부의 핵 연소에 의해 생성되었다.

별들이 자신의 핵연료를 다 소모하고 나면 죽고 만다. 보통의 질량을 갖는 별들은 행성상 성운을 만든다. 좀 더 질량이 큰 별들은 초신성으로 폭발한다. 새로이 합성된 중원소들(heavy elements)은 공간으로 방출되어 주변의 성간물질과 섞여버리고 만다. 이러한 물질 — 별 사이의 가스와 티끌 — 들은 새로운 세대의 별을 형성하는 재료로 쓰인다.

한 세대에 의하여 합성된 중원소들은 새로운 세대의 별을 형성하는 재료물질이 된다. 새로 탄생한 별들 역시 좀 더 무거운 원소를 만들고는 결국 다시 성간물질로 되돌아간다. 이처럼 별의 죽음과 탄생의 순환은 지속된다.

우리의 몸을 구성하고 있는 탄소, 우리가 호흡하는 산소, 지각의 규소, 산업 현장에서 쓰는 금속들, 이 모두가 별의 내부에서 만들어진 것들이다. 별의 찌꺼기가 우리와 우리 주변의 모든 것을 만든 재료인 것이다.

질문 1

우주상에 있는 블랙홀에 대해서 아시는 분은 설명을 부탁드립니다. 구체적으로 블랙홀이 생기는 이유와 과정 그리고 특징을 설명해 주세요.

 답변 1

전문적인 내용들이 많은 것 같아서 쉽게 풀어 설명해 볼까 합니다. 별도 사람과 마찬가지로 언젠가는 죽습니다. 별 속에 들어 있는 에너지를 모두 소비하고 나면 별은 크기에 따라서 각각 다른 종류의 종말을 맞이하는데 이 중에서 엄청나게 큰 별들은 블랙홀이 됩니다. 이러한 별들이 죽을 때 폭발하여 바깥 부분은 거의 다 날아가고 중앙 부분에 작은 별이 남습니다. 이 작은 별은 별의 질량의 상당 부분을 지닌 채 크기만 작아져서 중력이 엄청납니다. 보통 블랙홀은 크기가 수km가 넘지 않지만 질량은 태양의 수십 내지 수백 배이죠. 블랙홀에서 콩알만 한 크기의 질량은 지구 전체의 질량과 맞먹는다고 합니다. 그리고 마지막으로 블랙홀이 안 보이는 이유는 탈출 속도와 관련이 있습니다. 지구의 탈출 속도는 초속 11.7km입니다. 이보다 더 느리게 움직이면 지구를 벗어날 만한 힘이 없죠. 블랙홀의 탈출 속도는 엄청난 중력 때문에 초속 30만km가 넘습니다. 이는 빛의 속도보다도 크기 때문에 빛이 탈출할 수 없어서 블랙홀은 눈으로는 보이지 않는 것입니다.

 답변 2

1. 블랙홀이란?

모든 물질 사이에는 서로 잡아당기는 힘, 즉 중력이 작용하고 있다. 물리학자인 아인슈타인은 물질이 있으면 그 주위의 공간이 휘어지며 그 휘어짐 자체가 바로 중력이라는 현상으로 나타난다고 해석하였다. 그것은 마치 팽팽한 고무 시트 위에 무거운 물체를 올려놓았을 때와 같은 상황이다. 고무 시트는 무거운 물체 때문에 깊이 가라앉은 상태가 된다. 여기에다 다른 물체를 얹어 놓으면 그 물체는 자연히 깊이 가라앉은 중심의 물체를 향해 떨어져 내려간다. 이렇게 깊이 빠진 바닥에서 나오려면 어느 정도 이상의 속도를 지녀야 한다. 그렇지 않으면 도중에 에너지가 없어지는 바람에 다시 바닥으로 떨어지게 된다. 밖으로 나올 수 있는 최저의 속도를 탈출 속도라 한다. 가라앉은 깊이가 지나치게 커지면 탈출 속도가 광속도를 넘게 된다. 그러나 모든 물체는 빛보다 빨리 움직일 수가 없으므로 이 깊은 수렁에서는 이제 어떤 것도 빠져나올 수가 없다. 이와 같은 상태가 바로 블랙홀이다.

블랙홀은 1783년 이미 영국의 미첼이 질량 주변에서 빛이 휠 수 있다는 가능성에 대해 논했고 아인슈타인의 일반 상대성 이론의 의해 그 존재를 밝히고 있다. 1915년 아인슈타인은 뉴턴 역학의 모순을 해결한 일반 상대성 이론을 제창하였다. 뉴턴 역학에서는 중력을 힘의 크기와 방향으로 나타내는 데 비해 일반 상대성 이론에서는 중력을 4차원 시공의 기하학 구조의 왜곡으로써 나타내고 있다. 뉴턴 이후의 물리학에서는 물질, 시간, 공간은 서로 무관한 존재로 알고 있었다. 그러나 아인슈타인은 시공간의 개념을 바탕으로 이들 모순을 완전히 해결하였다. 즉 물질이 있으면 반드시 중력이 작용하며 또 중력에 의해 시간과 공간이 영향을 받는다고 생각했던 것이다. 그래서 그는 시간과 공간과 중력을 통일한 하나의 이론을 확립하였다.

그럼 블랙홀이란 무엇인가? 별이 공 모양을 유지하고 있는 것은 중력과 압력이 균형을 이루고 있기 때문이다. 압력에는 한계가 있으나 중력은 무한히 강해질 수 있다. 이 때문에 중력이 매우 강한 별은 힘의 균형이 깨져 결국 중력 붕괴를 일으키면서 수축을 계속하게 되고 마지막에는 한점으로 집중하게 된다. 이 점은 밀도나 중력의 세기가 모두 무한대인 특이점이다. 이 중력 붕괴의 과정에서는 강한 중력에 의해 공간은 변형되며 시간의 흐름은 늦어진다. 또한 별의 표면에서 방출되는 빛의 파장은 길어져서 적색 이동을 하게 된다.〈내용 줄임〉 외부에서는 물질이나 빛이 자유로이 안쪽으로 들어갈 수 있지만 내부에서는 빛조차도 밖으로 나올 수 없는 '사상의 지평면'이 생긴다. 이 사상의 지평면보다 안쪽을 블랙홀이라 한다. 또한 이 사상의 지평면의 안과 밖에서는 시간과 공간의 의미가 달라진다. 사상의 지평면 밖의 시간은 미래를 향해 달릴 뿐 멈추거나 과거로 향하게 할 수는 없다.

2. 블랙홀의 특징

물체를 극한까지 압축시키면 어떠한 질량의 물체라도 블랙홀이 된다. 예를 들어 태양을 반지름 3km가량, 지구를 반지름 1cm가량으로 압축시키면 블랙홀이 된다. 그러나 현실적으로는 질량이 태양의 수십 배 이상인 별만이 블랙홀이 될 수 있다. 별의 중심에서는 핵융합 반응에 의해 엄청난 양의 열이 만들어진다. 이 열에 의한 팽창력과 별 자체의 중력에 의한 수축력이 평형을 이룸으로써 별은 일정한 모습을 유지한다. 그러나 핵연료를 다 써 버리면 별은 중력 때문에 수축하기 시작한다. 이것이 별의 최후이다. 질량이 태양과 비슷한 별에서는 원자와 원자가 빈틈없이 메워지는 단계에서 수축이 멈춘다. 이런 상태까지 수축한 별이 백색왜성이다. 그러나 질량이 태양의 10배 가량인 별에서는 초신성 폭발을 일으키는 바람에 대부분의 구성물질이 날아가고 중심에 중성자별이 형성된다. 중성자별은 백색왜성보다 더욱, 다시 말해 원자핵끼리 맞닿을 정도까지 수축한 별이다. 반지름은 대개 10km까지 수축하게 된다. 그러나 중성자별도 태양 질량의 3배 이상을 지탱하지는 못한다. 질량이 태양의 수십 배 이상인 별이 초신성 폭발을 일으키면 바깥 부분의 물질이 날아간 후 그 중심에는 태양 질량의 3배 이상인 핵이 남는다. 이것이 블랙홀이 된다. 블랙홀에서는 빛도 빠져나오지 못하므로 블랙홀 자체를 볼 수는 없다. 그렇다면 어떻게 하여 블랙홀을 찾아 낼 것인가. 블랙홀의 특징은 질량은 크지만 덩치가 작다는 것이다. 그와 같은 천체를 찾는 데에는 X선 관측이 적합하다. 밝은 X선 연성 등에서 블랙홀과 중성자별을 구별하려면 어떻게 하면 될 것인가. X선을 방출하고 있는 천체의 질량을 구하면 된다. 만일 그 천체의 질량이 태양 질량의 3배 이상이라면 블랙홀로 불 수 있다. 질량이 태양의 3배 이상이고 거의 블랙홀일 것으로 인정되고 있는 X선 연성은 '백조자리 X-1'을 비롯하여 이제까지 넷이 알려져 있다.

거대 질량인 별의 마지막 모습은 블랙홀이다.

태양을 비롯한 많은 별들은 수소의 핵융합으로 에너지를 방출하고 있다. 연료가 떨어지면 별은 자신의 무게로 자꾸만 수축해 간다. 별의 마지막 모습은 그 무게에 따라 세 종류로 분류된다. 질량이 태양의 8배 이내인 가벼운 별은 바깥층의 에너지를 모두 방출하고 나면 지구 크기의 백색 성이 되어 조용히 식어 간다. 질량이 태양의 8배에서 수십 배가 되는 대질량 별은 다 타버리면 자신의 무게를 견디지 못하고 찌부러지고 만다. 이 별의 중력 붕괴는 중성자로 이루어진 중심핵이 생기면 갑자기 정지되어 결국 초신성 폭발을 일으킨다. 폭발 후에는 반지름 10km 정도인 초고밀도의 중성자별로 남게 된다. 또한 질량이 더 큰 거대 질량의 별도 대질량 별과 같이 중력 붕괴를 일으킨다. 그러나 거대한 질량 때문에 폭발은 일으키지 않고 수축만을 계속한다. 수축할수록 중력이 강해지게 되므로 수축은 가속적으로 진행된다. 그 결과 마침내 블랙홀을 형성하게 된다.

블랙홀은 도는 가스 원반이다.

블랙홀은 연성 계의 상대별에서 나오는 가스뿐만 아니라 은하의 중심핵 뒤에서 붕괴된 별에서 나오는 가스도 끌어들이게 된다. 이와 같은 가스는 블랙홀로 직접 떨어지지 않고 그 주위를 도는 가스 원반을 형성한다. 원반 안에서 회전하는 가스는 주위의 가스와 마찰을 일으킨다. 그 결과 속도가 떨어져 블랙홀로 빨려 들어가게 된다. 이 원반의 반지름은 1백만km나 된다.

블랙홀은 화이트홀과 웜홀의 존재를 예견한다.

블랙홀과 같이 끌어들이기가 전문인 계가 있으면 반드시 그 반대 세계가 존재한다는 것을 일반 상대성 이론은 유도하고 있다. 다시 말해 물질이 그 내부로는 절대로 들어갈 수 없는 내뿜기가 전문인 계가 있다는 것이다. 이것을 '화이트홀'이라고 한다. 그러나 화이트홀이 어떻게 형성되는가 하는 메커니즘에 대해서는 전혀 아는 바가 없다. 블랙홀의 명명자 휠러는 블랙홀과 화이트홀 사상의 지평면 내부를 잘라 내고 그 나머지를 연결하면 어떻게 되는가를 생각했다. 이렇게 하면 블랙홀에 흡입된 물질은 화이트홀에서 방출된다. 이때 블랙홀의 흡입구가 있는 세계와 화이트홀의 방출구가 있는 세계는 전혀 다른 세계이다. 이 두 세계를 연결하는 통로를 휠러는 웜홀이라고 명명하였다. 최근에는 우주의 탄생을 기술하는 대통일 이론과 일반 상대성 이론을 연결함으로써 어미 우주에서 딸 우주로, 딸 우주에서 손자 우주가 탄생된다는 다중 우주 발생의 개념이 클로즈업되고 있다. 그리고 다중 우주가 발생한다면 이들 우주를 연결하는 빠져나갈 통로로서 웜홀이 자연적으로 형성된다는 것이 증명되었다.

블랙홀은 세 가지 물리량밖에 없는 단순한 천체이다.

블랙홀은 태양의 20-30배 이상의 질량을 가진 별의 잔해에서 탄생한다. 진화의 최종 단계를 맞이한 질량이 큰 별은 초신성 폭발을 일으킨다. 그때 별의 중심부는 순간적으로 안쪽을 향해 수축하며 자신의 중력에 의해 한점으로 오므라든다. '특이점'이라 불리는 이 점의 밀도는 무한대이다. 특이점 주위에서는 중력도 어마어마하게 크다. 블랙홀은 계속 자라다 결국 사라진다.

블랙홀은 가스나 빛을 빨아들이면서 커진다. 물질을 삼켜 블랙홀의 질량이 2배가 되면 블랙홀의 반지름은 2배, 그 표면적은 4배가 된다. 블랙홀의 이러한 성질을 연구한 호킹은 알 수 없는 무서운 결론에 도달하였다. 즉 '블랙홀은 작아질 수가 없다'는 것이며 블랙홀은 우주 안에서 계속 성장해 나갈 수밖에 없는 운명을 짊어지고 있다는 것이다. 호킹은 더 나아가 다음과 같은 것을 증명하였다. 즉 블랙홀 안에서는 물질이 가지고 있는 갖가지 성질은 대부분 상실되어 결국 질량과 각운동량과 전하의 세 가지만이 남게 되며 블랙홀은 이러한 모든 것을 삼켜버리게 된다는 것이다. 다시 말하면 이것은 블랙홀의 엔트로피가 증대한다는 의미로서 블랙홀의 엔트로피와 그 표면적은 항상 증대한다는 것이다.

3. 블랙홀의 발견과 그에 관련된 우주론

1967년, 영국 케임브리지대학의 휴이슈팀이 매우 규칙적이고 주기가 약 1.33초인 우주 전파를 포착하였다. 당시까지 알려진 어떠한 천체도 이렇게 짧은 주기의 관측 자료를 줄 수 없었기 때문에 그 발견은 천문학계의 관심을 모으게 되었다. 심지어 지구 밖 생물의 신호라고 여기기도 했는데 천문학자들은 이러한 전파원을 펄서라고 이름 붙였다. 그리고 다음 해인 1968년에는 게성운의 중심부에서 펄서가 발견되었고 규칙적으로 전파를 내는 펄서의 정체가 중성자별이라는 것을 알게 되었다. 결국 중성자별은 우주에 존재하였다. 중성자별의 발견으로 블랙홀에 대한 연구가 다시 활발하게 진행되었다. 1969년경에 미국의 물리학자 호일러가 블랙홀이라는 이름을 처음으로 사용하기 시작하였다. 1970년 연말에 발사된 X선 천문 위성 우후르는 다음 해에 이미 발견된 X선 천체 백조자리 X-1에서 오는 기묘한 X선을 포착하였다. 이것은 X선의 강도가 0.05초 이하라는 것을 보여 주고 있다. 관측해 보았더니 거기에는 'HDE226868'이라는 거대한 푸른 별이 있는데 이것이 보이지 않는 어떤 별 주위를 5, 6일에 한 바퀴씩 돌고 있다는 것을 알게 되었다. 또한 1972년에는 보이지 않는 별이 HDE226868 가스를 흡수하고 있다는 것도 알아냈다. 이 보이지 않는 별의 질량을 계산해 본 결과 이 별은 태양의 9-15배나 되며 중성자별의 한계 질량을 훨씬 넘는 것이었다. 마침내 블랙홀의 존재가 밝혀진 것이다.

질문 2 별의 죽음?

별들이 마지막에 폭발하고 블랙홀이나 백색왜성 등이 된다고 하셨는데 어떤 것은 블랙홀이 되고 어떤 것은 백색왜성이 되는지 궁금합니다.

답변 1 확실하게 구별해서 정리해 본다면.

1. 초기에 태양 질량의 8배보다 작은 질량을 갖고 탄생한 별들은 행성상 성운을 방출하는 것을 끝으로 그 생을 마감하게 됩니다. 그리고 그 잔해로 남는 것이 바로 백색왜성입니다.

2. 태양 질량의 8배 이상 큰 질량을 갖고 탄생한 별들은 초신성으로 폭발하여 장렬하게 삶을 마감하게 됩니다. 또 이때 별의 잔해로 남는 것이 중성자별이거나 블랙홀입니다.

답변 2 적색거성, 백색왜성, 태양

뉴턴에 나온 내용을 따온 것입니다. 어제 강의와 관련된 것 같아서 올립니다.
맨눈으로 적색으로 보이는 1등성의 대부분은 적색거성이다. 수소 등의 연료를 다 소비한 노년기의 별은 중심부에 재가 모이고 그 주위에 핵융합 반응이 일어나게 된다. 그러면 직접 쬐게 되는 별의 바깥층이 점점 부풀어 오른다. 태양의 10배, 100배의 반지름을 가지는 적색거성도 드물지 않다. 팽창함에 따라 온도는 급속히 내려가고 전체적으로는 같은 밝기로 보여도 표면온도는 낮아져 붉게 보이는 것이다. 약 50억 년 후에는 태양도 적색거성이 될 것으로 보인다. 그렇게 되면 지구를 삼켜 버릴 정도로 팽창하게 될 것이다.

한편 적색거성의 바깥층이 그대로 우주공간으로 방출되고 중심만이 남는 경우가 있다. 이것이 백색왜성이라 불리는 것으로 행성상 성운의 중심 등에서 보이는 어두운 별이 그렇다. 백색왜성은 이미 수소가 없어져 핵융합을 일으키지는 못하지만 나머지 열로 하얗게 빛나고 있다. 반지름은 겨우 지구 정도이고 태양 질량의 절반 정도로 압축되어 채워져 있다. 그 밀도는 각설탕 1개가 몇 백kg이 되는 정도이다.

초신성 폭발 후에 생기는 중성자별은 더욱 작다. 반지름은 10km 정도밖에 되지 않지만 태양 정도의 질량이 가득 차 있다. 유감스럽게도 이들 별은 모두 맨눈으로는 볼 수가 없다.

■ 적색거성

늙은 별은 에너지를 만들어 내는 수소를 다 쓰고 나면 급속히 팽창하여 적색거성이 된다. 그 크기는 태양의 10배 정도이다. 팽창한 표면에서 온도가 내려가기 때문에 푸르스름하게 빛나던 별도 차츰 붉어진다. 적색거성은 표면적이 넓기 때문에 아주 밝게 보인다.

■ 백색왜성

태양의 수배 이하라는 비교적 가벼운 별이 죽음을 맞으면 백색왜성이 된다. 크기는 지구 정도이지만 질량은 태양 정도나 되는 밀도가 높은 별이다. 작은 것일수록 무겁다. 표면온도는 높지만 반지름이 작고 어두워서 망원경으로도 발견하기 어렵다.

■ 태 양

거대한 가스덩어리인 태양은 현재 중년기에 해당한다. 주요 성분은 수소와 헬륨이다. 중심부는 약 1500만 K이라는 고온이고 수소가 헬륨으로 변화되는 핵융합 반응에 의하여 에너지가 생겨 빛나고 있다. 약 50억 년 후에는 수소가 다 타버리고 부풀어 올라 마침내 적색거성이 될 것으로 생각된다.

 답변③ 블랙홀과 중성자별의 구별은요.

뭐 제가 정확한 숫자를 기억할 수는 없지만요. 별이 죽으려고 할 때 마구 수축을 하지요. 그래서 밀도가 높아지고요. 그런데 사실 마구 밀도가 높아질 수는 없잖아요. 처음으로 열에 의한 분자 운동 등에 의해 반발력이 생기는데 이때 균형이 잡히면 백색왜성이 되지요. 그런데 수축력이 더 강하면 분자 구조가 깨지는데 이때 한계가 핵력들입니다. 중성자, 양성자들이 가지고 있는 반발력에 의해 수축은 한계에 부딪히는데 이때 균형을 이루면 중성자별이 되지요. 물론 이 기준을 넘어 수축하게 되면 블랙홀이 되고요. 그 기준은 숫자를 찬드라세카 한계라고도 할걸요.

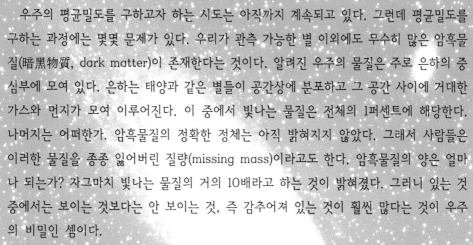

참고 암흑물질

우주의 평균밀도를 구하고자 하는 시도는 아직까지 계속되고 있다. 그런데 평균밀도를 구하는 과정에는 몇몇 문제가 있다. 우리가 관측 가능한 별 이외에도 무수히 많은 암흑물질(暗黑物質, dark matter)이 존재한다는 것이다. 알려진 우주의 물질은 주로 은하의 중심부에 모여 있다. 은하는 태양과 같은 별들이 공간상에 분포하고 그 공간 사이에 거대한 가스와 먼지가 모여 이루어진다. 이 중에서 빛나는 물질은 전체의 1퍼센트에 해당한다. 나머지는 어떠한가. 암흑물질의 정확한 정체는 아직 밝혀지지 않았다. 그래서 사람들은 이러한 물질을 종종 잃어버린 질량(missing mass)이라고도 한다. 암흑물질의 양은 얼마나 되는가? 자그마치 빛나는 물질의 거의 10배라고 하는 것이 밝혀졌다. 그러니 있는 것 중에서는 보이는 것보다는 안 보이는 것, 즉 감추어져 있는 것이 훨씬 많다는 것이 우주의 비밀인 셈이다.

이러한 보이지 않는 것 중에는 너무 작아서 보이지 않는 것이 있다. 예를 들면 그 수야 적겠지만 목성과 같은 크기의 행성이나 어두운 갈색이나 흑색왜성이 있다. 이들은 보이지 않을 테니 암흑물질처럼 될 것이고 수소원자 같은 것이 성간물질로 존재한다고 해도 이들을 볼 수가 없다. 암흑물질을 시사할 수 있는 것들 중에 WIMP라는 것이 있다. 이 입자는 '약한 상호 작용을 하는 무거운 입자'라는 뜻으로 이 입자는 다른 물질과는 쉽게 상호 작용 하지 않는다. 그러니 탐지하기가 어려울 뿐만 아니라 핵자보다 훨씬 작은 것들도 엄청나게 많다. 그러나 이러한 핵자 물질 이외에도 보이지 않는 것이 있는가, 이것이 문제이다.

이러한 암흑물질을 설명하려는 가상은 두 가지가 있는데 하나는 '뜨거운 암흑물질'이고 하나는 '차가운 암흑물질' 모델이다. 뜨겁다, 차갑다 하는 것은 열역학적으로 운동에너지를 말하는 것이다. 따라서 차가운 암흑물질이라고 한다면 열 요동이 없는 입자인 엑시온(axion)으로 추정된다. 뜨거운 암흑물질로 다른 것들과 상호 작용은 거의 없게 되지만 중성미자(뉴트리노, neutrino, 전자의 만분의 일 정도의 크기) 같은 것을 들 수 있다. 이것들은 전자보다도 가벼운 질량임에도 불구하고(현재는 질량이 없다고 밝혀져 있음) 수가 많기 때문에 전체 질량이 핵자를 능가하게 될 수도 있다. 그러나 이런 것들은 관측이라도 가능한 것이고 추정이라도 가능한 것이다. 그러니 어떤 형태이건 우리가 다룰 수가 있는 것이다. 문제는 우리의 예상을 초월한 것들이 문제이다. 이들은 인식의 범위 밖에 있는 것이기 때문에 문제는 커지는 것이다. 이건 퍼온 겁니다. 이것저것 찾아봤는데 결국 암흑물질이 정확히 어떤 건지는 밝혀지지 않은 것 같습니다.

질문1 달의 생성은 언제 일어났죠?

얼마 전에 지구의 생성에 관한 비디오를 봤는데요. 그것 참 환상적으로 잘 만들었더라구요. 컴퓨터 애니메이션으로 재현하는 장면들과 기타 자료들이 ……. 그런데요 달의 생성 장면을 재현하는 장면이 나오면서 의문이 났습니다. 간략히 그 장면을 설명 드리자면 화성만한 거대한 행성이 지구에 다가오다가 지구의 중력에 의해 충돌을 하게 됩니다. 그러고 나서 거대한 충격에 의해 지구의 맨틀 일부가 찢겨 나가더라구요. 그리고 그 뜯긴 일부가 달을 형성하고 나머지는 지구로 다시(중력에 의해) 돌아옵니다. 여기서 저의 의문점은 '지구에서 달이 생긴 시점이 언제인가' 하는 것입니다. 비디오에서는 명확히 설명은 없었지만 지구에 바다가 형성된 후의 장면에서 나왔거든요. 그렇다면 정말 바다 생성 후에 생성된 것인지 그 이전인지 궁금하네요. 혹시 지구 생성의 과정 중 언제 달이 생성되었는지 아시는 분 계시면 답변 부탁드립니다. 그리고 만약 비디오에서 제가 이해한 것같이 물이 생성된 후에 달이 만들어졌다면 달에도 생명체의 근원이 존재할 수 있지 않을까 하는 생각도 드는데.

답변① 대충 정리하면.

〈달의 기원이 지구 진화의 수수께끼를 푼다〉

지구상에는 40억 년 이전의 암석이 아주 조금밖에 없다. 현재까지 알려진 바로는 39억 년 내지 38억 년 전 암석으로 추정되는 것이 있을 뿐이다. 그래서 지구 탄생부터 수억 년 동안의 정보는 거의 존재하지 않는다. 한편 달은 40억 년 이전의 정보를 간직하면서 지구 주위를 도는 유일한 위성이다. 지구가 탄생한 것은 같은 시기에 형성된 달의 암석이나 운석의 연대측정으로 45-46억 년 전이라고 알려져 있다. 달은 탄생할 때부터 지구 가까이에 있었던 것일까? 당시의 지구와 달의 관계가 밝혀진다면 우리는 잃어버린 40억 년보다 이전의 지구에 대하여 많은 정보를 얻을 수 있다. 네 가지 달의 기원설 가운데서 가장 유력한 것이 탄생 직후의 지구에 화성 정도의 천체가 충돌하였다는 '거대 충돌설'이다. 충돌에 의하여 흩어진 파편에서 달이 만들어지는 과정은 컴퓨터 시뮬레이션을 이용하여 아주 상세히 조사할 수 있게 되었다.

달의 기원설에는 이 밖에 원시 지구의 일부가 잘라져 달이 되었다는 '친자설(親子說)'이나 지구에 접근해 온 천체가 지구의 중력에 의하여 붙잡히게 되었다는 '포획설', 원시 지구와 동시에 달이 형성되었다는 '형제설'이 있다. 미국의 달 탐사선 루너 프로스펙터에 의한 중력장 관측에 따르면 철을 주성분으로 하는 달의 핵 크기는 전체 질량의 약 2%로 작았다. 이 사실은 거대 충돌에 의하여 튀어나온 암석질의 맨틀에서 달의 대부분이 형성되었다는 설을 뒷받침한다. 만일 이 거대한 충돌설이 옳다면 달의 기원 그 자체가 지구 진화와 관계가 있다.

탄생 직후의 지구에서 거대 충돌이 일어나면 지구의 맨틀 물질의 일부는 증발하고 질척하게 녹은 마그마의 바다가 지구 전체에 이른다. 당시에 이미 대기나 해양이 지구를 덮고 있었다면 그들은 완전히 증발하고 말 것이다. 원시 지구의 대기나 해양에 많이 들어 있던 수소, 탄소, 질소, 산소 등은 생명의 재료 물질이 되는 아미노산이나 핵산을 만드는 데 중요한 원소이다. 또한 물이 액체로서 바다를 형성한 일은 생명을 탄생시켜 더욱 복잡한 생물로 진화하는 데 가장 적합한 장소를 만들었다고 볼 수 있다. 대기와 해양의 형성은 생물이 존재하기 위한 필요조건이다. 탄생 직후의 지구를 덮친 거대 충돌은 그 후의 지구 환경과 생명의 진화에도 중대한 영향을 끼쳤을 것이다.

 답변② 짧지만 성실한 답변

수성과 비슷한 크기로 그 규모나 구성물질에 있어서 행성과 유사하며 지각, 맨틀 및 작은 핵으로 구성되어 있다. 45-46억 년 전 심한 용융작용 및 40억 년까지 용암분출이 활발했다는 증거가 있다. 달의 표면부는 현무암질로 구성된 저지대와 밀도가 낮고 충돌분화구가 발달한 고지대로 구성된다. 달의 형성에는 분열(친자설), 연성(형제설), 포획(포획설, 타인설), 충돌(충돌설) 등이 있으며 최근 충돌설을 지지하는 증거가 제시되고 있다.

답변③ 달의 생성이라(충돌설이 가장유력).

달이 어떻게 탄생하였는가에 관해서 몇 가지 가설들이 있습니다. 어떤 사람들은 우연히 지구 근처를 스쳐지나가던 소행성 가운데 하나가 지구의 인력에 붙들려 들어와 포섭되었다고 생각합니다. 다른 사람들은 태초에 지구가 생겨날 때에 달도 동시에 만들어져 처음부터 지금까지 줄곧 동반자 관계에 있었다고 주장하기도 합니다. 그러나 최근 달에 관한 많은 사실이 알려지면서 거대 충돌설이 주목을 받게 되었습니다.

거대 충돌설은 지금으로부터 약 45억 년 전 지구가 생겨나고 그리 오랜 세월이 흐르지 않은 시기, 아직 뜨거운 불덩이였던 지구에 화성만 한 천체가 충돌하여 그 파편들이 뭉쳐서 달을 이루었다는 이론입니다. 아마도 충돌 직후에 그 파편들이 지구 주위에 원반 모양의 판이나 토성과 비슷한 모습의 고리를 이루었을지도 모릅니다. 어쨌거나 이러한 지구의 파편과 충돌한 천체의 파편들이 서로 뒤범벅되어 오늘날의 달을 형성하였다는 이야기입니다.

거대 충돌설이 주목을 받게 된 이유는 다른 가설들이 대답할 수 없는 몇 가지 의문점을 적절히 해결해 낼 수 있기 때문이었습니다.

1. 지구의 중심에는 철로 된 핵이 있지만 달에는 이것이 없다는 사실이 드러났습니다. 달은 전체가 균일한 바위 덩어리로 생각되고 있습니다. 만약 달이 태초에 지구가 생겨날 때 동시에 만들어졌거나 다른 곳에서 제대로 성장한 후 포섭된 존재라면 달에도 철로 된 핵이 있어야 할 것입니다. 거대 충돌설은 이 사실을 잘 설명할 수 있습니다. 지구가 화성만 한 천체와 충돌할 때 이 둘은 각각 철로 된 핵을 갖고 있었습니다. 충돌한 천체의 핵은 곧 지구의 핵과 융합되어 버렸습니다. 그리고 우주공간으로 튀어나간 파편들은 지구와 충돌 천체의 표면에 있던 암석 성분들뿐이었습니다. 이 시나리오는 컴퓨터 시뮬레이션을 통해서 실제로 가능한 것으로 증명되었습니다.

2. 지구의 평균밀도는 $5.5g/cm^2$인 반면 달의 평균밀도는 $3.3g/cm^2$에 불과합니다. 이 사실은 달에 철 성분의 핵이 없음을 암시합니다.

3. 달 표면의 암석과 지구의 암석 속에 들어 있는 산소 동위원소 성분 비율은 거의 똑같다는 사실이 아폴로 11호가 가져온 월석을 조사한 결과 드러났습

니다. 화성의 암석이나 운석은 이와 판이하게 다른 양상을 보입니다. 이 사실은 달을 이루는 암석 성분이 지구로부터 비롯되었다는 가설을 강력하게 지지하고 있습니다.

4. 달은 크고 단 하나뿐인 위성이란 점에서 매우 특이합니다. 만약 달이 지구가 생겨날 때 동시에 만들어졌다면, 즉 그 생성 기전이 아주 일반적인 현상이었다면 다른 행성에서도 이와 유사한 타입의 위성을 흔하게 발견할 수 있어야 할 것입니다. 그러나 유독 지구와 명왕성만이 이러한 거대 유일 위성을 갖고 있습니다. 이 사실은 달이 태양계 9개의 행성 가운데 하나나 둘 정도에 벌어질 수 있는 거대 충돌 사고에 의해 이루어졌음을 간접적으로 증거하고 있습니다.

화성만 한 소행성이 지구와 충돌하여 달이 생겼다는 이론은 1960년대 소련의 천문학자 V. S. Safronov에 의해서 제창된 후 Hartmann과 Davis의 연구에 의해 뒷받침되었습니다.

Hartmann과 Davis는 지구와 충돌할 운명의 궤도를 따라 움직이는 화성만큼 커다란 소행성이 존재했을 가능성과 이러한 거대 충돌이 달을 형성할 수 있을 만큼 적당한 각도로 이루어졌을 가능성 그리고 거대 충돌이 지구가 웬만큼 성장했던 시기에 이루어졌을 가능성 등을 이론적으로 증명하였습니다. 이들의 논문은 1975년 발표되었습니다.

한편 하버드대학의 Cameron과 Ward도 독자적인 연구를 통해서 이보다 2년 늦은 1977년 비슷한 내용의 논문을 발표하였습니다. 그들은 처음에 지구와 달의 각운동량을 연구하던 중 화성만 한 천체(지구의 1/3 내지 절반 크기)가 충돌했을 가능성을 유추해 내었다고 하였습니다.

그 이후 최근에 이르기까지 여러 가지 다각적인 연구가 진행되어 왔으며 달의 기원에 관한 가장 유력한 가설로 확고하게 자리 잡았습니다.

 질문2

저의 질문 의도는 지금 왜 충돌하지 않느냐가 아니라(지금은 당연히 지구와 달과 태양 간에 인력이 서로 작용하고 있어 일정거리에서 일정한 속도로 공전하는 게 당연하겠죠?) 태양계 생성 초기에 왜 달은 지구와 충돌하지 않고 남아서 공전하게 되었는가 하는 것이었습니다.

답변①

원시지구와 달의 충돌이 있었다는 학설이 있는 걸로 알고 있습니다. 물론 지금은 지구와 달이 일정한 궤도를 순회하면서 충돌할 가능성은 제로이지만 원시 태양계가 생성되고 태양계가 지금처럼 안정화 상태에 있지 못했을 때 태양으로부터 거의 같은 거리에 생성된 지구와 달의 충돌이 있었고 그 여파로 지구가 달의 물질을 포획하게 되고 서로의 크기가 우열을 확정 짓게 됨으로써 달이 지금처럼 지구의 행성이 되었다고 합니다.

답변②

이건 인터넷에서 찾은 자료인데요, 위치는 www.moon-watch.com/answer10.html 이구요. 달에 대해 관심 있으신 분은 가 보세요. 달 전문 사이트인 것 같더군요. 어쨌든 그곳의 10번째 질문에 '왜 달이 떨어지지 않고 현재 괘도를 유지할까?'라는 질문에 대한 답변이 있었는데요, 내용은 달과 지구는 중력의 중심을 가지는 하나의 시스템입니다. 본질적으로 달과 지구는 그 중심을 기준으로 서로 돌게 됩니다. 분명 달과 지구간의 중력의 힘이 그들을 묶고 있지만 그것만으론 달과 지구가 왜 충돌하지 않는지 설명하기 어렵습니다. 그 이유는 달과 지구가 서로의 옆으로 너무 빨리 지나쳐버리기 때문에 달이 지구로 떨어지려고 할 때마다 빗나가게 되는 것입니다.

질문③

지구나 그 밖의 행성들이 처음에는 작은 운석들의 충돌에 의해 생성되어 점점 커져서 더 큰 인력으로 다른 운석을 끌어들이고 충돌이 일어났다면 왜 달은 더 큰 인력을 가진 지구와는, 즉 많은 위성들은 왜 행성들과 충돌하지 않고 공전하는지 무척 궁금하군요.

답변①

다른 분들과 같은 생각인데. 간단히 말해서 달의 질량과 달과 지구와의 거리 때문입니다. 만유인력이 분모에는 두 물체 사이의 거리가 들어간다고 알고 있는데. 말 그대로 달의 질량이 크고 거리가 어느 정도 떨어져 있기 때문이 아닐까요? 사과나무의 사과는 지구와 3m 정도 떨어져 있고 질량도 매우 작으니까 떨어지고 사람도 둥둥 떠다니지 않고 잘 붙어 다니잖아요? 지구에……. 님의 질문은 그러면 명왕성은 왜 지구와 충돌하지 않느냐? 수성과 금성과 화성과 목성과 토성과 천왕성과 해왕성은 왜 태양이나 지구와 충돌하지 않느냐와 똑같은 질문인 것 같군요. 다 위의 걸로 설명되지 않으려나요?

답변②

지구와 달이 힘의 평형을 이루고 있기 때문에 현 상태를 유지할 수 있는 겁니다. 지구와 달 사이의 인력이 달이 공전하면서 생기는 원심력과 평형을 이루고 있는 상태이므로 달이 지구에 안 떨어지는 것이죠.

답변③

달과 지구 사이의 인력뿐 아니라 다른 힘이 작용해서 그렇지 않을까요? 지구와 달 사이에 인력이 있고. 그리고 다른 행성들이 지구와 달에 대해 인력을 갖게 된다면. 그래서 이런 상태로 있는 것이 아닐까 하고 생각되는데.

답변④

위성은 지나가던 소행성이 행성의 인력에 포획되어 위성으로 남게 되었다는 설과 거대한 소행성이 행성에 충돌하여 그 파편들이 모여 다시 위성을 구성한다는 설(달이 이런 방식으로 생겼다는 설이 있습니다), 또는 토성 같은 별은 고리에서 위성이 생기거나 위성이 조석작용으로 쪼개져서 고리의 물질로 들어갔다는 말이 있지요. 추정이지만 전 지구라는 별에 비해 달이라는 위성을 좀 크게 보거든요. 아마도 거대 소행성 충돌설이 맞는 것 같아요.

답변⑤

중학교나 고등학교 생물 시간에 배웠듯이 모든 물체는 만유인력을 가집니다. 그래서 자기가 가진 질량만큼 물체를 끌어당기는 거죠. 즉 소행성이 지구의 인력장 근처에 오면 지구와 소행성의 질량에 의해 힘을 받게 됩니다. 그래서 지구에 대기 속에서 타버리거나, 가까스로 피해가거나, 혹은 충돌이 일어나죠. 하지만 달의 경우 지구 주위를 공전하죠. 왜 롤러코스터(맞나? 청룡열차라고도 하지요)를 타면 빙글 돌 때 몸이 밖으로 쏠리는 느낌을 받을 수 있을 겁니다. 다른 예를 들자면 자동차가 코너를 돌 때 밖으로 쏠리는 느낌을 받을 수 있을 겁니다. 달도 이런 힘을 받죠. 이런 힘을 원심력이라고 합니다. 또한 만유인력은 이에 반하는 구심력으로 작용하죠. 좀 더 물리학적으로 분석을 하자면 원운동은 방향이 바뀌는 가속도 운동이기 때문에 원심력이 생기는 것이지요. 이 원심력에 의해 달은 지구로 떨어지지 않고 계속 공전을 하는 것이죠. 지구도 마찬가지로 태양을 공전합니다. 똑같은 원리이지요.

질문❹

지구에는 바다가 있어서 산의 높이를 바다를 기준으로 해발고도를 측정한다고 배웠습니다. 그런데 달이나 화성같이 물(바다는 말할 것도 없이)이 없는 곳에선 크레이터의 높이나 깊이를 어떤 기준으로 측정하는지 궁금하더군요. 특히 화성엔 올림푸스 화산이라구 높이가 25km나 되는 거대한 화산이 있다던데 그 높이는 어디를 기준으로 측정한 것인지요?

답변①

우선 달에서는 고저(relief) 차이로 낮은 곳을 바다라고 표현합니다(실제로 해수는 없지만). 타 행성에 관해서도 고저 차이로 표현하리라 여겨집니다. 지구에서는 해수면을 기준으로 고저를 표시하고 있답니다.

질문**5**

인간의 달 여행은 가짜였다고 주장하는 사람들의 이야기입니다. 과연 인류는 지난 1960년대 언론에 발표된 대로 달에 착륙했던 것일까요? 현재 전 세계의 많은 학자들은 지구인들의 달 여행이 음모론의 일부였다는 설을 주장하고 있다고 합니다. 과연 저명한 미국대학의 교수들이 주장한다는 달 여행의 음모설이란 무엇일까요? 미국 애리조나 주 UNLV 대학의 천문학교수 로져 페이시 씨는 1994년 애리조나 주의 한 TV 토론회에 출연하여 인간의 달 여행은 조작된 가짜였다는 폭탄발언을 하였습니다. 그의 주장인즉 당시 찍혔던 달의 사진들과 동영상 그리고 남아 있는 자료들을 분석한 결과 인간이 달에 갔다 온 것이 거짓이라고 발표하였다고 합니다. 실제로 1969년 아폴로 11호를 끝으로 달 여행을 마친 지구인들은 후에 계속하여 탐사기술이 눈부시게 발전했지만 다시는 달을 방문하지 않았다고 합니다. 과연 인류의 달 여행이 조작된 것이라면 미국의 우주항공국은 왜 달 여행을 조작했던 것일까요? 그 이유를 추정한 천문학자 페이시씨는 "1967년부터 미국 내에 반전운동이 너무 심하게 일어났기 때문"이었다고 합니다. 당시의 정부의 핵심인물들은 전국적으로 확산되던 반전운동의 시선을 돌리려 많은 시도를 하였다고 하며 그중 가장 큰 효과를 본 것이 인간의 달착륙 사건이었다고 합니다. 그리고 두 번째의 이유를 추측한 페이시씨는 인류가 달 여행을 조작한 이유가 당시 미국의 적국이었던 구소련의 자존심을 자극하여 불가능한 일에 예산을 소비하게 하려는 미국 측의 첩보작전 때문이었다고 합니다. 이는 1980년대 초 미국의 레이건 대통령이 공식석상에서 발표한 스타워즈 디펜스 시스템(레이저와 요격미사일을 이용한 우주공간상 미사일 차단 시스템)이 소련을 혼란스럽게 만들기 위한 가짜 일화였다는 사건과 일치하는 일이라고 합니다.

그렇다면 달 여행의 음모론은 왜 지금에서야 나타나게 된 것일까요? 혹시 그 이유는 할리우드의 최첨단의 영상기술을 경험한 인류가 30년 전 만들어진 낙후된 영상기술의 허점을 찾게 되어서 그런 것은 아닐까요?

님이 퍼 오신 글은 주변정세에서 바라본 달착륙의 조작설이더군요. 저도 얼마 전에 한 잡지에서 그런 기사를 읽은 적이 있습니다.

그 기사는 주로 사진과 자료들에서 달착륙에 대한 문제점을 지적한 글이었습니다. 아마도 뉴스위크지였던 것 같은데 정확히 기억이 나지 않습니다. 기억나는 것만 대충 써보겠습니다.

1. 성조기 - 착륙해서 미국의 성조기를 꽂았는데 성조기가 한동안 바람에 펄럭였다고 합니다. 저는 본 일이 없어서 모르겠는데 TV화면에도 분명히 포착되었다고 합니다. 이것은 달에 대기가 있거나 혹은 지구에서 완전한 진공상태를 만들지 못하고 조작했다고 하는 두 가지 해석을 낳을 수 있습니다.

2. 발자국 - 우주비행사 닐 암스트롱이 달에 첫걸음을 내디뎠을 때 먼지에 의해서 발자국이 선명하게 찍혔습니다(이건 광고에서도 많이 나오지요). 또 달탐험 중 우주비행사들이 달표면을 걷거나 월면차를 이용해서 달릴 때 먼지가 일어나는 것도 TV에 나왔다고 합니다. 진공 중에서 먼지가 나올 수 있을까요? 그래서 이것도 조작의 한 증거로 제시될 수 있죠.

3. 행동 - 행동이 너무 부자연스러웠다고 합니다. 등에 메고 있는 우주복과 기타 장비의 무게(100kg 이상)를 고려해도 중력이 지구의 6분의 1에 불과한 달에서는 지구에서보다 훨씬 가벼울 텐데 오히려 더 둔한 모습을 보였다고 합니다. 이것에 관해서는 제가 할 말이 없습니다. 제가 그런 상황을 경험해 보지 않았기 때문에……. 하지만 냄새가 나긴 나죠.

4. 그림자 - 당시의 사진을 찍을 때 시간을 정확히 알면 태양과 지구, 달의 위치를 알 수 있습니다. 그런데 그 시간의 태양의 위치가 이상하다고 합니다. 이것은 그림자를 통해서 태양의 위치를 고려해 보면 태양이 있을 수 없는 위치에서 밖에 나올 수 없는 사진이라고 합니다. 물론 제가 직접 계산할 방법이 없으니까 그런가 보다 생각합니다.

이것 말고도 여러 가지 이유가 있었는데 솔직히 확실한 증거라기보다는 그런 해석의 여지가 있는 것들인 것 같습니다. 정치적 이유로 그것이 조작되었던 아니던 간에 중요한 것은 이제는 지구의 문명이 그만큼 발달했다는 것이 아닐까요?

답변② 하나 더 있답니다. —The truth is out there.

그 누군가가 말한 이유가 하나 더 있는데요. 당시 사진에 찍힌 행성 지평선의 곡률반경을 구해 보니 달의 그것과 차이가 있더라는 겁니다. 그것이 지구의 곡률반경과 더 근접한다더군요. 허. 이게 조작이라고 해도 그 조작자들도 대단한 것이고 그 근거를 밝혀내는 측도 대단한 거죠. 암튼 이 세상엔 우리가 모르는 비록들이 많이 있겠죠, 뭐.

답변③ 위의 글에 대한 제 생각.

그냥 제 생각인데요. 발자국이 찍혔다는 부분에서요. 진공이라고 해서 먼지가 없어야 하나요? 달에는 무지하게 많은 운석이 떨어졌고 그로 인해 파편이 날렸겠죠. 그리고 달에도 어느 정도의 중력은 있으니까. 그 파편들이 달 표면에 가라앉으면 그게 먼지가 아닐까요? 그리고 행동에 대해서도 의문이 있는데요. 과연 몸이 가벼우면 행동이 더 편할까요. 오히려 지금 제 몸이 지금보다 훨씬 가벼워진다면 더 행동하기가 불편할거 같은데요. 약간의 힘만 줘도 몸이 떠버리지를 않나. 하여튼 힘 조절하느라고 어색하게 움직이지 않았을까요? 여기서 이런 달착륙과 관계된 음모론은 첨으로 듣는군요. 근데 기술적으로 달에 가는 게 어려운 일일까요? 화성에 탐사선도 보내구 하는데요.

답변④ 저도 같은 생각입니다.

달착륙이 조작되었다는 얘기는 오래전부터 들어왔었지만 막상 구체적인 근거를 갖고 보니 섬뜩한 느낌이 드네요. 우리들 모두 소수의 사람들이 의도하는 대로 생각하고 움직이는 것은 아닌지. 그렇지만 너무 확대 해석하지 않아도 좋을 것 같긴 하네요. 달에 직접 갔던 가지 않았던 오늘날 달의 신비가 많이 벗겨진 것은 사실이고 끊임없이 우주탐사가 이뤄지고 있으니까요(하긴 달에 직접 간 것이 아니었다면 우리가 달에 대해 알고 있는 정보가 잘못된 것일 수도 있겠네요).

음모론. 그건 세상 어디를 가든, 어느 시대든, 어느 사건에 관련된 것이건 간에 존재하는 것이죠. 극소수의 헐뜯기 좋아하고 의심이 많은 사람들이 만들어내는 음모론은 거의 대부분이 허무맹랑한 자신만의 공상을 담고 있습니다. 때로는 그러한 사람들이 세계적인 석학이기도 한 경우도 있죠. 그런데요 달착륙을 음모론이라고 주장하는 것에는 대단히 취약한 증거들을 가지고 억지로 끼워 맞추었다는 생각이 드는군요.

첫째, 지구상에서 그러한 무중력의 공간을 만들 수 있을까요?

그건 지금의 할리우드의 기술로도 불가능한 일인 걸로 알고 있습니다. 그리고 물론 무중력상태에서도 먼지가 발생합니다. 진공상태에서 돌을 깨뜨리면 깨어진 파편이 사방으로 튀죠. 그게 먼지가 아닌가요? 기환 님의 말씀대로 달이 무중력상태는 아니죠. 그러한 주장을 하는 분들은 무중력상태와 진공상태를 혼동하시는 것 같다는 생각이 들었습니다.

그리고 성조기가 펄럭거리는 거요. 진공상태에서 물체가 서있으라는 법은 절대로 없습니다. 약간의 충격만 가해져도 그 물체는 움직이게 되고 작용, 반작용이 철저히 작용하므로 성조기의 끝부분이 약간이라도 움직이게 되면 전체 성조기가 펄럭이는 효과를 가져 올 수 있는 거라고 생각합니다. 그리고 부자연스러운 행동은요. 우주에서의 유영은 깊은 심해에서의 유영과 매우 흡사하다고 합니다. 생각처럼 몸이 자유롭지는 않은 것 같습니다. 우리는 오히려 지금의 중력에 길들여져서 약간의 착각을 하고 있는 게 아닐까요? 팔을 들었다 내려보세요. 그냥 내려가죠? 그러니 자연스럽게 흔들면서 걸을 수 있죠. 무중력상태에서는 안 그렇겠죠. 팔을 흔드는 것도 엄청난 운동에 속하지 않을까요. 이해가 가시겠죠? 다리를 내리는 것도 지구에서처럼 다리에 힘을 빼면 되는 게 아니라 갖다가 놓아야 되는 거니까요. 그나마 달에는 중력이 약하게나마 있기 때문에 덜 어색한 거라고 생각이 됩니다.

스타워즈 계획이 사기라고 하지만 그것은 사기가 아니라 엄연히 지금도 추진되고 있는 프로젝트입니다. 돈만 엄청 버리고 성공하지는 못했지만요. 그 덕분에 우리가 누리는 기술적 혜택이 어떤 줄 아시는지요. 지금 우리를 편하게 해 주는 엄청난 과학기술들은 대부분 2차대전 당시의 독일과 그 이후의 미국의 국방과학과 우주개발 기술에서 나왔습니다. 미국의 첨단 과학 분야의 연구는 전체 국가 연구의 60%~80%가 국방성이나 NASA 등의 수주로 이루어진다고 합니다. 대단하죠? 그런 것을 내용은 모르고 무조건 '사기극'이라고 판가름하는 사람들은 엄청나게 많습니다.

걸프전에서 벙커의 숨구멍을 찾아 폭파시키는 스마트 미사일을 만든 것도 그 쓸데없는 사기극의 일부로 관심을 돌리려 추진하던 말도 안 된다던 계획의 결과였습니다.

물론 사기극도 많을 것이라 생각됩니다. 하지만 달 여행 등의 엄청난 사건을 사기를 쳤다는 건 정말 너무 심한 비약이라는 생각이 드는군요. 미국이 외계인들을 잡아 가두고 학대한다는 나름대로 확실하다는 주장처럼요. 아. 물론! 제 생각입니다. 사기극일 수도 있겠죠. 오직, 신만이 아실 겁니다.

질문❶

수업 중에 비디오를 보니 화면에서 운석이 충돌하면서 불꽃이 튀는 것을 보았습니다. 제가 알기로는 불꽃은 산화 시에 생성된다고 알고 있는데 공기가 없는 우주공간에서 정말 이러한 충돌 시 불꽃이 튈 수 있는 걸까요?

답변①

우주에는 공기, 즉 산소가 없기 때문에 폭발은 가능해도 불꽃은 생기지 않아야겠지요. 영화 스타워즈를 보면 적군과 아군이 우주에서 전투할 때 전투기가 격추되어 폭발할 때 보면 하얀 연기는 나오지만 불꽃은 없습니다. 또 우주선을 실어 보내는 로켓 발사가 좋은 예가 됩니다. 로켓을 외계로 발사할 때는 우주로 나가면 공기가 없기 때문에 로켓 연료 외에도 산소도 함께 싣고 나갑니다. 그래야 연료가 연소할 수 있으며 그 추진력으로 로켓이 날게 되겠지요. 그러나 운석의 경우는 다소 다릅니다. 과학자들이 지구에 떨어진 운석을 분석해보니 운석 속에는 다양한 성분들이 들어 있었습니다. 암석 성분이나 금속 성분 외에도 산소나 물, 심지어는 단백질까지 발견되었습니다. 실제 지구의 바다도 지구가 탄생할 때는 없었지만 외계에서 온 운석이나 소행성들이 충돌할 때 함께 물이 공급된 것으로 생각합니다. 따라서 운석 속의 산소가 충돌할 때 뜨거운 열에 의해 폭발하면 불꽃이 날 수 있습니다. 다만 영화(비디오)에서는 영화적인 사실감을 극대화하기 위해서 다소 과장할 수 있겠지요.

질문❷ 태양계 중에 생물이 살 수 있는 행성은?

태양계에는 많은 행성들이 있습니다. 그중 지구가 가장 최적의 조건을 가지고 있다 하긴 하나 우리가 아직 모르는 그 어떤 행성이 존재하지 않을까요? 어떻게 보면 진부한 주제이긴 하나 저는 지구가 솔직히 그리 오래 갈 수 없다고 보거든요. 지금 환경이나 생태계를 봤을 때 화성을 우리가 새롭게 개척할 수는 없을까요? 인위적으로…….

답변① 제 생각에는…….

문제1〉 우리가 아직 모르는 행성이 있지 않을까?

문제2〉 우리가 화성을 인위적으로 살 수 있는 환경으로 개척할 수 있지 않을까?

첫 번째 문제에 대한 저의 생각은 '아직 모르고 있는 행성이 있을 수도 있다'입니다. 왜냐하면 행성을 태양을 중심으로 일정한 궤도를 갖고 도는 것으로 정의할 때 지구인들의 한정된 과학적 지식과 도구로는 그 넓은 태양계를 충분히 알아낼 수 없기 때문입니다. 얼마 전 신문에서 봤는데 명왕성 밖에 또 다른 행성이 존재할지도 모른다는 기사가 있더군요. 그 증거로 우주로 쏘아진 로케의 궤도 변화를 들었습니다. 보이저호인지 무슨 호인지 이름은 지금 기억나지 않지만 하여간 어떤 우주선이 목성 근처에서 예정된 궤도를 이탈해서 그 원인에 대한 조사가 있었다는군요.

두 번째 문제에 대해서 저는 부정적인 생각을 갖고 있습니다. 생물이 살기 위해서는 물이 있어야겠죠. 그런데 행성에 물이 있기 위해서는 대기가 있어야 합니다. 화성과 금성의 대기권은 매우 건조합니다. 왜냐하면 화성은 너무 차갑고 금성은 너무 뜨겁기 때문입니다. 지구의 온도가 적당하다고 하네요. 저도 잘 모르기 때문에 지금 책을 읽으면서 답변을 드리느라 약간 말이 이상해 질 수 있는데 님께서 직접 "생동하는 지구"의 517p를 보세요. 골디락스 문제에 대한 글이 있습니다.

답변② 행성에 관해

태양계 내에서 우리가 모르고 있는 행성이 있을 수는 있습니다. 그러나 지구 근처의 궤도상에는 더 이상의 행성은 있을 수 없다고 봅니다. 생물이 살 수 있는 최적의 조건을 갖춘 곳이 지구라고 하니까 최소한 지구 근처의 행성이 다른 곳에 비해서 생물이 살아갈 수 있는 확률이 크기 때문에 태양계 내의 미지의 행성에서 생물이 존재할 가능성은 없다고 말할 수 있겠습니다.

물론 위의 생각은 제 의견이고 생물이라는 개념을 우리가 일반적으로 받아들이는 생물로 생각했을 경우입니다. 만약 아주 혹독한 경우에 살아 있는 생물 가령 영하 500도, 압력 300기압 같은 악조건에서도 사는 생물이 있다면 다른 행성에 생물이 존재할 수도 있겠죠.

 답변③ 저도 동감입니다만······.

저도 비슷한 생각을 갖고 있습니다. 우리가 갖고 있는 지식이라는 것이 참 짧고 우리의 기준에만 한정되어 있다는 생각이 듭니다. 물론 지구에 살고 있는 생물의 생존조건은 지금의 적당한 온도, 기후와 물 등의 조건이 필요하죠. 하지만 모든 생명체가 이와 같은 조건을 필요로 하리라고는 생각되지 않네요. 우리와 전혀 다른 조건에서 살 수 있는 생명체도 존재하지 않을까요? 만약 그러한 생명체가 있다면 지구에서 사는 우리가 신기하게 보이겠지요.

 답변④ 다른 생명체가 우주에 정말 존재한다면······.

음, 위 글들을 읽고 많은 걸 생각하게 되더군요.

정말 우리말고도 다른 생명체가 우주에 존재한다면 우리가 가지고 있는 문명보다 더 발달된 문명 속에 살고 있는 이들도 존재할 수 있는 걸까요? 정말 평균수명이 500년이 넘고 날아다니는 우주선을 자가용으로 사용하며 타임머신(time machine)으로 시간 여행을 즐기며 사는 이들이 존재할 수도 있는 걸까요? 우리의 지식으론 알아 볼 수 없는 거겠죠?

 답변⑤ 왜 생물이 살아가려면 물이 필요하지요?

개인적으로는 지구에만 생명체가 살고 있다고는 생각지 않습니다. 우리들이 알지 못하는 너무 먼 곳에는 우리와는 너무도 다른 생명체가 살고 있을지도 모르는 일 아닌가요? 그런데 과연 그들이 물이 있어야 하고 공기가 있어야 하는 세상에 살고 있다고 생각해야 하는 것인지. 또 아나요? 그들은 정말 우리가 생각하지 못하는 다른 방식으로 삶을 살지……

어이없겠지만 정말 이를테면 물이라는 것이 그리고 대기라는 것이 필요 없는 생명체도 어딘가에는 있지 않을까 하는…….

 답변⑥　멋진 생각입니다…….

물이 없는 생명체, 충분히 가능성이 있다고 생각합니다. 하지만 저는 아직 한번도 그런 식으로 생각을 해본 적이 없었어요. 현재 인간이 만들어 놓은 과학에 의해서 그리고 교육 받아온 대로만 생각해 왔기 때문일까요. 그래서 그런지 님의 생각은 저에게 많은 자극을 주었습니다. 언젠가 교수님께서도 수업시간에 말씀하신 것 같은데. '발상의 전환' 단순한 지식보다는 이러한 방식의 사고방식이 더 중요하다고 생각합니다.

 답변⑦　훌륭하십니다. 저의 생각은…….

발상의 전환이라. 생물과 물의 관계, 전 생각해 보지 못했던 생각입니다. 님의 발상에 박수를 보냅니다. 제 생각을 약간 말해 보자면 일단 우리가 알고 있는 생물이란 게 지구 위의 생명체를 말하는 거 같네요. 그렇다면 지구 위의 생물은 해와 공기 그리고 물이 있어야만 살아갈 수 있는 존재들이니까 아무래도 그렇게 제한이 되겠네요. 그렇죠? 하지만 님의 의견도 일리가 있다고 생각됩니다. 한 가지 말하고 싶은 것이 있다면 만약에 물이 없이 어떤 것이 - 우리가 알지 못하는 어떤 존재 - 존재한다면 그건 생물이라고 표현할 수는 없지 않을까요? 어떤 존재겠죠. 알 수 없는……. 아직까지는 인간의 과학으로는 발견해내지 못한……. 그것이 육적인 존재든, 영적인 존재든 말이죠. 하여튼 한 번 고민해 볼만한 문제인 것 같네요.

 답변⑧　지구가 오래갈 수 없다.

음, 지구는 지금까지 계속 변화해 왔습니다. 아시다시피 여러 생물들이 생겨났다가 사라지고 지구 자체에도 많은 변화가 있었겠죠. 저는 지구가 그리 오래 갈 수 없다는 것에 약간 다른 관점을 가지고 있습니다. 아주 큰 시간개념으로 넓게 바라보면 태양계라는 것이 생겨나면서 지구라는 행성도 같이 생겨나고 뜨거웠던 지구는 점점 더 식어가고 태양도 식어가고 있겠죠. 지구를 그저 우주에 있는 작은 별이라 생각하면 그냥 어떤 별의 탄생과 소멸처럼 지구도 태어나 늙어가고 언젠가는 없어질지도 모르죠. 그런 지구에 여러 생물이 생겨났다가 멸종도 하고 했듯이 인간도 그 생물들 중에 하나일 수 있죠. 공룡처럼 한때 지구를 거의 장악하고 살다가 멸종할 수도 있죠. 인간에 의한 환경오염이나 생태계 파괴로 인한 인류의 종말은 어쩌면 지구 나름대로의 진화일지도 모른다는 생각이 듭니다. 인간의 입장에서 보면 그것은 이 세상의 종말이고 끝이지만 지구입장에서 보면 아니, 우주 입장에서 보면 그냥 그런 거 아닌가요? 다만 인간이라는 생물은 좀 더 영악하고 똑똑하다는 게 다르달까?

 답변⑨ 옳은 말씀이십니다.

옳은 말씀이십니다. 지구가 식어가면서 지구의 생태계가 파괴되면서 지구인들이 우주로 눈을 돌리는 것이 진화의 한 과정이라고 볼 수 있다는 생각은 놀랍군요. 그렇습니다. 저도 그 생각에 동의하는 바입니다. 공룡들은 과거에 망했으나 인간은 현재 살아남을 가능성이 많은 듯이 보이는군요. 인간은 현재와 같은 환경에서는 능히 살아남을 만한 능력을 가지고 있다고 보입니다. 공룡보다는 환경 적응력이 뛰어나다고 봐야 하겠지요. 그러나 공룡은 무엇 때문에 멸종했을까요? 엽기적인 사건(예를 들면 지구를 뒤덮는 화산폭발 내지는 더 충격적인 어떤 사건)이 발생했었다면 인간이 그것도 극복해 낼 수 있을지? 지금 상황에서요.

하여튼 지금의 상황은 상당히 긍정적이라고 보이는군요. 현재는 인간은 능히 불리한 조건을 극복하고 이용하는 존재인 듯합니다. 그렇다면 그러한 능력을 가진 종족이 인간 하나일까요? 이 방대한 우주에?

 답변⑩ 지구라는 개념을 어떻게 보느냐가 중요하죠.

태양은 지금 자기 나이의 절반 정도밖에 살지 않았습니다.

그러니까 태양은 자기가 살아온 만큼 앞으로도 더 살수 있습니다(태양이 수명을 다하는 과정에서 적색거성이라는 단계가 있는데 이때 태양이 갑자기 커지게 됩니다. 그러면 지구는 태양 속에 들어가 버리죠. 따라서 지구의 최대 수명은 태양이 죽는 날이라는 것입니다). 그때까지는 아마겟돈이나 딥임팩트와 같은 소행성 충돌이 없는 한 지구는 존재합니다. 문제는 우리가 사는 지구겠죠.

우리가 사는 지구는 우리가 어떻게 하느냐에 따라 그 운명이 달라질 것입니다. 그런 관점에서 보면 우리가 생각하는 지구는 곧 죽을 운명일지도 모르죠. 핵폭탄이라는 거대한 암덩어리와 환경오염이라는 바이러스에 의해서……

 답변⑪ 님께서 제기하신 문제는……

너무나 광범위하고 포괄적인 문제 같군요. 지금 우주과학을 지탱하고 있는 것이 바로 님이 제출하신 문제라고 볼 수 있지 않을까요? 우주의 또 다른 생명체의 가능성 그리고 지구에서의 인간의 존재기간의 유한성, 그 두 가지의 '궁금함'과 '불안감'이 우주과학에 수십조 수백 조를 쏟아 붓는 선진 우주과학의 토대가 된 것이죠. 그리고 그로부터 엄청난 군사기술들과 또 그를 응용한 우리 주변의 수많은 편리한 과학기술들이 나온 거구요. 어쨌든 위의 님께서 말씀하신 대로 지구에서의 인간의 존재는 영원할 수 없겠죠. 지구의 소멸을 논하기 전에 제 생각에 인간이 지구의 소멸시기까지 지구상에 존재할 확률은 제로라고 봅니다. 그저 지구 위의 스쳐가는 생물들 중의 하나겠죠. 그리고 지구의 대기에 관해 예전에도 얘기가 나왔었는데요, 지구의 대기도 서서히, 아주 서서히 우주로 빠져나가고 있다고 하지요?

그렇다면 결국에는 지구도 외계의 여러 행성들처럼 대기가 없거나 지금과는 다른 성분으로 된 대기를 가지게 될 수도 있지 않겠습니까? 당연히 인간은 더이상 존재할 수 없을 거구요. 너무 비약일까요? 화성의 개발은 위분 말씀대로 여러 시간이 걸리면 가능할 법도 한 일이겠지만 화성이 개발될 때까지 지구의 인간이 살아남을 수 있을는지……

신학에서 보면 지구는 우주상의 유일한 생명체의 행성이라 볼 수 있겠지만,

이 광활한 우주를 볼 때는 분명 생명체가 존재하는 곳이 있을 것이라고 생각을 할 수 있겠죠? 하지만 저는 그것이 '태양계'내에 있다고는 보기 힘들 거

라고 생각하는데요. 태양계도 엄청나게 크기는 하지만……. 과학자들이 분석을 하는 것이 가능한 한 거리가 우리가 부르는 '태양계'가 아닐까요? 박테리아나 바이러스 같은 대단히 미소한 생물체의 존재는 어쩌면 가능할 수도 있겠습니다만(태양계에 'H$_2$O', 즉 '물'의 흔적을 가진 행성들은 있으니까요). 인간과 같은 고등생물이 태양계 내에 산다면 분명 어떠한 징후가 포착되었으리라고 생각됩니다만. 너무 어려운 문제네요. 어떠한 확신도 할 수가 없는…….

답변⑫ 제 의견은.

개인적 견해에 따라 다르겠습니다만 제 생각에는 아주 긍정적이라고 봅니다. 현재의 상태로 볼 때 지구는 아주 불안한 상태에 있는 것은 사실입니다. 기하급수로 증가하는 인구 문제도 그렇고 오존층 파괴라던가 해수의 오염과 같은 환경오염의 문제라던가. 물론 이런 상태가 계속된다면 위험하죠. 많은 공상과학 소설이나 영화 애니메이션에서 나오는 것처럼 인류는 곧 다른 행성에서 살 수 있을 것이라고 봅니다. 지구와 똑같은 환경을 가진 행성을 찾는 것은 지극히 어려울 것이라고 생각됩니다만 굳이 태양계에서 찾자면 온도의 변화가 극심한 수성, 금성 등은 제쳐두고라도 행성 아닌 위성인 달이나 또는 화성 정도는 우리 인류의 과학기술의 발전으로 본다면 그리 불가능하지는 않을 겁니다. 다른 답변자들을 보니까 화성은 대기가 건조하다던가, 물이 없다는 이유로 힘들 거라고 한 것 같은데 이 정도는 쉽게 해결할 수 있지 않을까요? 물론 화성이나 달에서는 지구에서처럼 아무 장비 없이 아무런 보호장치 없이 자유롭게 다닌다는 것은 불가능하겠죠. 우주도시라는 것을 생각해 볼 수 있을 것이라고 생각합니다. 문제는 지구와 똑같은 환경을 찾는 것이 아니니까 말이죠. 인위적으로 해결할 수 있지 않을까요? 식량문제나 인구문제는 과학기술이라면 어떻게든 해결할 수 있을 것이라고 생각합니다.

답변⑬ 엉뚱하지만 제 생각.

좀 엉뚱하기는 하지만 제 생각을 씁니다. 제 생각에는 화성보다는 금성이 좀더 가능성이 있을 것 같습니다. 크기 면에서나 대기 면에서나 화성은 좀 작은 것 같아서요.

우선, 금성의 문제는 높은 온도와 두꺼운 이산화탄소층입니다. 다른 것들도 있겠지만 가장 시급한 것을 줄이면 이 두 가지가 될 것입니다. 이 문제들을 해결하기 위해서는 식물들을 활용해야 합니다. 원시 지구의 대기가 금성과 비슷한 상태였다고 하더군요. 그런데 지구는 광합성작용을 하는 식물이 있어서 이산화탄소가 점차 줄고 산소가 그 자리를 차지했다는 이야기를 들은 것 같습니다. 그리고 금성의 온도는 지구보다 태양에 가까운 이유도 있겠지만 이산화탄소에 의한 온실효과가 크기 때문이라고 알고 있습니다.

그러니 금성에 광대한 우주 식민지를 건설하면 그곳에서 나오는 산소로 금성의 대기 변화를 일으킬 수 있지 않을까 생각됩니다. 그러면 지구보다는 뜨겁겠지만 온도를 안정적으로 낮출 수 있을 거라는 생각이 듭니다. 상당히 오래 걸리기는 하겠지만요.

 답변⑭   -주간한국에서 퍼옴 -

로스웰사건은 1947년으로 거슬러 올라간다. 그해 7월 어느 날 밤 미국 뉴멕시코 주 로스웰 인근 사막에 어떤 물체가 추락했다. 현재까지 누구도 부인할 수 없는 진실은 이것뿐이다. 그 물체가 과연 무엇이고 거기서 무엇이 나왔으며 이후 미국 정부가 이 문제를 어떻게 처리했느냐에 관해서는 아무도 무엇이 진실인지 장담할 수 없다.

1940년대의 로스웰사건의 필름에는 47년 미국 공군의 한 비밀기지가 등장한다. 머리가 크고 아랫배가 불룩 나온 키 1m 정도의 정체불명의 생명체가 해부대 위에 올려져 있다. 머리털은 거의 없고 배꼽도 없다. 눈, 코, 입, 귀, 손, 발 등 외모는 거의 인간과 비슷하다. 손가락과 발가락은 놀랍게도 각각 6개. 눈의 망막은 양파껍질처럼 벗겨졌다. 로스웰 사막에서 수거한 외계인을 부검하는 장면으로 알려졌다.

관련 전문가들은 이 필름에 등장하는 침대나 핀셋, 가위, 수술칼 등 부검도구나 촬영 필름 자체가 40년대에 쓰던 것임이 거의 확실하다는 의견을 내놓았다. 특히 SF(공상과학물)영화용 특수 모형 및 분장을 담당하는 전문가들은 40

년대의 특수기술로는 도저히 그토록 사실감 넘치는 외계인 인형을 만들 수 없다고 거들었다. 더구나 체내에서 심장을 꺼내는 장면을 보면 인간의 심장과는 좀 다른 핏덩어리처럼 물컹거리는 물체가 나오는데 이런 것은 당시로서는 도저히 만들어 낼 수 없다는 것이었다.

이 필름이 방송을 탄 1996년 12월 필름을 발굴했다는 프로듀서 로버트 키비아트는 유명한 미국 과학월간지 '옴니(OMNI)'와의 인터뷰에서 이렇게 설명했다. "우연히 당시 미군 당국이(로스웰에서 발견한) 외계인을 부검하는 장면을 찍은 필름이 있다는 소문을 들었다. 추적을 거듭한 결과 레이 샌틸리라는 사람을 만났고 그로부터 필름을 얻었다. 샌틸리는 다큐멘터리필름 제작자로 로큰롤 등 옛날 음악 필름에 관심이 많았는데 1947년 당시 군무원으로 외계인 부검 장면을 찍었다는 카메라기사로부터 이 필름을 입수했다고 주장한다."

이 부분에 대해서는 문제의 카메라기사가 나타나지 않아 사실 여부를 확인할 수 없다.

이처럼 문제가 확산되자 미국 공군은 얼마 후인 1997년 6월 24일 '로스웰 보고서-사건종결'이라는 보고서를 발표했다. 당시 군이 거둬간 '외계인'은 낙하산 훈련에 사용한 인형으로 외계인도, UFO도 결코 존재하지 않았다는 것이다.

231쪽 분량의 이 보고서는 또 당시 추락현장에서 발견된 비행체 파편은 구소련의 핵실험 증거를 포착하기 위한 극비계획 '프로젝트 모굴'의 일환으로 대기권에 쏘아 올린 군용 기구였다고 주장했다. 충격적인 외계인 부검 필름도 누군가에 의한 조작이라는 것이다.

그러나 이러한 발표 이후에도 로스웰사건에 대한 의문은 좀처럼 수그러들지 않고 있다. UFO 옹호론자들은 더미 인형이 군사훈련에 사용된 것은 1954년경으로 사건 발생 시점과 상당한 시차가 있다고 반박하고 있다. 또 사건 직후 항공 당국이 비행접시라고 말했다가 수 시간 뒤 레이더 표적이라고 번복했던 사실을 들어 군 당국이 사건을 계속 은폐하려 한다고 주장한다.

인류가 달 탐사에 성공한 것은 1969년 7월 20일이었다. 아폴로 11호에 의한 역사적인 달 탐사 이후 인류는 태양계의 행성이나 그 위성에 생명체가 존재할 가능성에 촉각을 곤두세워왔다. 현재로서 그 결과는 지구 이외에는 생명존재의 가능성은 거의 없다는 것이다. 일부 생명체 물질이 존재할 가능성이 있는 행성들에서도 지구 속 인간처럼 고등생명체로 진화하거나 문명을 이룬 흔적은 아직 발견되지 않고 있다.

 답변⑮ 외계 생명체.

초등학교 때부터 이런 얘기에 관심이 많았었는데 그때 외계인을 만난 소년에 관한 책이 인기 있었거든요. 전화로 우주선이 이륙할 때의 소리도 들려주고 기억하시는 분이 있을는지……. 암튼 저는 개인적으로 외계인은 분명히 존재한다고 믿는데요. 그러한 생명체들이 반드시 인간과 흡사하지는 않을 거라고 생각됩니다. 위의 글 내용은 전에 접했던 이야긴데요. 확실한 근거가 있는 얘기인지는 모르겠지만 미국 정부가 비밀리에 외계인을 조사하고 있다는 얘기는 공공연히 들리고 있습니다. 위 기사처럼 외계인을 잡았다는 얘기와 사진을 저도 많이 보았거든요. 해부하기도 하고, 생포하기도 하고. '외계인을 잡아둔 건물'이라는 사진도 봤어요. 건물만 나와서 진짜 외계인이 있는지는 알 수 없지만 미국에서 이러한 연구를 하는 것이 아주 헛소문이라고는 생각지 않습니다. 충분히 가능성이 있죠.

그런데 이러한 사진들을 보면 하나같이 인간과 꽤 흡사하게 생겼습니다. 참 신기한 일이죠? 그렇게 멀리 떨어진 곳에서 생겨난 생명체조차도 비슷하게 생겼다니. 그 사진들이 조작된 것이 아니라 실물이라면 고등생명체는 그렇게 생겨야 할 이유라도 있는 것인지.

그리고 지구까지 올 정도라면 아주 고도의 문화를 소유했을 텐데. 우리와는 비교도 할 수 없는 과학 수준이죠. 아마 광속 정도는 낼 수 있어야 하지 않을까요?

 답변⑯ 화성은 0순위 - 주간한국서 퍼옴 -

태양계의 행성 중 화성은 외계문명의 가능성이 가장 높은 곳으로 지금도 논란을 빚고 있다. 고대 중동인들 이래 로마인들까지 침략 당할지도 모른다는 불안감에서 화성을 마르스(Mars)라고 이름 붙였을 정도로 화성은 인간에게 두려운 존재였다. 예언자 노스트라다무스도 지구의 종말에 화성의 왕이 지배한다고 적고 있다. 현재 X-파일 마니아들은 10억 년 전 인력부족으로 화성의 물이 증발하자 첨단 과학문명을 이용, 다른 혹성으로 피난했다는 설까지 주장하고 있다. 1976년 바이킹호가 찍었던 '화성의 얼굴'이 화성의 비밀을 푸는 실마리로 여기는 부류도 있다. NASA 측은 사진이 공개되자 뒤늦게 햇빛의 작용에 의한 것으로 발표했지만 오히려 이로 인해 외계문명을 은폐하고 있다는 비난을 샀다. 당시 사진에는 투구를 쓴 채 입을 벌린 사람 얼굴처럼 보이는 1.5km크기의 거대한 형상과 인근에 일정 형태의 구조물까지 나타나 고대 화성 도시의 일부분이거나 한 종족의 묘지라는 주장이 제기됐었다.

과학자들 사이에서 생명체가 있다, 없다는 논란이 계속되고 있지만 태양계에서 생명체 존재의 가능성은 화성이 우선순위로 지목된다. 현재까지의 과학적 발견상 화성은 혹한에 시속 560km의 폭풍의 혹성이다. 현재까지의 발견만으론 화성에 생물체가 살아남을 물질적 기반은 없다. 탐사 우주선 바이킹호의 실험 결과는 화성에 대기가 넓게 있지만 태양의 자외선이 생물질을 파괴한다는 것이다.

그러나 화성 내 물의 존재가 사실로 굳어지기 전부터 유럽우주국 등은 화성 주변과 토성의 위성인 타이탄 등에서 물이 관측됐다고 발표했다. 또 이보다 앞서 나사도 1984년 남극에서 발견된 화성운석 'ALH8401'을 분석, 지구상의 박테리아와 크기와 모양이 유사한 화석형태의 생명체 흔적을 발견해 생명체 존재를 뒷받침했다. 지구 남극의 얼음 속에서 미생물이 발견된 점으로 미뤄 이 혹한의 화성과 목성의 위성인 유로파에서도 생명이 진화했을지 모른다는 추정도 나오고 있다. 일단 원시적인 생명체가 탄생했다면 그로부터 지적인 고등생물로 진화하는 것은 시간문제다. 지구에서 고등생물이 진화하기까지 40억 년이 걸렸다.

1997년 화성탐사 로봇 패스파인더가 보내온 사진을 정밀 분석한 일부 전문가들은 공식 발표된 암석지역과 다른 온기와 습기를 지닌 곳도 발견됐다며 화성이 오래전에는 생명체가 살기에 적합했다고 분석하고 있다. 화성이 많은 양의 유동성 물질을 지니고 있었으나 이것이 급속히 냉각돼 표면이 얼음으로 변했을 가능성이 있다는 가설과 일맥상통하는 주장이다.

패스파인더가 성서의 바벨탑과 같은 모양을 한 120m의 건조물이 찍힌 사진을 보내왔다며 이를 고등 생물체 존재의 입증물로 주장하는 이들도 있다.

이런 논란과 의문은 현재 활동 중인 마르스 글로버 서바이어호와 물을 찾기 위해 발사된 탐사선 랜더에 의해 많은 부분 풀릴 것으로 보인다.

그러나 생체로 된 물질은 태양계를 비롯하여 우주공간에 널리 퍼져 있지만 그것이 지구처럼 생명으로, 또 지적 생명체로까지 발전할 만큼의 환경은 적다는 일반론이 아직은 통설이다. 외계인 논란이 태양계를 벗어나는 것도 이 같은 이유 때문이다.

 답변⑰ Aliens do exist.

Well, I believe Aliens do exist in this universe, for we do not know where the universe starts and ends. It is indeed enormously vast and huge.

제 생각은 그렇습니다. 외계인은 존재한다고 봅니다. 이렇게 넓은 우주에 우리 말고도 다른 생명체가 존재한다고 봅니다.

저도 지구에 등장했다는 외계인들이나 목격했다는 사람들의 이야기를 즐겨 읽는데 제 눈으로 제시된 증거들을 확인한 적은 없지만 절대 불가능한 일이라 생각지 않습니다.

 답변⑱ 존재는 확률이다(창조론은 없다).

우주의 탄생은 아주 작은 확률의 운동으로 시작되었습니다. 태초에 어떤 대단히 작은 먼지가 있었습니다. 작은 먼지가 스스로 에너지를 가지면서 운동을 하게 되었습니다. 이때 그 먼지가 스스로 운동을 시작할 가능성은 매우 작은, 실제 O에 가까운 확률이었을 것입니다. 이 먼지가 운동을 하면서 확장하고 팽창하면서 수억 년의 시간을 거치면서 우주가 되었습니다. 우주는 극히 작은 확률적 사건을 통해서 이루어진 것입니다. 대단히 작은 확률, 영에 가까운 확률이나 시간이 또한 무한대 정도로 흐르게 되면서 확률이 이루어지게 된 것입니다. 지구도 그런 작은 확률 속에서 탄생된 것입니다. 이러한 제 생각에서 우주는 태초에 유에서 비롯된 것이라고 봅니다. 창조론처럼 누군가가 무엇을 무에서 창조했다고 보는 것이 아니라 애초에 먼지가 있었는데 적은 확률을 극복하고 운동을 하게 되었고 에너지를 가지게 되면서 우주를 이루었습니다. 유에서 유로 가는 과정이지요. 따라서 우주에 인간만 존재할 아무런 이유가 없을 뿐더러 이러한 우주의 작은 확률을 시간으로 극복하고 존재하고 있을 또 다른 문명이 있으리라고 확신합니다. 물론 없을 가능성도 있지요. 그 가능성은 그러나 역시 무지무지하게 작은 확률입니다.

 답변⑲ 과연 그것이 창조론을 부정할 수 있을까요?

저는 창조론과 진화론을 모두 인정하는 쪽의 생각을 가지고 있습니다. 우주에 먼지가 있었고 그 먼지가 운동을 하면서 에너지를 가지게 되고. 모두 인정합니다. 하지만 창조에 관해 조금 더 넓게 생각해 봅시다. 그 먼지는 어떻게 생겨났을까요. 조금 더 근본적인 문제로 들어가서 그 운동에너지란 놈은 도대체 어디서 나왔습니까? 우주의 법칙, 자연의 법칙, 그 외에 어떤 규칙들, 이런 규칙은 원래부터 있던 걸까요? 그 원래부터 있었다는 것 자체가 도대체 뭘 증명할 수 있습니까? 또 그 최초의 물질, 예를 들면 먼지는 도대체 어디서 갑자기 튀어나왔는지. 전혀 우리는 해답을 모릅니다. 또 우주는 뭡니까?

창조론이란 원래 성경에 근거한 이야기이기 때문에 무슨 신화내지는 옛날이야기 같지요. 하지만 저는 그것 자체로 창조론이라 생각하지 않습니다. 누군가 최초의 물질을 만들고 공간을 만들고 그 안에 어떤 규칙을 만들었다고 생각하면 그것으로도 창조론의 설명은 충분합니다. 그 공간 안에 그 어떤 물질이 어떤 규칙에 의해 생성되고 진화하고. 성경에 군이 그렇게 유치하게 직접 모든 것을 신이 만든 것처럼 되어 있는 이유는 옛날에 쓰였기 때문이 아닌가 생각합니다. 단군신화가 곰을 섬기는 부족과 환웅(맞나?)을 섬기는 부족 간의 결합을 비유한 것이라는 설이 있듯이. 옛날 사람들이 이해할 수 있는 방법으로 비유되어 있는 것일 수도 있지요. 문득 "신은 주사위놀이를 하지 않는다."라던 아인슈타인의 말이 생각나는군요. 어떤 법칙을 창조해 낸 누군가가 있다고 생각하면 그 누군가의 존재는 더욱 위대하고 거대해 보입니다. 이처럼 생각해 보면 진화론은 마치 창조의 과정을 순서대로 증명해나가는 정도밖에 되지 않는 것 같습니다. 정말 모든 게 그저 우연으로 어쩌다가 생겨났다고 생각하십니까? 우연히 어쩌다가 그 근원도 알 수 없이 먼지가 생겨나고, 무에서 유가 생겨났을까요?

정말 진화론은 여전히 너무도 비과학적입니다.

 답변⑳ 신은 주사위놀이를 하지 않는다에 관하여

아인슈타인은 상대성 이론으로 유명합니다. 그리고 그의 의도와는 상관없이 양자역학에 토대를 이룹니다. 비록 그는 양자역학을 부정하기는 했지만……. 아인슈타인은 물리현상을 기술하는 데 있어서 입자가 거기에 있을 수도 있고 없을 수도 있고, 그 입자는 확률에 의해 결정되는 양자역학을 '신은 주사위 놀이를 하지 않는다.'라는 식으로 비꼽니다. 즉 아인슈타인은 전자가 거기에 있다, 없다라는 식으로 보는 사람인데(고전 역학적 관점) 양자역학이 거기에 전자가 있을 가능성이 20%라는 식으로 표현을 하니까 열 받아서 그런 식으로 말한 것입니다. 알다시피 아인슈타인은 물리학자이면서 나름대로의 유머를 갖춘 달변가였으니까요. 가끔 우주론에서 보면 이 말이 많이 나옵니다. 하지만 원래 어떤 의미에서 사용되었는가도 알아 두는 것도 좋겠죠.

 답변㉑ 극단은 금물!

제목을 보고 글을 읽어봤는데 좀 생각이 과격하시더군요. 무엇이 완전히 없다고 부정하는 것은 좀 위험한 생각 아닐까요? 제 입장을 밝히자면 전 완전히 창조론을 믿는 사람입니다. 하지만 다른 이론들을 무시(?)하지는 않거든요. 그리고 앞에서도 어떤 분이 말씀하셨지만 님이 말씀하시는 그 먼지는 어디서 왔는지 저도 참 궁금하네요. 원래 유가 있었다는 거, 그러면 원래부터 먼지 말고 좀 더 완전하고 멋있는 게 있었으면 안 되나요? 글 중에서 무엇이 어떻게 되고 확률에 의해서 이루어지는 것이 많던데 그것 역시 인간들의 생각 아닌가요? 아니면 님의 지극히 개인적인 생각이든지요. 결국에는 유한한 인간이 눈앞에 보이지도 않는 것을 가지고 왈가왈부하는데 말이죠. 정확하지 않는 확률에 관해서 동의를 구하시는 것에 관해서는 죄송하지만 동의할 수가 없군요.

 답변22 아주 작은 먼지는 어떻게 생겨난 것이지요?

음, 유에서 유가 나온 거라 하셨는데. 그렇다면 이전에 아주 미세하게 존재하던 그 '유'는 어떻게 형성된 것일까요? 그것에 대해선 생각해 보셨는지요.

어디서 읽었는지 정확히 기억하지는 못하지만(헉!) 이런 걸 읽었던 것 같아요. 세상에 존재하는 모든 것들은 너무나도 정교하고 체계적이라구요. 어떠한 문제의 근원을 찾기 위해 끊임없이 파고들다 보면 절대 우연으로 이루어졌다고는 할 수 없을 정도로 systematic 하다고 그러데요. 님 말씀대로 우연으로 이 모든 것이 이루어졌다면 글쎄요? 인간 그리고 인간이 지니고 있는 DNA, atmosphere, hydro-cycle, atoms, protons and electrons 등

'우연'이라는 한 단어로 모든 것을 cover 한다는 거 그 자체가 모순인 거 같아요.

음, 넘 복잡해지네요. 역시 다루기 너무 어려운 issue 인거 같네요.

 질문3 정말로 외계에 생명체가 존재할까요?

지금 방송국에서 미래토론을 하고 있더라구요. 그래서 궁금한 생각이 들었는데요.

정말로 외계엔 생명체가 존재할까요? 제 생각에는 분명히 외계 생명체가 존재한다고 믿습니다. 지구는 전 우주에 비하면 엄청나게 미미한 존재에 불과합니다. 우리가 알고 있는 우주라는 것도 알고 보면 우리가 관찰 가능한 우주 정도밖에 안 되죠. 지금 이 순간에도 우주는 엄청난 속도로 팽창하고 있으며 우리 태양계와 같은 엄청난 은하계가 이 우주상에는 무한히 있다고 합니다. 그렇다면 우주인이 있지 않을까요? 어떠한 모습일지는 알 수 없습니다. 하지만 UFO가 거짓은 아닐 것 같습니다. 어쩌면 지금 이 순간에도 엄청난 외계인들이 지구 멀리 저편에서 유토피아를 만들어가며 살아가고 있는지도 모를 일이죠.

답변① 외계인…….

　저는 특별한 과학적 지식을 가지고 있지는 않습니다만 지난 학기에 우주의 이해라는 수업을 들었었습니다. 그래서 몇 자 적어보렵니다. 우선 님께서 질문하신 외계인이 실제로 있느냐, 없느냐 하는 문제는 아직까지 답이 없는 것으로 알고 있습니다. 작년 수업을 들으면서 드레이크 방정식이라는 걸 한 적이 있습니다. 그게 뭐냐면 외계의 지적 생명체와 우리가 접촉할 가능성을 여러 가지 변수를 고려해서 구하는 것이랍니다. 그 방정식을 처음 제안한 과학자의 이름이 드레이크 박사이기 때문에 그 방정식의 이름이 그렇게 지어졌구요. 아직까지 정답이 없는 것으로 알려져 있습니다. 그리고 그 수업 시간에도 인터넷 홈페이지가 있었는데요, 거기에서도 창조론을 옹호하는 사람들과(이 분들은 외계인을 믿지 않습니다) 진화론을 옹호하는 사람들 간의 거센 토론이 있었습니다. 제 짧은 소견을 말씀드리면 지금까지의 우리가 가지고 있는 과학적인 수준을 고려할 때 외계인의 유무를 판단하는 것은 과학적인 근거라기보다는 자신의 신념에 더 큰 영향을 받는 것 같습니다.

　참고로 전 외계인이 있을 것 같구요. 얼마 전에 KBS에서 방영한 칼 세이건에 관한 다큐멘터리를 보셨다면 아주 좋았을 거라는 생각이 드네요. 혹시 구하실 수 있으시면 꼭 보시길 바랍니다. 더 많이 알고 싶다면 작년과 재작년 우주의 이해 수업 홈페이지를 찾아가 보세요. 그 수업 아마 올해에도 홈페이지를 새로 만들었을 겁니다. 그곳에 들러 보시는 것도 좋을 듯싶네요. 다시 참고로 지금 이 순간에도 지구의 한 구석에서는 외계로 메시지를 보내고 있는 사람들이 있답니다. 언젠가는 그들로부터 답변이 오기를 기다리면서…….

 답변② 참고하세요(드레이크방정식).

　프랭크 드레이크 박사(SETI 연구소 소장)가 고안한 우리은하 안에 존재하는 우리와 교신할 가능성이 있는 외계지성체의 수를 계산하는 방정식. 현재로서는 이 방정식의 정답은 없다.

　$N = R * fp * ne * fl * fi * fc * L$

N: 우리은하 안에 존재하는 교신 가능한 지적 문명체 수

R: 우리은하 안에서 탄생하는 생명체 탄생에 적합한 별의 생성률

   =우리은하 안의 별의 수/평균 별의 수명

fp: 이들 별들이 행성을 갖고 있을 확률(0에서 1 사이)

ne: 별에 속한 행성들 중에서 생명체가 살 수 있는 행성의 수

fl: 조건을 갖춘 행성에서 실제로 생명체가 탄생할 확률(0에서 1 사이)

fi: 탄생한 생명체가 지적 문명체로 진화할 확률(0에서 1 사이)

fc: 지적 문명체가 다른 별에 자신의 존재를 알릴 수 있는

   통신기술을 갖고 있을 확률(0에서 1 사이)

L: 통신 기술을 갖고 있는 지적 문명체가 존속할 수 있는 기간(단위: 년)

천문학적 계수: R, fp, ne

생물학적 계수: fl, fi

사회학적 계수: fc, L

제 **2** 장
지구에 관한 소개
및 지질연령

지구란? 지구의 지질시대가 갖는 의미는?

질문❶

대기 중에 이산화탄소의 농도가 짙어질수록 지구의 평균 기온이 상승한다고 들었는데 정확한 이유를 알고 싶습니다.

답변❶

우선 온실효과는 우리 지구에 있어 매우 다행스런 현상입니다. 화성이나 달은 대기가 없기 때문에 온실효과가 없습니다. 낮에 햇빛을 받게 되면 지표가 매우 데워져 온도가 100도 정도 올라갔다가 밤이 되면 바로 내려가 온도가 영하 50도 이하로 떨어져 생명체가 살수 없습니다. 그러나 지구는 공기로 쌓여 있어 이들이 온실의 구실을 하기 때문에 낮에 지구가 계속 더워지는 것을 방지하고 밤에 지구가 식는 것을 막아주어 온도를 일정하게 유지시켜 줍니다. 따라서 온실효과 자체가 나쁜 것은 결코 아니지요. 그러나 최근 대기오염으로 인하여 대기 중에 이산화탄소, 프레온가스, 일산화질소, 메탄가스 등이 늘어나면서 이들 기체들은 열을 흡수하는 능력이 매우 뛰어납니다. 따라서 이들 기체들로 인하여 대기의 온도가 조금 더 상승하게 되고 이것이 바로 지구온난화입니다. 현재 기상학자들이나 환경과학자들 사이에 지구가 더워지고 있다는 사실에 대해서는 아직 논란이 있습니다. 그러나 현재와 같은 수준으로 대기 중에 이들 열을 흡수하는 기체를 방출하게 되면 2030년에는 현재보다 약 3도 정도의 온도가 상승하는 것으로 슈퍼컴퓨터를 이용한 지구기후모델은 예측하고 있습니다.

이때 여러 가지 현상이 나타날 수 있는데 그중 하나가 해수면상승입니다. 온도가 올라가면 북극이나 남극에 있는 빙하나 빙산이 녹게 되는데 북극의 빙하는 바닷물 위에 떠 있는 것이기 때문에 모두 녹아도 해수면에는 영향을 미치지 않지만 남극 빙산은 대륙 위의 얼음이기 때문에 녹으면 바닷물이 증가하게 되어 해수면이 상승됩니다. 실제 온도가 약 3도 상승하면 해수면은 약 7m 정도 상승하는데 비교적 바닷가에 위치한 고도가 낮은 지역은 거의 물에 잠기게 됩니다. 정확하게 면적을 계산해 보지는 않았지만 대륙 전체의 면적에 비해 약 1% 이내가 물에 잠길 것으로 생각됩니다. 어떻게 보면 별 것이 아닐 수도 있습니다. 그러나 인구가 밀집한 거대도시의 대부분이 히말라야 같은 산에 있는 것이 아니라 대부분 바닷가에 위치합니다. 예를 들어 미국의 뉴욕, LA, 영국의 런던, 일본의 동경, 한국의 서울, 부산 등 이들 도시가 전부 물에 잠기게 되니 어쩌면 전 세계 인구의 50% 이상이 거주하는 지역이 물에 잠기게 되는 엄청난 결과가 예상됩니다. 그래서 지구온난화가 심각한 현상입니다.

지구온난화의 다른 영향은 기후대의 위치가 변하게 됩니다. 다시 말해서 온대지방이 한대지방이 되기도 하고 사막 같은 건조지방이 현재의 온대지방으로 이동하여 초원지대가 사막이 될 수도 있습니다. 이러한 일이 벌어지면 아무리 많은 돈을 들인다 하더라도 우리 인간이 할 수 있는 일은 없습니다. 따라서 지구온난화가 일어나지 않도록 우리 모두 대기오염을 줄이는 데 노력을 하여야 하겠습니다.

 답변②

■ 지구온난화의 정의

1. 지구에 충돌되는 총 광선 중의 약 50%는 지구 표면에 도달하며 지구 표면에 의해 흡수된다. 들어오는 광선의 20%는 기체 −UV(자외선)는 성층권에서, IR(적외선)은 CO_2와 H_2O에 의해 −와 공기 중에 있는 물방울에 의해 흡수된다. 나머지 30%는 구름과, 얼음, 눈, 모래 및 다른 반사체에 의해 흡수되지 않고 우주공간으로 반사된다.

2. 지구는 온도를 일정하게 유지하기 위해 행성에서 흡수하는 에너지 −주로 가시선 영역(400~750nm) −와 방출하는 에너지가 동일하다. 이 방출되는 에너지는 파장이 4~50㎛ 정도인 적외선 영역이고, 열적외선(thermal infrared)이라 불린다.

3. 공기 중의 몇몇의 기체는 일시적으로 특정한 파장을 가진 열적외선을 흡수할 수 있으며 지구의 표면과 대기로부터 방출되는 적외선이 모두 우주공간으로 방출되는 것은 아니다. CO_2와 같은 분자들에 의해 일부가 흡수된 후에

적외선은 다시 모든 방향으로 방출된다. 따라서 일부의 열적외선은 지구 표면으로 다시 방출되거나 다시 흡수되어 지구 표면과 대기를 가열시킨다. 지구 표면으로 열적외선이 다시 들어가는 현상을 온실효과라 부른다.

4. 지구 전체가 두꺼운 얼음으로 완전히 뒤덮여 있지 않고 지구 표면의 온도가 15℃가 되는 이유는 온실효과의 작용으로 생긴다. 태양에너지를 받는 만큼 지구의 각 표면은 위에서 설명한 메커니즘에 의해 가열된다. 대기는 위와 같은 방법으로 물체에 의해 방출되는 일부의 열을 간직하는 단열재로 작용을 하여 지역적으로 온도를 상승시키게 된다.

5. 환경과학 연구자들이 걱정하는 현상은 대기 중에서 열적외선을 흡수하는 미량의 희귀 기체 농도의 증가로 인하여 외부로 방출되는 열적외선의 더 많은 부분이 지구 표면으로 전환되고 이로 인하여 지구 표면의 평균 온도가 15℃ 이상으로 증가될 수 있다는 것이다(지구온난화 현상). 이러한 현상은 온실효과가 증대된 것과 같은 효과를 내며 이전까지 자연의 힘으로 나타났던 온실효과와는 구분된다.

 ## 질문❷

재 23쪽을 보면 "지구의 많은 화학 원소 중에서 몇몇 원소는 자연적으로 방사성 붕괴를 한다. 즉 이들은 스스로 다른 원소로 변한다. 방사성원소의 예는 우라늄, 토륨 및 칼륨이며 이들은 각각 납, 아르곤으로 변한다." 제가 알기로는 항성 내부에서 핵융합으로 만들어지는 원소는 철(Fe)이 마지막인 걸로 알고 있습니다. 철보다 더 무거운 원소는 생성되지 않는다는 거죠. 아주 큰 별의 내부에 뜨거운 온도로 인해 핵융합을 하고 나중에 폭발하여 성간구름(가스: 이 가스들이 모여 새로운 항성 등이 태어난다고 합니다)을 형성하는 과정에서 철보다 무거운 원소는 생성되지 않는다는 것, 즉 그보다 가벼운 원소들만 융합으로 생성된다는 것이죠. 특히 방사성원소는 항성 진화과정에서 생성되지 않는 걸로 알고 있습니다. 그러면 철보다 무거운 원소, 방사성원소들은 어떻게 생성된 것일까요?

답변①

핵융합에 의해서는 결국 철보다 무거운 원소는 생성되지 않습니다. 그 이상에선 핵융합 반응이 일어나지 않지요. 철보다 무거운 원소들은 오직 초신성 폭발에 의해서 생성됩니다. 어느 정도 무거운 별이 생을 마감할 때 초신성 폭발을 하게 되죠. 이 과정에서 철보다 무거운 모든 원소들이 생성되는 것입니다. 그래서 태양계는 몇 번 폭발이 이루어져 모인 성간물질에서 탄생하였기 때문에 지구에 철보다 무거운 원소들이 있는 것입니다.

질문❸

흔히들 다른 행성 특히 화성의 생명체 존재 여부에 대해 연구하면서 물의 존재 여부에 따라 생명체가 있는지 없는지에 대하여 논의합니다. 그러나 생물이 존재하는데 왜 꼭 물이 필요하나요? 이는 지구 생명체를 기준으로 본 착오가 아닐까요? 어쩌면 물이 꼭 필요한 신진대사 따위는 지구 생명체만의 특징일 수도 있다는 이야기입니다. 어쩌면 지구 외에 또 다른 행성에서는 지구와 완전히 다른 환경에서 전혀 다른 형식으로 살아가는 생명체(?)가 존재할지도 모르며 어쩌면 지구도 물이 없었다면 지금 우리의 모습이 그럴는지도…….

답변①

지구상에선 맞는 이야깁니다. 우선 생물로 규정된 유기체들은 그 몸 안에 바다를 지니고 있지요(몸 안의 액체 성분은 바닷물과 많이 흡사하지요). 이유는 물론 생물의 탄생이 바다에서 시작됐기 때문이구요. 우선 생물이라고 현재 불리는 것들이 물이 필요해요, 라고 외쳐서 지구에 바다가 생긴 것은 아니죠. 물이 있기 때문에 물을 바탕으로 하는 생물이 태어난 거죠. 아무리 생각을 확장해도 극고온, 극저온이나 강한 중력장에서는 생물의 존재는 힘들 거라고 봅니다. 기체생물이나 고체생물은 진화나 개체유지에 많은 제약이 있을 거 같고요. 외계의 생물도 대다수는 내부에 액체를 포함한 고체의 표피를 가진 모습일 것 같습니다(육상이나 지하에 산다면). 그럼 기본이 되는 것을 정해야 하는데요. 액체질소는 너무 극저온이고 태양계에 그 기본이 될 만한 액체는 물, 에탄, 메탄 등이 있겠지요. 에탄 정도에선 혹시나 하는 생각도 해 봅니다.

답변②

물이 없으면 일반적으로 생물체가 살 수 없다고 합니다. 그런데 왜 꼭 물이 필요할까요? 우리가 생물체라고 하는 것은 기본적으로 산소를 이용해서 호흡을 하고 물(가장 기본적으로)을 바탕으로 해서 살아가는 것을 의미하는 것이 아닐는지. 즉 스스로 영양분을 섭취하며 생장, 번식, 운동을 기본으로 하는 생활 현상을 가진 유기체를 일컫는다고 생각합니다. 따라서 지금까지 밝혀진 것은 이러한 활동을 하기 위해서는 기본적으로 물과 산소가 필요해서 물 없이는 생명체가 살 수 없다고 하는 것이 아닐는지. 만약에 앞에서 말씀하신 대로 물 없이도 살수 없는 생명체가 나타나면, 그럼 지금까지 말한 진리가 깨어지겠지요. 아인슈타인이 그 전까지 내려오던 진리를 깬 것처럼.

답변③

꼭 물이 있어야만 생명체가 존재한다고 생각지 않거든요. 물이 전혀 없는 환경에서는 그런 환경에 적응할 수 있는 다른 생명체가 생성될 수 있을 듯한데. 우리가 본 생명의 탄생에 관한 비디오는 어디까지나 지구를 중심으로, 지구의 생명 탄생에 대한 내용인 듯.

질문④

지구가 어떻게 해서 태양계의 행성과는 다른 모습을 가지게 되었는지 그리고 어떻게 해서 생명체가 생기게 되었는지에 대해서 비디오에서 말하고 있는 것 같기는 하지만 그 증거라는 것이 너무 불충분한 것이 아닌가 하는 생각이 듭니다. 지구의 생성을 다른 우주 소행성들의 충돌 같은 것으로 이야기하고 있는데 그렇다면 다른 행성들은 그런 식으로 생기지 않았다는 것인지, 왜 어째서 지구에만 물이 있는 것인지에 대한 설명이 부족한 것 같습니다. 생명체의 생성도 그렇습니다. 원시대기 상태에서 실험에 의해 발생한 단백질 결정체를 원시 생명의 시초로 보고 있는데 그것이 도대체 어떠한 발전을 거쳐서 지금과 같이 되었다는 것인지 이해하기가 좀 힘듭니다.

 답변①

우선 지구의 생성에 관해서는 다른 글에서도 많은 답변이 올라온 것 같습니다. 일반적으로 원시태양계의 생성과 그에 따른 소행성들의 충돌에 의한 행성들의 생성, 그중에 하나가 지구입니다. 수성, 금성, 지구, 화성, 목성 등 여러 행성들 중에서 유독 지구만이 다른 환경(생명체가 존재하는)을 가지고 있는데 이것은 지나친 우연과 인간에게는 행운이라고 할 수 있는 운이 따른다고 합니다. 바로 지구와 태양 간의 적절한 거리입니다. 왜 이런 거리가 형성되었는지 묻는다면 저는 대답을 못하겠습니다. 어쨌든 이런 환경에서 지구는 점차 식어가면서 수증기가 발생하고 구름이 생성되고 결국 비가 많이 내려서 바다를 형성하죠. 대충 이런 과정으로 물도 생기게 됩니다. 그리고 비디오에서 본 원시대기와 유사한 성분에서 원시생명체를 만드는 실험얘기인데요. 제가 생각하기로는 그 실험에서 만들어 낸 유기물(?)들이 정확히 지구의 원시유기물과 동일하다고는 생각지 않습니다. 단지 과거 지구의 환경(아무런 생명체도 없는)에서도 생명체가 탄생할 수 있다는 것을 증명하는 것이라 생각됩니다. 물론 실험실에서 만든 것이 과거의 그것과 유사한 점이 있다고 하는 것도 같습니다만……

 답변②

지구와 태양 간의 적절한 거리를 유지할 수 있어 대기와 바다가 생성될 수 있다고 합니다. 그래서 기적의 행성이란 표현을 쓰기도 하나 불가사의한 것, 아니 아직 정확히 규명되지 못한 것이 많다고나 해야 할지?

 질문❺

산소의 출현이 이산화탄소를 이용한 광합성에 의한 것이라고 깨달았습니다.

그래서 그 결과로 산소를 이용하는 생물이 출현했구요. 그런데 진화의 과정에서 분명히 초기에는 이산화탄소의 양이 산소보다 많았을 텐데 어떻게 산소를 이용하는 생물들이 선택적으로 남을 수 있었을까요? 그리고 일부 생물들의 광합성에 의한 산소 생성이 지구의 대기를 결정할 정도로 크게 영향을 미칠 수 있었을까요?(산소를 생산하는 생물이 생겨서 대기에 산소가 방출되었다면 그리고 이를 사용하는 생물이 나타났다면…… 그만큼 산소의 소비로 인해 대기 중 산소의 함량이 증가하기 어려웠을 것이라고 봅니다).

 답변①

왜 산소를 이용하는 생물이 선택적으로 발전했냐고 하셨는데 저는 그렇게 생각하지 않습니다. 생태계(ecosystem)를 보면 자야성 생물(autotroph)이 가장 아래 부분을 차지하고 있습니다. 대부분이 식물이지요. 그러니까 제가 하고 싶은 말의 결론은 산소를 이용하고 이산화탄소를 내놓는 생물에 비해 이산화탄소를 이용해 산소를 만들어 내는 생물이 적지 않다는 거죠. 환경이 파괴되기 전에 오랫동안 공기의 조성은 일정했습니다. 이것이 지금의 생태계에서 이루는 산소와 이산화탄소의 비율이 적정선에서 평형을 이루고 있다는 말이 아닐까요?

 답변②

우선 산소를 만드는 생명체가 어떻게 탄생하게 되었는지는 아직 설명할 수가 없지만 뭐 어떻게 해서 산소를 만드는 생명체가 탄생하였다고 하면 그것들이 만드는 산소가 그렇지 않은 다른 생명체에게는 매우 toxic하다는 것입니다. 그래서 산소를 만드는 것 옆에서는 그렇지 않은 것들이 살수 없었던 겁니다. 그렇게 되면 천적이 없기 때문에 산소를 만드는 것들이 무지 빨리 번식하게 됩니다. 그것들이 천적이 없는 상태에서 엄청나게 늘어나게 된 거죠. 비디오에서도 보았듯이 스트로마톨라이트의 지층의 두께가 엄청나게 두꺼운 것으로 미루어 보아 그것들이 만들어 낸 산소의 양을 추정할 수 있게 되고 그 양이 엄청나기 때문에 지구 대기에 영향을 주었다고 할 수 있습니다. 그렇게 생긴 엄청난 양의 산소가 대기 중에서 태양의 자외선으로 인해 오존이 생성되었고 오존의 양 역시 많아짐에 따라 오존층을 생성할 수 있게 되고 생명체에게 아주 해로운 자외선의 지표면 일사량이 줄어들게 되었습니다. 그래서 이젠 생명체가 물속이 아닌 물 밖으로 나올 수 있게 된 겁니다. 그다음부터 생명체의 진화가 엄청나게 빠른 속도로 진행하게 되었던 겁니다.

질문❻

비디오를 정말 재미있게 보았습니다. 그런데 보는 내내 비디오의 주제인 '산소 발생'은 어떻게 시작되었는지는 제대로 설명해 주지 않더군요. 제가 제대로 들었다면 무산소 조건에서 발생한 원시 생물들 사이에서 갑자기 산소를 만들어 내는 유기물이 출현했다는데 갑자기란 무엇인지, 아직 납득할 만한 이론은 없는 것인지 궁금합니다.

답변①

비디오에서 갑자기 생겨났다는 것은, 제 추측인데 그러니까 광합성 기능을 갖춘 원시 생물들이 생겨난 것은 자연스러운 진화 현상이라기보다는 어떠한 돌연변이 현상에 기인한 것으로 저는 해석하고 있습니다.

답변②

고등학교 생물시간에 생물체의 출현에 대해 배운 기억이 나는데 원시 지구와 같은 상황(예를 들면 메탄가스, 암모니아, 이산화탄소, 물 등)에서 방전실험(번개)을 통하여 유기물이 합성된 것이 생각납니다.

답변③

이 문제는 논란이 현재에도 진행 중입니다. 초기 상태의 지구에서 유기물이 생성되는 것에 관해서는 여러 실험에 의해 증명되었으나 문제는 생명체의 출현입니다. God only knows(GOK)일까요? 지질시대에 생명체의 출현이 있는 것은 사실이나 어떠한 과정을 거쳐서인지는 확실치 않습니다.

스트로마톨라이트의 크기가 매년 0.5mm씩 자란다는 내용을 보았습니다. 그런데 스트로마톨라이트가 30억 년 전부터 자랐다고도 나왔는데 그렇게 따지면 크기가 최소한 1000km라는 계산이 나오는데 왜 스트로마톨라이트의 크기가 그렇게 크지는 않을까요? 바닷물의 침식 때문인가? 보아하니 수면 위로도 자라는 것 같던데 오스트레일리아의 바다에는 생물도 살고 있지 않다는 내용도 나왔는데 그럼 생물 때문도 아닐 것이고……. 그리고 이건 좀 다른 내용인데 태초에 유기물이 나온 환경을 재현한 실험에서 또다시 궁금증이 생겼다. 내 생각은 진화론이 맞는다고 생각한다. 밀러의 실험에서 무기물에서 유기물이 합성될 가능성이 $1/10^{50}$(확실히는 모름. 더 큰 확률이었을지도)이라고 해서 창조론을 믿는 많은 사람들이 그럴 가능성은 거의 0이라고 했는데 만약 우주에 별의 개수가 그만큼 있다면 그중에 하나인 지구에서 그런 일이 발생할 확률은 있다는 소리가 아닐까? 그리고 비디오에서 나온 실험도 진화론을 뒷받침해 주는 것 같다.

시아노박테리아를 비롯한 생물의 광합성활동으로 스트로마톨라이트가 형성되어 가는 방법에는 두 가지를 생각할 수 있다. 한 가지 방법으로는 시아노박테리아의 표면에 형성되는 점질층에 물속의 부유물이 달라붙는 것이다. 어떤 종의 시아노박테리아의 표면은 다당류를 비롯한 점성물질로 된 층으로 둘러싸여 있다. 스트로마톨라이트를 형성하는 시아노박테리아는 대체로 이 점성물질로 둘러싸여 있다. 물속에 떠다니는 모래나 진흙의 미립자 등의 여러 부유물이 시아노박테리아의 점성물질에 달라붙어 고정된다. 그 결과 표면이 암석 모양의 물질로 덮이는 것이다.

다른 한 가지 방법은 광합성에 의한 탄산칼슘(석회)화 현상이다. 물속에 탄산칼슘의 침전이 생기는 이유는 다양하다. 시아노박테리아의 표면에서 광합성에 의하여 이산화탄소가 흡수되면 부분적으로 알칼리 쪽으로 기운다. 거기에 거의 포화상태가 된 탄산칼슘이 결정이 되어 표면에 침출하고 퇴적해 나간다. 또 점성물질의 표면에 작은 탄산칼슘 미립자가 침착하고 그것이 핵이 되어 주변에 있는 탄산칼슘이 결정이 되어 분리되는 것을 촉진하여 시아노박테리아의 콜로니 전체가 탄산칼슘으로 덮인다.

시아노박테리아는 빛을 향하여 자라는 성질이 있다는 점에서 이처럼 형성되는 퇴적층보다 언제나 위쪽에 존재한다. 이들 과정이 광합성활동이 활발한 낮과 광합성을 하지 않고 움직이지도 않는 밤에 되풀이됨으로써 층 모양의 무늬가 형성되어간다. 더욱이 이 줄무늬는 계절에 의한 태양의 기울기차이나 낮과 밤의 길이 차이를 반영하여 마치 나무의 나이테와 같은 미묘한 주기를 그리고 있다.

스트로마톨라이트의 성장속도는 느리다. 약 100여 년에 걸쳐서 수 ㎝, 즉 연간 1㎜ 이하밖에 성장하지 않는다고 한다. 따라서 흔히 볼 수 있는 지름 50∼100㎝ 정도의 스트로마톨라이트는 1000여 년 이상의 오랜 세월에 의해 형성된 것이다.

■ 스트로마톨라이트가 생기는 메커니즘

　- 물속 부유물의 트랩(trap) -

　〈낮〉 1. 모래 등의 물속 부유물을 표면에 있는 점성물질이 포착.

　〈밤〉 2. 활동을 정지. 포착한 입자는 굳어서 층이 된다.

　〈낮〉 3. 다시 활동을 시작하여 전날에 고정된 층위에 새로운 입자를 포착한다.

　- 광합성에 의한 석회화 현상 -

　〈낮〉 1. 광합성에 의하여 알칼리성이 된 부분에 탄산칼슘의 결정이 생긴다.

　〈밤〉 2. 침전, 퇴적한 결정이 굳어져 층이 된다.

　〈낮〉 3. 같은 일을 되풀이하고 층이 겹쳐져 나간다.

■ 결 론

스트로마톨라이트(Stromatolite)는 내부가 단단한 층 모양의 단단한 암석이고 그 표면은 시아노박테리아로 덮여 있어 부드러운 해면처럼 되어 있다.

계절에 따른 태양의 기울기나 낮과 밤의 길이의 차이, 파도의 영향 등으로 다양한 형상이 만들어진다. 스트로마톨라이트를 연구함으로써 지구의 생명의 근원과 그 탄생의 역사를 밝힐 수 있는 열쇠가 되고 있다. 현재 스트로마톨라이트가 계속적으로 활동하고 있는 호주 서부 샤크만의 하메린풀은 국립공원으로 관광지가 되어 있고 세계적으로 연구가 진행되고 있다.

답변②

　stromatolite는 여러 지질시대에 나타나고 현생의 것도 있습니다. 그리고 30억 년 전에 생성된 것이 있다는 것이지 30억 년간 성장했다는 의미가 아닙니다. stromatolite의 크기는 생성 조건에 따라 달라집니다.

질문❽

　어찌어찌하여 무산소 생명이 탄생하였다고 하자. 그 생명들은 점차 세포막 안에 단백질 등을 축적하고. 그런데 '갑자기' 산소를 생성하는 생명체가 탄생했다하는데 '갑자기'라는 이론은 도대체 어떻게 받아들여야 하는지? 돌연변이? 아니면 단백질 등을 축적하는 과정에서 산소를 생성하는 생명체까지 도달할 수 있는 과학적인 근거 등이 있는지? 그렇지 않다면 가설인지?

답변①

　저는 환경이 원인이라고도 생각합니다. 음, 그러니까 원래 산소가 없는 환경에서 살던 박테리아들이 유산소 환경으로 바뀌니까 예나 지금이나 환경에 적응하려고 하는 생물체의 본능에 의해 무산소 환경에 살던 박테리아의 변형이라고. 너무나 엉뚱한가요? 하지만 어디서 갑자기 출현했다는 말도 신빙성이 없는 것 같아서요.

답변②

　글쎄요. 저도 무지 이상하게 여기던 부분이에요. 무에서 유가 생성된다는 것은 진화론적으로 이해가 어렵다고 봅니다. 제 생각입니다만 지구로 떨어진 외부 물질에서 발생한 것 아닐까요? 아니면 원래 지구의 구성 성분에 포함 되어 있었던지. 왜냐하면요. 아무리 우수한 생물체라도 없던 산소를 우연히 만들 수는 없다고 보거든요. 엽록체가 있어 광합성을 한다 하더라도 CO_2가 있어야 하니까요. 이산화탄소 상에 이미 산소 원자가 존재하니 완전히 미생물에 의해 새롭게 산소가 생기는 것은 불가능하지 않을까요?

생명의 탄생. 매우 흥미 있는 부분이지요. 얼마 전 인기 있던 에반겔리온이란 애니메이션에서도 어떤 용액이 등장하는데 이게 바로 생명의 soup겠지요. 유기물 등 생명을 이루는데 필요한 성분의 집합이지요. 비디오에서도 나왔지만 생명탄생 실험은 다양합니다. 아래는 다른 사이트에서 발췌했습니다. 미국의 화학자 유리는 원시 대기가 수소, 암모니아, 메탄 등으로 형성되었었다고 믿고 있었으며 이것은 생명의 기원이 되는 유기물을 생성할 수 있는 기본적인 환경을 제시해 준다. 그 후 그의 제자 밀러는 이를 토대로 생명의 기본이 되는 물질의 합성에 대한 실험을 하기에 이르렀다. 즉 그는 초기 지구 환경을 재현하여 그곳에서 생명 기원 물질의 생성을 밝힌 것이다. 밀러의 실험을 토대로 하면 원시 대기에서 형성된 물질은 비와 함께 내려서 바다에 이르고 바다에서 농집되어 나중에 생명체가 탄생하는 데 재료가 된 것이다. 따라서 기본적으로 생명의 출현은 바다에서 시작되었다고 생각할 수 있다. 더욱이 초기의 대기에서는 오늘날과 같은 오존층이 없었기 때문에 지표에서는 태양에서 내리쬐는 생명체에 유해한 자외선을 막을 도리가 없었다. 이를 피할 수 있는 곳은 깊이 10m 이하의 물속뿐이었다. 이것을 뒷받침해 주는 증거로는 아프리카의 선캄브리아기 지층에서 발견된 화석이 물속에서 생활한 원시 남조류란 것이 밝혀졌다.

■ 오파린(A.I. Oparin: 1894-1980, 소련의 생화학자)의 생각

원시 해양에서는 아미노산과 핵산 같은 고분자 유기물질을 형성하게 된다. 그리고 더 발전하여 표면에 막을 갖는 코아세르베이트가 생겨난다. 이들 중 어떤 것들은 물질 대사를 하는 능력을 갖게 되는데 이것들이 다양한 환경 조건에 잘 적응하여 자기 복제가 가능한 원시적 생명체로 발달하게 된다. 그러나 위와 같은 생각은 생명의 탄생에 대한 제법 그럴듯한 시나리오일 뿐이다. 사실 과거 지구의 역사에 대한 증거는 대개 지층 속에 화석의 기록으로 남게 되는데 아쉽게도 아직은 그 증거를 확실하게 찾지 못하고 있는 실정이다. 다만 지금으로부터 약 38(?)억 년

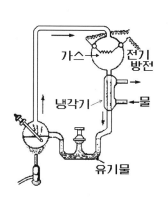

가스

전기 방전

냉각기

물

유기물

전 캄브리아기의 지층을 살펴보면 각종 생물의 화석이 발견되어 그 진화의 정도를 추정하여 볼 수 있다. 또 바다의 생성은 엄청나게 강한 화산분출이 있었다는 설이 있는데 뜨거운 염산의 비가 수천 년간 내렸다는군요. 그래서 암석의 나트륨을 녹여 바다로 가져갔다는. 하지만 화산폭발의 원인은 저도 의문입니다. 그때까지는 아직 지구 내부가 안정되지 않아서일까요?

답변④

우선 유기물이 모여 갑자기 저급 생명체가 된다는 부분은 확실하게 잘 모르겠구요. 그 갑자기라는 것이 유기물이 모여 있다가 오랜 기간에 걸쳐 조금씩 변형이 생겼다고 봅니다. 그러다 지금 생명체와 비슷한 그러한 유기물이 생겼다고 봅니다.

질문❾

NASA의 운석 충돌 실험에서 운석이 진공 중에서 떨어지면 크레이터만 생기고 대기가 있는 경우에는 운석에 의해서 열에너지가 많이 방출되게 된다고 했는데 비디오를 보면 지구가 처음엔 운석 충돌에 의한 용융상태를 유지하고 있었다고 이해를 했습니다. 그런데 처음 지구가 생성이 되었을 때 지구는 대기가 없는 진공상태가 아니었습니까? 그리고 만약 진공상태에서 달처럼 많은 운석 충돌을 겪었다면 아무리 45억 년이 지났다고 해도 엄청난 크기의 크레이터 흔적은 남아 있어야 한다고 보는데요. 그런 흔적이 있습니까?

답변①

질문에서는 진공상태였기 때문에 흔적이 사라지지 않고 아직까지 남아 있을 것이다, 이렇게 말씀을 하셨는데요. 이미 아시다시피 운석이 충돌할 때 발생하는 열로 인하여 초기 지구의 표면이 용융되었다고 비디오에서는 말하고 있습니다. 지구 표면이 다 용융되어 버리면 진공이든 아니든 간에 액체 상태이니까 크레이터 흔적 따위는 당연히 의미가 없어지겠죠? 바람에 의한 풍화는 표면이

다시 응고된 후 생각해 봐야 할 문제인 것 같구요.

 답변②

　마그마의 바다였다고 생각하는데요. 그래서 크레이터가 남아 있지 않다고 생각하는데, 제가 찾아본 책에서도 표현을 마그마의 바다라고 하네요. 그러다 표층의 일부가 굳어지고 작은 해양이 생기기 시작했다고 하네요.

 답변③

　표면이 용융상태라고 해서 무슨 물 같은 액체 상태로 생각하는 것 같은데. 그렇게 되면 크레이터 같은 흔적은 당연히 없겠죠. 그러나 제 생각에는 젤 같은 상태가 아니었을는지. 그래서 운석의 충돌 후 흔적이 나중에 굳어서 크레이터가 되지 않았나 싶네요. 그리고 초기 지구 상태는 분명히 달같이 수없이 많은 크레이터가 있었겠지만 지금은 45억 년 후라 풍화와 기타 지표의 융기나 기타 등등을 생각해 보면 그 흔적들이 많이 사라지지 않았을까 싶네요. 그것이 바로 지구와 달과의 현 모습의 차이겠죠.

 질문⑩

마그마의 바다가 생성 후에 지구에 대기가 생성되었다고 알고 있습니다. 그런데 물질이 녹아서 마그마처럼 될 수 있으려면 산소가 필요하다고 생각하는데 원시지구의 마그마의 바다는 그러한 산소를 어디서 구했는지, 혹은 산소 없이도 물질이 용융될 수 있는지 그리고 지구에서 가장 많은 원소인 산소를 기체의 형태가 아닌 다른 형태로도 물질에 산소 공급 역할을 할 수 있는지 궁금합니다.

 답변①

　마그마는 암석이 녹아서 만들어지는 것입니다. 그러니까 철이 녹을 때 산소가 필요 없듯이 암석이 녹을 때에도 산소가 꼭 필요한 것은 아닙니다. 특히 지구에 가장 많은 암석 중에 하나가 석영인데 석영은 SiO_2가 주성분입니다. 지금의 산소는 암석이 녹을 때 암석 속에서 많은 결합이 깨지게 되는데 이때 산소 등 지금 대기 중에 있는 물질들이 생성하게 된 것입니다.

질문⓫

운석이 행성과 부딪혀서 생기게 되는 거 있잖아요. 분화구 같이 생긴 거 비디오를 보니 대부분이 분화구 모양같이 생겼던데 전부다 그런 모양만 있는 것인가요? 아님 다른 종류의 것도 존재하는 것인가요? 이건 그냥 제 생각인데, 운석이 아주 무른 지표에 떨어지면(예를 들면 엄청나게 큰 늪지 같은) 그냥 뚫고 들어갈 수는 없는 건가요?

답변①

제가 들은 바로는 크레이터의 외형은 모두 거의 정확한 원 모양이라고 합니다(내부 형태에는 조금씩 차이가 있겠지만요). 비디오에서 본 크레이터가 같은 모양으로 보인 것은 아마 그 때문일 것입니다. 재미있는 것은 지면에 비스듬히 운석이 부딪혀도 항상 원 모양이 된다고 합니다. 타원 모양이 아니고요. 실제로 작은 돌을 모래나 진흙 더미에 세게 던져도 원 모양이 된다는군요. 신기하지요? 그 이유는 저도 확실히는 모릅니다. 어떤 역학적 메커니즘이 숨어 있을까요? 함께 찾아 나갑시다.

답변②

■ 지구에서 발견되는 대표적인 크레이터.

실제 지구에서도 많은 크레이터가 발견되고 있다. 그중 유명한 것을 살펴보면 먼저 미국 애리조나 주에 있는 베링어 크레이터로 알려진 애리조나 운석공(Arizona Meteor Crater)이다. 이 크레이터는 약 2만 년 전 커다란 철운석이 충돌하여 형성된 것으로 형성 시기가 짧아 그 형태가 비교적 잘 보존되어 있다. 이 운석공은 직경이 약 1.2km인 밥공기 모양을 하고 있다. 다음으로 캐나다 몬트리올 북동부에 있는 매니쿠아간 크레이터(Manicouagan crater)로 직경이 약 65km에 달하는데 워낙 규모가 커 인공위성에서만 관측이 가능하다. 이 크레이터는 상당히 풍화를 받아 그 규모가 작아졌는데 당초의 크기는 아마도 100km 정도였을 것이며 지구상 최대 규모의 크레이터 중의 하나이다. 약 2억 천만 년 전에 만들어졌을 것으로 추정되며 현재는 링 형태의 호수를 이루고 있다.

■ 지구 곳곳에서 발견되는 운석공의 분포도.

현재 지구에서 확인되는 크레이터는 백여 개가 넘는다. 그 직경은 10m 정도의 것에서 100km 이상이 되는 것까지 있고 지역적으로도 남·북 아메리카, 호주, 구소련, 유럽, 중동, 아프리카 등 전 세계에 널리 분포하고 있다. 다만 특징적인 것은 이들 크레이터가 북아메리카의 동북부, 동유럽 일부와 북유럽 그리고 호주에 집중적으로 발견된다. 또한 이들 운석공들은 대부분이 생성 시기가 모두 2억 년 이상 오래된 특징이 있다. 그 원인으로는 일차적으로 크레이터의 크기와 관련이 있을 것으로 생각된다. 크면 클수록 오랜 시간이 지나 침식이나 변형을 받아도 흔적이 남게 된다. 한편 오래전에 형성되었다 하더라도 지각 운동을 받지 않는 안정 대륙일수록 충돌 흔적이 보존이 잘될 것이다. 이들 지역들은 모두 판구조운동의 영향에 의한 지각 운동의 영향이 별로 미치지 않았다는 공통점이 크레이터의 발견 빈도와 무관하지 않는 것으로 생각된다.

크레이터들은 크기에 따라 다양한 모습을 보여준다.

그 외에도 지구와는 달리 대기가 없는 달, 또는 다른 행성이나 위성에서는 그 충돌 양상이 다소 달라진다. 특히 충돌하는 소행성이나 운석이 대기권을 통과하는 지구와는 달리 원래 크기 그대로 충돌하는 관계로 운석공의 크기가 지구와는 비교가 안 될 정도로 대규모의 것이 많다. 크레이터들은 크기에 따라 그 형태가 다양하다. 직경이 10km보다 작은 경우를 밥공기형, 20~30km 정도의 것을 평저형, 40~150km의 것을 중앙 봉우리형 그리고 150km보다 큰 경우를 동심원 링형이라 부른다. 이상입니다.

내용발췌 http://nongae.gsnu.ac.kr/~jbchoi/index/earth/chap1/1-3.htm#3

우리들은 각자의 현재 나이를 알고 있다. 뿐만 아니라 부모가 누구이며 지금까지 어떻게 성장하였는지도 정확히 알고 있다. 이는 우리가 태어나서 자라는 과정을 부모와 주변 사람들이 지켜보았기 때문이며 사진이나 학교 성적표 같은 여러 기록이 남아 있기 때문이다. 만약 우리가 어떤 사람에 대해 보다 자세히 알고자 한다면 그 사람이 태어나서 그 동안 살아온 이력을 알아보거나 그 사람이 남긴 기록을 살펴보면 된다.

그러면 우리가 살고 있는 푸른 행성 지구의 경우는 어떠할까? 불행히도 지구의 정확한 나이가 몇 살인지 그리고 탄생 후 어떤 과정으로 진화하였는지에 관해 확실히 말할 수 있는 사람은 아마도 없을 것이다. 왜냐하면 어느 누구도 지구의 탄생의 과정을 목격하지 못했으며 지구가 변해 온 과정을 지켜보지 못했기 때문이다.

연구 결과 과학자들은 지구의 나이를 약 46억 년으로 밝히고 있다. 사람의 나이는 탄생일로부터 계산하면 알 수 있다. 마찬가지로 지구의 나이도 지구 탄생 시 만들어진 지구를 구성하고 있는 물질의 연대를 조사하면 알 수 있을 것이다. 이 생각은 근본적으로 타당하다. 하지만 지금까지 밝혀진 지구상의 물질 중 가장 오래된 것의 나이는 약 38억 년이다. 이 나이는 우리가 알고 있는 지구 나이 46억 년과는 무려 8억 년이란 차이가 있다. 그렇다면 우리가 알고 있는 46억 년이란 지구의 나이가 틀린 것일까, 아니면 46억 년의 나이를 가진 물질이 아직 발견되지 않았기 때문일까? 다시 말해서 과학자들은 어떻게 지구의 나이를 46억 년으로 밝혔는지 궁금하지 않을 수 없다.

또 지구가 탄생한 후 어떻게 성장하였으며 바다와 대기는 어떻게 만들어졌는지에 대한 수수께끼를 풀고자 한다면 지구가 진화하면서 남긴 기록을 조사하면 될 것이다. 그러나 이미 밝혔다시피 가장 오래된 지구 구성물질의 나이가 38억 년이다. 따라서 그 이전의 8억 년의 시간은 현재까지 전혀 기록이 남아 있지 않은 잃어버린 과거인 것이다. 그림은 그린랜드 이수아(Isua) 지방에서 발견된 지구에서 가장 오래된 암석(약 36억 년)으로 변성퇴적암으로 이루어져 있으며 습곡 구조를 잘 보여준다. 이는 그 당시 이미 바다가 있었음을 나타낸다.

이와 같이 결코 쉽게 해결될 것 같지 않은 이 어려운 수수께끼들을 푸는 실마리를 찾기 위해 우리들은 지구 탄생의 목격자를 찾아보고 어딘가에 남겨져 있을 지구의 잃어버린 과거에 대한 단서를 찾으러 여행을 떠나야 할 것이다.

■ 행성 과학(Planetary Science)

과학의 영역은 시대의 변천에 따라 너무나도 다양해졌고 또 세분화되었다. 그러나 최근 들어서는 필요에 따라 여러 세분화된 영역을 커다란 하나의 체계로 다시 묶기도 한다. 물질과학, 생명과학, 유전공학 등이 그 예이다. 지구 과학이란 분야 역시 그러한 체계 중의 하나이다. 그런데 최근 지구를 연구하는 영역에서 지구를 하나의 독자적인 체계로 다루기보다는 태양계를 이루고 있는 하나의 행성으로서 다루어야 할 필요성이 대두되었고 지구를 이해하기 위해서는 타 행성들에 대한 이해와 더 나아가 태양을 포함한 태양계 전체에 대한 이해가 필요하게 되었다.

지구에 대한 새로운 이해를 위해 탄생하게 된 것이 행성 과학(혹은 행성 지구 과학)이란 분야이다. 행성 과학은 기존 지구 과학에서 다루던 지구 내의 현상들보다는 지구가 어떻게 탄생되고 진화되었는가에 보다 더 비중을 두고 있다. 이 행성 과학 분야의 태동은 예기치 못했던 곳에서 찾아 왔다.

행성으로서의 지구를 이해하기 위해서는 행성계를 이루고 있는 타 행성들에 대한 자료가 필요하다. 이를 위해서는 직접 행성계에 대한 탐사를 수행하여 자료를 획득하거나, 아니면 지구에 떨어지는 행성 물질들로부터 자료를 획득해야 한다.

우선 행성계 탐사로부터 자료와 시료 물질을 획득하게 된 시초가 1969년 7월 20일 미국의 아폴로 11호의 달착륙임을 부인할 사람은 없을 것이다. 인류가 달에 첫 발을 내딛게 된 사실 자체로서도 인류 역사상 기념해야 할 일이겠지만 과학자들에게는 그것보다도 우주 비행사들이 달에서 가져온 암석으로부터 밝혀진 새로운 사실이 더욱 중요한 의미를 지닌다.

다음으로 지구에 떨어지는 행성 물질의 자료 획득은 주로 지구를 방문하는 운석 (meteorite)에 대한 연구로부터 이루어진다. 오래전부터 하늘에서 운석이 떨어지는 것이 관측되어 왔고 또 다수의 운석이 채집되기도 했다. 그런데 행성계의 수수께끼를 푸는 데 결정적인 계기를 가져온 운석이 지구상에 떨어졌고 또 그때까지 인류가 보유하고 있던 운석 수보다 많은 운석이 발견된 사건이 바로 인류의 달착륙을 전후로 해서 일어난 것이다. 멕시코 북부에 있는 알렌데(Allende) 마을은 지도상에서도 찾아보기 힘든 조그마한 마을이다. 그런 마을이 과학사에서 매우 중요한 지명이 된 것은 1969년 2월 8일 이 마을의 상공에 소나기처럼 쏟아진 운석(알렌데 운석이라 불림)이 나중에 태양계 생성의 초기 단계를 밝히는 데 중대한 기여를 했기 때문이다.

또 하나의 사건은 1969년 11월 일본의 남극 소화(昭和)기지 주변의 야마토 산맥에서 방대한 양의 운석(남극 운석이라 불림)이 발견된 것이다. 그때까지만 하더라도 전 세계적으로 운석 보유수는 2~3천개 정도에 불과했지만 이 발견으로 말미암아 인류는 적어도 만개 이상의 운석을 보유하게 되었으며 운석에 대한 활발한 연구는 태양계 생성의 비밀을 푸는 데 크게 기여하게 되었다.

질문⑫ 지질시대 구분은 무엇을 기준으로?

지질시대를 구분할 때 크게는 '대', 작게는 '기'를 씁니다. 고생대에는 오오도비스기, 페름기, 캄브리아기 등이 예로 있는데요. 우선 대를 크게 고생대, 중생대, 신생대로 나눈 근거와 역시 '기'가 나뉘는 근거, 혹은 기준이 궁금하구요. 그렇다면 '대'와 '기'는 더 크게 나누었다, 작게 나누었다는 차이 말고 어떤 차이가 있는지요? 질문이 좀 애매한가요? 하여간 중요한 것은 도대체 '대'와 '기'의 기준이 무엇인지입니다.

답변① 지질시대 구분

지질시대 구분은 지질시대에 따라 다소 차이가 있으나 대나 기를 나누는 것은 지구 환경에 큰 변화를 기준으로 나누게 됩니다(예를 들어 생물환경에 큰 변화 및 멸종, 새로운 생물의 출현 등등의 기준으로 나누고 있습니다). 선캄브리아기는 지각변동이나 변성작용시기가 기준의 주를 이루고 화석이 많이 나오는 캄브리아기부터는 화석을 중점적으로 다룹니다. 고생대와 중생대의 경계에 대해서는 여러 연구가 있고 각종 화석의 기준에 따라서는 경계가 서로 다르게 나오기도 합니다만 이에 관한 연구팀(Working Group)에서 검토하여 설정된 경계를 사용하고 있습니다. 타 경계도 이와 유사한 과정을 거친 것입니다. 지질시대 경계에 화석이 주를 이루지만 이외에도 고지자기특성, 지층의 순차층서(sequence), 암석의 특성 등등을 고려합니다.

질문⑬ 섭씨 300도의 비가 내리다?

답층대기권의 수증기가 수소와 산소로 분해되었고 수소는 가벼워 우주공간으로 비산, 수증기가 완전 분해되어 지구에 비가 내리는 일은 없을 뻔했으나 자외선의 광분해에 의해 수증기의 손실이 있기 전에 지구가 냉각되는 기적이 일어났다고 돼 있습니다(헉! 길다). 여기서 자외선의 광분해가 무엇인지가 우선 궁금하고요, 상층대기권의 수증기가 왜 수소와 산소로 분해되는 건지도 궁금합니다.

노트 마지막장 바다의 형성 부분에 보면 섭씨 300도의 비가 내렸다고 하는데요. 300도의 비가 가능한건지?

 답변① 300도의 비……

300도의 비는 존재할 수 있습니다. 언뜻 이해가 힘들면 그 반대의 경우를 생각해 보기로 하죠. 우리가 산에 올라가서 밥을 할 때면 물이 끓는다고 하는 100도다 낮은 온도에서 끓어서 밥이 설익죠? 그럴 땐 어떻게 하죠? 대개 밥을 하는 솥이나 냄비 위에 돌을 올려놓습니다. 왜 그럴까요? 압력을 높여서 물이 100도씨에서 끓을 수 있도록 하는 거죠. 그렇다면 돌을 아주 무겁게 올려놓는다면 어떻게 될까요? 물은 100도가 넘어도 끓지 않습니다(압력 밥솥의 원리가 요거죠. 100보다 높은 온도에서 밥을 해서 맛있게 먹자는). 쉽게 말해 110도, 120도 이런 식으로 온도가 올라야 물이 끓는다는 얘깁니다. 물론 기체 상태 방정식을 써서 표현하면 훨씬 쉽겠지만…… 암튼 압력이 높다면 물은 100도가 넘어도 존재할 수 있습니다. 그리고 압력을 높인다고 해서 한없이 오르는 건 아니구요, 어느 일정온도(350도 정도로 기억하는데)를 넘어서게 되면 초임계 상태라고 특별한 상태가 되죠.

그리고 생성 초기의 지구 대기는 오늘날과는 상당히 달라서 이산화탄소, 메탄, 암모니아 등이 가득했습니다. 현재의 기압을 1기압이라고 한다면 아마 100 기압도 넘었을 겁니다. 그렇다면 300도의 비가 내리는 것이 이해가 되죠?

질문⑭ 지구의 질량에 대해……

지구에는 많은 생물이 죽지만 그보다 훨씬 많은 생물들이 태어납니다.

그러면 지구의 질량에는 변화가 없는 것일까요? 단순히 생각하면 증가할 것 같은데.

뭔가 비밀이 있는 것은 아닌지.

답변① 음, 정리를 해 보자면…….

이 글에는 유달리 많은 관심이 쏠리는군요. 재미있는 문제라서일까요? 음, 많은 분들 말씀대로, 님이 우려하신 것처럼 지구의 질량이 변하여 큰 변화가 있을 것 같지는 않습니다만, 또 다른 분들의 말씀처럼 전혀 변화가 없을 수는 없습니다. 지구는 우주와 많은 것들을 계속하여 주고받고 있습니다. 지구의 대기 성분은 우주로 계속 날아가고 있고 엄밀히 따지자면 지구에서 쏘아 올린 인공적인 물체들도 우주 밖으로 튕겨져 나가는 경우도 있죠. 그리고 우주에서 지구에 물테가 떨어지는 수도 있구요. 실제로 작은 먼지나 운석 등은 제법 많은 양이 지구와 부딪치는 것으로 알고 있습니다. 다만 지구의 대기권을 통과할 만큼 커다란 운석은 수십 년에 한 번 나올까 말까 한 것이겠죠. 하지만 지구의 땅바닥에 떨어지지 않는다고 해도 그것은 분명히 소거되어 지구의 대기나 지상에 분명히 존재하는 것이겠죠?

그러니 지구의 정확한 질량은 계속 변화하고 있을 것입니다. 그리고 태양계에 변화가 있으면 큰일 날 것이라고 생각하시는 분도 계신 것 같았는데요, 제 생각에는 변화가 있는 것이 당연하지 않을까 싶군요. 행성 간의 거리는 아시다시피 계속하여 점점 더 빠른 속도로 멀어져 가죠? 아주 머나먼 훗날 언젠가는 태양계가 해체될 날도 올 수가 있지 않을까요(물론 그 전에 지구가 생명이 다 되어서 폭발할 테고 태양도 마찬가지일 것입니다).

음, 말이 길어졌는데 요점은요, '유동적으로 생각합시다!'입니다. 우리가 이렇게 작은 논쟁을 하기에 우주는 너무나도 거대합니다.

질문⑮ 맨틀에 대한 궁금증?

맨틀, 맨틀 얘기는 많이 들었지만 막상 맨틀이 정확히 무언가 하는 궁금증이 이제야 드는군요. 도대체 맨틀의 성분은 무엇입니까? 제가 아는 건 유동적인 상태의 물질이라는 것밖에는 암석의 성분이 용융되어 있는 건가요? 아님 역시 그 깊이까지 열심히 파보기 전에는 모르는 건가요?

답변① 맨틀은……

지각 아래, 즉 모호로비치치 불연속면으로부터 깊이 약 2900km 사이의 지각보다 더 무거운 유동성 고체 상태의 물질로 지구 내부 부피의 약 80%를 차지합니다. 맨틀(지각과 핵 사이의 중간층)은 감람암질 암석으로 구성되어 있으며 SiO_2, MgO, FeO 등의 산화물을 포함하고 밀도는 $3.3 \sim 5.7g/cm^3$입니다.

맨틀의 발견은 '지진파'의 굴절과 관련됩니다. 지각과 맨틀의 경계면으로 알려진 모호로비치치 불연속면은 지각과 맨틀의 경계면으로 지진파의 전파 속도가 갑자기 빨라지는 부분입니다. 이는 유고슬라비아의 지진학자인 모호로비치치가 1929년 10월 8일 발칸 반도에서 발생한 지진을 조사하다가 지각 아래에 맨틀이 있음을 처음으로 발견하게 된 것입니다.

그는 지구의 가장 바깥층인 지각의 아래에는 그보다 굳은 층이 있어 지진파가 빨리 전파되며 또 두 층의 경계면은 분명하여 지진파가 급격히 변화함을 밝혔습니다.

1928년 홈즈(A. Holmes)는 맨틀 내의 방사성원소의 붕괴열과 고온의 지구 중심부에서 맨틀로 올라오는 열에 의하여 맨틀 상하부에 온도차가 생기고 그 결과 매우 느리게 열대류가 일어난다는 맨틀대류설을 주장하였습니다. 대류란 액체나 기체와 같은 물질은 온도가 높아지면 부피가 커지면서 주변의 물질보다 밀도가 작아지므로 가벼워져서 상승하게 되는 것입니다. 또한 물질이 상승하여 생긴 빈 공간을 다른 물질이 채우면서 순환을 하게 되는데, 이와 같은 밀도차에 의한 물질의 계속적인 순환을 대류라고 하죠. 그런데 홈즈가 주장한 것처럼 방사성원소의 붕괴로 발생하는 지하의 높은 열이 근원이 되고, 지각 내의 지역에 따른 온도차 형성과 중력의 불균형 분포로 맨틀 내에서 대류가 일어난다고 보는 학설이 바로 맨틀대류설이죠.

맨틀대류의 상층부가 중앙 해령에, 침강부가 해구에 해당한다고 추측되며 대류는 연약권과 2,900km 불연속면 사이에 걸쳐 일어난다고 믿어집니다.

맨틀은 고체 상태의 암석으로 되어 있지만 암석권 아래에서는 매우 뜨겁고 약해서 변형 속도가 매우 느린 환경에서는 약간의 응력에 대해서도 마치 점성이 높은 유체와 같이 유동을 일으킬 수 있습니다. 또한 맨틀 내부의 어느 지역에 열원이 존재하여 그 지역의 온도가 높아지면 맨틀은 유체처럼 대류가 일어나게 됩니다. 가열된 물체는 부피가 팽창하고 그 결과 밀도가 낮아져 위로 서서히 상승 운동을 일으킵니다. 상승하는 물질의 자리를 채우기 위해서 차갑고 무거운 물체는 하강하게 됩니다. 열이 지표에 도달하는 속도는 맨틀의 대류가 지구 배부의 열을 지표로 운반하는 속도라고 할 수 있겠죠. 하지만 맨틀의 대류는 아직 확실치 않은 부분이 많습니다. 판의 운동이 전적으로 대류 현상에 기인한다고 보기는 어려우며 따라서 대부분의 과학자들은 암석권의 운동은 여러 가지 현상의 복합적인 작용에 기인하여 대류는 그들 중의 하나의 현상일 뿐이라고 생각하고 있습니다. 한 가지 중요한 사실은 대류가 깊은 맨틀과 핵으로부터 열을 위로 운반하여 연약권이 뜨겁고 약한 상태를 유지하게 한다는 것입니다.

 답변② 지각과 맨틀의 경계.

지표 부근의 지각의 구조는 지진이나 폭약의 폭발로 생긴 인공지진을 이용하여 탐사되고 있다. 진앙으로부터의 거리와 지진파의 도달시간의 관계 그래프인 주시곡선에서 진앙에서 어느 정도의 거리까지는 주시곡선이 직선으로 나타나다가 굽어지는 것이 관측된다.

이는 지하 어느 깊이에 지표부근과 물질의 상태가 다른 새로운 층이 있어서 이 층에서 굴절된 지진파가 더 빨리 도달한다는 것을 의미하며 모호로비치치에 의해 밝혀졌다. 즉 지구의 표면이 두 개의 층으로 구성되어 있어 하층부에서의 지진파의 속도가 더 빠르다는 것이다.

모호로비치치 불연속면(모호면)의 상부를 지각, 하부를 맨틀이라고 한다. 모호면은 지하 어느 곳에서나 존재한다는 사실이 밝혀졌으며 그 깊이는 대륙 지역에서는 30~40km 정도이고 해양지역에서는 5~8km 정도인 것으로 알려져 있다.

 질문⑯ 지각 성분과 전체 지구 구성 주요 원소가 왜 다를까요?

지각 성분은 O, Si, Al, Fe, Ca, Na, K, Mg 순이라던데 전체 지구구성 주요 원소는 Fe, O, Mg, Si, S, Ni래요. 왜 이런 차이가 존재하는지?

 답변① 제 의견!

지각은 말 그대로 지구의 표면만을 덮고 있는 부분입니다. 반면에 지구의 구성이라 함은 핵과 맨틀을 모두 포함하고 있습니다. 정확히는 모르겠으나 구성 성분은 질량에 대해서 구분되어 있을 것이고 따라서 핵에 많이 포함되어 있고 비중이 큰 철 성분이 가장 많은 부분을 포함하게 되는 것입니다.

 답변② 지각의 두께가.

지각의 두께는 아무리 두꺼워도 한 50~100km 정도. 지구는 반지름이 대략 6400km이죠? 약 3000km가 맨틀. 그 밑에 외, 내핵. 그래서 지각은 아주 빙산의 일각이죠.

부피를 많이 차지하는 맨틀이나 핵의 구성 성분인 철 그리고 그것과 결합하고 있는 산소 등등 뭐 이런 이유로 지구 구성요소랑 지각 구성요소가 다른 점이라 생각됩니다.

 질문⑰ 맨틀대류를 가능하게 하는 힘이 무엇일까?

수업시간에 맨틀에 관해서 얘기하는 도중에 맨틀대류에 관한 얘기가 나왔는데, 얘기를 들어보니 맨틀대류도 운동 중의 하나인데. 그렇다면 이것을 가능하게 하는 힘이 있을 텐데. 그것이 궁금해서 글을 올립니다.

맨틀대류의 원인과 맨틀대류의 움직임에 대한 이야기입니다.

맨틀대류의 원인: 방사성원소의 붕괴로 발생하는 지하의 높은 열이 근원이 되고 지각 내의 온도 구배 형성과 중력의 불균형 분포로 맨틀 내에서 대류가 일어납니다.

■ 맨틀대류설

1928년 홈즈는 맨틀 내의 방사성원소의 붕괴열과 고온의 지구 중심부에서 맨틀로 올라오는 열에 의하여 맨틀 상하부에 온도차가 생기고 그 결과 매우 느리게 열대류가 일어난다는 맨틀대류설을 주장하였습니다.

■ 맨틀대류의 양상

맨틀대류의 상층부가 중앙 해령에, 침강부가 해구에 해당한다. 대류는 연약권과 2,900km 불연속면 사이에 걸쳐 일어난다고 믿어지고 있습니다.

지각 밑에 있는 물질이 맨틀인데 딱딱한 고체입니다. 그러나 맨틀의 윗부분은 반쯤 녹아 있는 부분용융상태입니다. 쉽게 말해 엿처럼 끈적거린다고 생각하면 됩니다. 이 엿 같은 물질이 서서히 대류합니다. 이것을 맨틀의 대류라고 합니다. 주변보다 뜨거운 부분에서는 맨틀이 상승하고 식은 부분에서는 하강운동이 일어납니다. 맨틀이 상승하는 부분은 땅이 갈라져 양쪽으로 벌어지고 그 틈새로 마그마가 솟아나와 화산이 터집니다. 이 화산이 식어 양쪽으로 서서히 퍼져 나가면서 해양지각을 이룹니다. 양쪽으로 퍼져 나가다가 육지와 충돌하면 해양판이 무거우므로 대륙판 아래로 기어 들어가면서 해양지각은 서서히 없어집니다.

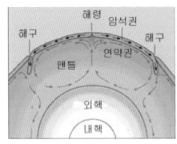

지구의 대기권에 대해서 여쭤보고 싶습니다. 지구의 대기는 대류권, 성층권, 전리권, 열권으로 나뉜다고 하지요(고등학교 때는 전리권이 아니라 성층권으로 되어 있는데 백과사전에는 전리권으로 나와 있네요). "무슨 기준으로 대기권을 위의 4개로 분류했을까?"라는 질문이 들더군요. 그것을 제 나름대로 추리해 보았습니다. 아마 온도의 변화 때문에 그런 것이 아닌가 합니다. 대류권에서는 높이 올라갈수록 온도가 떨어지고 반면 성층권에서는 올라갈수록 온도가 올라가고 중간권에서는 다시 올라갈수록 온도가 내려가고 마지막으로 열권에서는 올라갈수록 온도가 올라갑니다. 온도선이 꺾일 때(?), 그러니까 지그재그 모양에서 뾰족한 부분을 기준으로 층을 나누는 것이 아닌가, 나름대로 생각해 보았습니다. 그렇다면 왜 그런 온도의 변화가 층마다 다른지 궁금했습니다. 그래서 고교 시절의 지식을 최대한 동원했지요. 아마 대류권에서는 지열(지구복사에너지)의 크기 때문에 올라갈수록 온도가 감소하는 게 아닌가, 했습니다. 또한 성층권에서는 오존층이 있기 때문에, 오존층이 자외선을 흡수해서 올라갈수록 온도가 올라가는 게 아닌가, 했습니다. 그런데 중간권은 오리무중입니다. 제 능력 밖인 것 같아요. 그렇다고 지금까지 제 나름대로 추리한 다른 것들도 맞는다는 확신이 있는 것도 아니지만 말입니다. 그러나 중간권은 추리조차 불허합니다. 지금까지 제가 추리한 것들이 물론 틀릴 수 있지요. 아니, 틀릴 가능성이 많지요. 앞에서 제가 추리한 것들과 추리하지 못한 것에 대해 답변을 해 주시면 감사하겠습니다. 부탁해요.

답변①

지구의 대기권은요.

1. 대류권

대류권의 높이는 약 10~15km 사이로 평균 12km(위도 45의 경우) 정도이며 이 높이는 기류와 원심력의 차이로 적도 지방으로 갈수록 높아지고 극지방으로 갈수록 낮아진다.

지표면을 둘러싸고 있는 대류권의 공기는 위도 차에 따른 햇빛의 입사각 차이와 지구 공전으로 태양과 지구 사이의 거리 차로 인한 온도차에 의한 대류운동과 지구 자전 운동에 의한 원심력 등의 영향으로 매우 복잡한 기상 현상을 일으키고 있다. 비, 눈, 바람 등의 주요 기상 현상의 무대가 바로 대류권이다. 대류권에서는 고도가 높아짐에 따라 단열 팽창에 의하여 6.5℃/km씩 낮아지는 기온 감률 때문에 따뜻한 공기가 아래에 찬 공기가 상부에 분포해 온도의 역전 현상으로 대류가 일어나 공기의 수직 혼합이 잘 일어난다. 대류권이라는 이름도 바로 대류현상으로 붙여진 것이다.

2. 성층권

성층권은 대류권의 상부 경계에서 약 50km까지를 말하며 비행기의 항로는 대부분 성층권을 이용한다. 특히 성층권에서 25~30km 사이에 오존층이 존재하여 태양으로부터 방출되는 파장이 짧은 유해파(X-선, 감마선, 자외선 등)를 흡수하며 이는 성층권의 상부일수록 유해파를 흡수하는 양이 많으므로 기온 상승을 초래한다. 따라서 성층권 내에서의 온도는 상부로 갈수록 상승하여 온도의 정상 분포로 인하여 대류가 일어나지 않는다.

3. 중간권

중간권은 성층권 상부의 층으로 지상 50~90km 사이에 위치하며 중간권의 하부는 기온이 0℃이나 상부로 갈수록 지구 복사열의 감소로 기온이 내려간다. 비록 기온 분포는 역전으로 대류현상은 있으나 공기의 양이 희박하여 기상 현상은 관찰되지 않는다. 낮에만 전리층의 D층이 중간권의 상부에 위치하여 파장이 긴 장파를 흡수 반사한다. 중간권에서는 비록 공기의 양은 상대적으로 희박하지만 정상적인 온도 분포를 보여주기 때문에 성층권과는 달리 공기의 대류가 있다.

4. 열 권

열권은 지상 90km에서 대기의 상한인 1,000km까지이며 기온은 상부로 갈수록 상승하나 그 이상에서는 등온층을 형성한다. 오로라가 열권에 존재하며 전리층의 E층과 F층이 100~120km과 200~500km에 각각 위치하여 중파와 단파를 반사한다. 대기가 희박하여 밤과 낮의 온도차가 심하다.

감사합니다. 근데 추가질문이 있습니다. 제 질문에 답변해 주신 것에 대해 우선 감사드립니다. 답변을 읽어보니 상당히 도움이 되었구요. 제 추측이 맞고 틀린지 알 수 있었습니다. 그런데 무슨 기준으로 층을 나누는지는 없는 것 같네요. 대류권에서는 '단열팽창'에 의해 온도가 그렇게 된다는 것을 알았습니다. 저는 단열팽창이 뭔지도 몰랐는데요. 백과사전을 보고서야 알았습니다. 성층권에서는 저의 추측이 맞는 것 같군요. 그런데 중간권에 대해서 왜 온도 분포가 그렇게 되는지 아직도 모르겠습니다.

추가답변

그러니까 높이에 따른 대기권의 평균적인 기온 분포를 그려보면 몇 가지 특이한 층을 발견할 수 있는데 이러한 각각의 층을 대류권, 성층권, 중간권, 열권이라고 한답니다. 그리고 중간권에서 기온이 내려가는 이유는 앞에 있는 답변에서 지구복사열의 감소로 인한 거라고 했었는데……. 추가로 더한다면 기온이 높은 성층권 상부와 기온이 낮은 열권의 하부 사이에서 중간적인 기온 분포를 갖기 때문이라고도 한답니다. 참고로 중간권 최상부는 가장 기온이 낮은 지역이며 $-100℃$ 정도랍니다.

질문⑲ 오존의 생성에 대해서.

오존이 언제쯤 생겼는지 여기에 써도 될까요? 산소가 생기기 전인가요? 아님 후인가요?

오존이 생긴 것이 추측으로는 생명체가 생기기 전일 거 같은데요. 바다 속에 있으면 오존층 없어도 잘 살아가나요?

답변① 오존의 생성에 대해.

오존(O_3)은 성층권의 20~25km 고도에 집중 분포되어 있어 이것을 흔히 오존층이라고 부르며 오존은 태양의 자외선을 흡수하는 성질을 가지고 있습니다.

공기 중에 풍부한 산소분자(O_2)가 태양의 자외선을 만나면 두 개의 산소원자 (O)로 분리되고 다시 이 산소원자가 다른 산소분자와 결합하여 오존이 생성됩니다. 또한 오존은 자외선을 흡수해서 분리되어 파괴되기도 합니다. 이러한 방법으로 태양 자외선은 성층권 내에서 오존층의 균형을 자연적으로 유지시켜 주고 또 오존은 태양의 해로운 자외선으로부터 지구상의 생명체들을 보호하게 되는 것이죠.

초기 지구에서도 이 오존층의 생성이 생명체 탄생에 결정적인 사건이었던 것 아시죠?

추가질문 ┃ 좀 더 구체적인 오존층 생성의 시기에 대해

위의 내용은 대강은 알고 있던 내용인데요. 제가 알고 싶었던 것은 오존층의 생성된 시기에 대한 구체적인 내용입니다. 또 생성 시 그 시간대의 지구의 환경도 궁금하구요.

추가답변 ┃ 오존층의 생성에 대해

답변이 그저 오존의 생성과정에 대해서만 언급했었군요. 그래서 지구생성단계에서의 오존의 생성에 대해서 적어보겠습니다. 태양계에서 원시지구가 탄생한 것은 지금으로부터 46억 년 전의 일로 추정되죠. 원시성운이 중력 붕괴를 통해 태양과 미행성들을 만들고 미행성들이 서로 충돌하면서 원시 행성들을 만들었다고 보고 있습니다.

수십억 년 전 은하계 가운데 수소와 헬륨 그리고 약간의 중원소로 이루어진 거대한 성간가스 구름이 회전하면서 중력에 의해 수축했습니다. 가스구름 중심부는 수축함에 따라 점차 밀도가 높아져 질량이 큰 덩어리 하나를 만들어 냈고 이것이 원시태양입니다.

원시태양이 만들어지고 남은 가스들은 여전히 중력 수축하면서 주위에 있는 얼음, 이산화탄소, 암모니아, 메탄 등과 함께 섞여 큰 입자를 형성했습니다. 이들은 원시태양 가까이에 모여 지름이 수km 정도 되는 소행성만 한 미행성체로 발전했습니다.

미행성체는 중력에 의해 주위의 성운물질을 끌어당겨 원시 행성으로 자랐습니다. 이때 수많은 미행성체가 서로 충돌하면서 합해지기 시작했는데 이들 중 하나가 바로 원시지구입니다.

태양계 내에 원시 행성들이 만들어질 즈음 중력 붕괴에 의해 밀도가 높아져 내부온도가 급격히 상승한 원시태양은 비로소 핵융합 반응을 일으키기 시작했습니다. 이 때문에 아직까지 남아 있던 성운가스들은 '태양풍'에 의해 태양계 밖으로 밀려나기 시작했습니다. 시간이 지남에 따라 미행성들의 생성은 줄고 충돌도 적어졌죠.

원시지구는 매우 온도가 높은 마그마의 바다였습니다. 점차 온도가 식으면서 지구는 핵과 지각 그리고 대기들이 만들어지기 시작했죠. 수많은 미행성들이 원시지구와 충돌하는 과정에서 미행성들은 충돌열로 녹아 원시지구와 하나가 됐습니다.

이때 미행성체에서 나온 고밀도의 금속철 성분은 지구의 중심부로 침강해 핵을 이루고 가벼운 것들은 가스로 증발했습니다. 원시지구는 이 가스들을 붙잡아 원시대기를 만들었습니다. 여기부터가 지구의 원시대기 생성의 중요한 학설이죠. 원시대기는 미행성에서 얻은 수증기를 많이 포함하고 있었습니다. 지구의 온도가 계속 내려가면서 표면층이 굳어지고 수증기는 물이 되어 표면에 고였습니다(엄청난 양의 비라고 하던데. 섭씨 300도의 비?). 바다가 생성된 것이죠. 대기에 포함돼 있던 다량의 수소는 우주공간으로 달아나고 물과 이산화탄소를 주성분으로 하는 지구 대기가 탄생했습니다.

자, 이제 여기까지 다시 돌아왔군요. 물과 이산화탄소로 이루어진 대기. 강력한 태양광선으로 인해 성층권에서는 여러 화학작용들을 일으키게 됩니다. H_2O 와 CO_2의 산소원자는 분해되고 결합되는 과정을 거치며 오존, 즉 O_3이 생성되었을 것으로 보입니다. 위에 설명했던 오존의 생성과정이 여기서부터 시작되었던 것이 아닐까요. 이로써 오존층이 생기게 되었고 이는 우주로부터의 직접적인 자외선을 막아주어 지구 생명 태동의 환경을 제공하게 되었던 것이죠. 물론…… 이것은 어디까지나 '학설'임은 분명하지만 말이죠.

참고 지구 생성에 관하여

지구 생성에 관한 내용을 비디오를 보고 좀 뒤져서 조사를 했습니다.

지구는 약 46억 년 전에 생겨났다. 그러나 지구상의 암석연대는 남아프리카·남극대륙 및 그 밖의 지역에서 보고되고 있는 세계에서 가장 오래된 암석이 약 40억 년이다. 지구 생성 당시의 물질은 암석으로서 지표에는 남아 있지 않으므로 지구의 탄생사를 추정하는 일은 쉬운 일이 아니다. 지구는 태양계의 일원으로서 태양 및 다른 행성과 밀접한 관계를 가지고 탄생했으리라 짐작된다. 즉 태양계의 탄생은 지구의 탄생이기도 하다. 매우 작기는 하지만 태양계의 일원으로 간주되는 운석에서 우라늄의 상이한 동위원소의 비율을 조사함으로써 그 생성이 46억 년보다 오래되지 않는다는 것을 알게 되었다. 이러한 사실로 미루어 태양계나 지구는 46억 년 전에 생겼으리라 짐작된다. 심해저의 퇴적물에는 지구생성 이래의 다른 우라늄 동위원소가 무작위로 집적되어 있다고 생각된다. 그것에 의해서도 거의 같은 연대가 추정되고 있다. 또한 달표면의 암석에서도 그 무렵의 연대를 얻을 수 있다. 지구를 포함한 태양계의 생성 원인에 관해서는 칸트-라플라스의 성운설(星雲說) 이래 수많은 이론이 제기되었지만 그것을 입증할 만한 충분한 자료가 갖추어져 있지 않아 곧 부정되었다. 지구를 비롯하여 태양에 가까이 있는 수성·금성·화성·소행성을 지구형 행성이라 하는데 이것들은 수소나 헬륨 등의 가벼운 원소가 적고 규산염광물이 풍부하여 태양에서 먼 위치에 있는 목성·토성·천왕성·해왕성·명왕성 등 주로 수소나 헬륨으로 된 목성형 행성과는 화학조성이 다르다. 이러한 지구를 비롯한 행성의 화학조성이나 지구의 생성과 밀접한 관계가 있다고 생각되는 콘드라이트 운석의 화학조성, 태양계 전체 및 각각의 행성이 운동하는 방법 등을 종합해서 지구의 생성 원인이 추론되고 있다. 현재 많은 사람들에게 받아들여지고 있는 이론은 다음과 같다. 초신성의 폭발 등으로 인하여 현저하게 넓은 범위에 퍼진 고온 가스체 성운이 응집하여 태양이 생성되기 시작하였고 그것을 중심으로 자전함으로써 태양성운은 원반모양이 되었다. 그 뒤 원반모양의 가스체가 아직 고온이었을 때, 또는 상당히 냉각되면서부터 가스체가 응집하여 생긴 물체가 집합함으로써 거의 그 위치에 현재의 행성이 탄생하였다. 지구형 행성은 태양 가까이에 있었기 때문에 혜성이 태양에서 멀어질 때 태양과의 반대쪽에 꼬리가 생기는 것과 마찬가지로 그들 행성 바깥쪽에 있었던 아직 상당한 온도를 가지고 있던 가스체 속의 이온화한 가벼운 입자가 태양에서 뿜어내는 입자복사, 즉 태양풍에 의해 날아가 버렸다고 하는 것이다.

지구가 이렇게 해서 생겼을 때는 이미 높은 온도는 아니었으나 곧이어 원시지구의 커다란 응집체가 중력에 의해 저절로 응축됨으로써 생긴 열이나 방사성물질의 붕괴로 생긴 열 때문에 지구 전체가 고온의 용융체가 되었다고 여겨진다. 그리고 내부에는 철이나 니켈을 주성분으로 하는 무거운 물질이 모여서 핵을 이루고 그 바깥쪽에 철이나 규소·마그네슘 등의 규산염광물이 모여 맨틀을 만들었다. 또한 뒤늦게 지구의 표면에 가까운 박층부가 냉각되어 현무암이나 화강암에 해당하는 화학조성을 가진 지각이 생겼는데 그 연대는 약 40억 년 전이라고 간주된다. 그래서 그보다 오래된 암석은 지표에 남아 있지 않은 것이다. 해양의 물은 초기의 지구를 덮고 있던 수증기가 냉각되어 생긴 것이라고 생각된 적도 있었다. 그러나 물분자와 같은 원자량을 가진 네온이 지구에 매우 적기 때문에 물도 네온과 마찬가지로 초기의 지구에서 외부로 떨어져 나간 것으로 생각된다. 그러나 지각이 생길 정도로 표면이 냉각된 지구에서 물은 더 이상 떨어져 나올 수 없게 되었다. 지구 내부의 용융체에 둘러싸여 있던 수분이 마그마로부터의 가스 방출에 의해 생겨나 한꺼번에 또는 점차적으로 지각 위에 축적되어 바다가 생겨났다. 약 38억 년 전의 암석에는 현재는 변성암이 되었지만 생성 당시에는 퇴적암이었던 것이 있다. 해저라고 하는 퇴적의 장(場)이 이미 존재하고 있었으며 풍화 작용을 일으키는 대기 또한 존재하고 있었다. 초기의 지구 대기에는 유리된 산소는 거의 포함되어 있지 않았던 것 같다. 산소가 많아진 것은 그보다 훨씬 뒤인 약 20억 년 전 이후, 즉 조류(藻類)의 발달이 있은 뒤였다.

참고 읽어보시면 어느 정도 지구의 생성에 대해

지구는 46억 년이라는 역사 동안에 적어도 세 번의 대기 조성을 가졌던 것 같다. 1차 대기는 '행성으로서의 지구'에서 밝힌 바와 같이 충돌 탈가스 현상에 의하여 형성된 수증기와 이산화탄소가 주를 이루고 질소가 약간 포함되어 있었을 것으로 추정된다.

한편 현재의 대기는 질소와 산소가 대부분을 차지하고 있다. 어떻게 하여 대기의 조성이 이렇게 전혀 다르게 바뀔 수 있었는가? 지구 탄생 후 수증기와 이산화탄소의 보온 효과에 의하여 지구 표면이 마그마의 바다를 형성하게 되었으며 지구의 냉각과 더불어 대기 중에 머물던 수증기는 대부분 비가 되어 지표로 낙하하여 원시 바다를 이루었다. 이에 따라 대기의 주성분은 이산화탄소가 되었다. 이산화탄소를 주로 하는 대기는 대륙의 성장, 해양에서의 침전 작용과 원시 바다에서 탄생한 생명체들에 의하여 소비되어 그 양이 점점 줄어들게 되었고 이에 따라 질소가 대기의 주성분을 이루기 시작하였다

산소를 만들어 낸 가장 중요한 기구는 생명의 탄생으로부터 시작되었다. 광합성 과정을 통하여 대량의 이산화탄소가 유기 화합물과 산소로 바뀌었다. 최초의 유기물 합성은 약 33억 년 전, 박테리아가 이산화탄소와 황화수소를 화학적으로 결합시켜 영양분을 얻고 있었던 때로서 이때에는 유리 산소가 없었다. 약 30억 년 전에는 원시 식물인 청록조가 광합성을 시작하여 이산화탄소와 물과 햇빛으로부터 영양분을 만들고 부산물로 산소를 내놓았다. 이것은 대기 중에 산소의 축적을 가져왔으므로 생명의 역사에서 가장 중요한 단일 사건으로 볼 수 있다. 만일 대기 중에 산소가 없었다면 육상 생물은 출현하지 못하였을 것이다.

그러나 대기 중 유리 산소는 대단히 느린 비율로 증가하였는데 이것은 철의 존재에 기인한 것으로 간주할 수 있다. 유리 산소가 있기 이전 약 10억 년 동안은 철 − 규산염 광물을 형성하면서 철은 규소 − 산소($Si − O$)와 결합하였다. 그러나 결합력이 강한 산소가 나타나자 철은 산소와 결합하여 산화물로 퇴적되기 시작하였다. 풍부했던 철은 거의 수억 년 동안 산소를 소비하면서 산화철 광물을 층상으로 퇴적시켰다. 지구는 수억 년 동안 녹슬면서(?) 현대 사회가 수확할 수 있도록 많은 대륙에 풍부한 철 퇴적물을 남겨 놓았다.

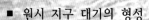

참고 원시대기에 관하여

■ 원시 지구 대기의 형성

원시 지구가 현재 크기의 행성으로 성장하는 데에는 1억 년도 채 걸리지 않았을 것으로 추정되고 있다. 그러나 이 1억 년 이내의 시간에 일어난 사건들은 원시 지구에 대기와 바다를 만드는 데 매우 중요한 역할을 하게 된다. 반경이 현재의 1/2 정도에 달한 원시 지구에는 평균하여 1년에 1,000개 이상의 미행성이 충돌했으리라 생각된다. 그러면서 지구의 부피가 커졌으며 지구의 중력도 점점 더 강해지게 되어 미행성을 잡아당기는 힘도 증가했을 것이다.

그 결과 더 많은 미행성의 충돌이 일어났을 것이다. 더욱이 충돌하는 미행성의 속도는 매초 수km에서 수십km라는 상당히 빠른 속도이다. 이에 따른 충돌이 일어날 때 미행성 및 원시 지구의 지표에 포함되어 있던 휘발 성분은 순간적으로 증발해 버린다(충돌 탈가

스 현상). 이러한 일이 하루에도 몇 차례씩 반복되고 증발한 가스는 끊임없이 지표 위를 떠다니고 그 농도는 점차 증가한다. 결과적으로 어떤 시기에 원시 지구는 현재의 금성과 같이 그 표면이 두껍고 농도가 진한 가스로 덮이게 된다. 휘발성 성분 중에서도 특히 많은 양을 차지하는 것은 물과 이산화탄소이다. 그중 물이 80% 이상이기 때문에 원시 지구의 대기는 수증기로 되어 있었다고 생각해도 좋다.

한편 미행성의 충돌은 수증기와 이산화탄소를 방출시켜 원시 대기를 형성하는 것뿐만 아니라 다량의 충돌 에너지를 지표에 발산시키고 이 에너지는 열에너지로 전환된다. 원시 지구의 형성 시 방출되는 에너지의 총량은 지구가 46억 년 동안 내부에서 발생시킨 열에너지(주로 방사성 에너지)의 10배 이상에 달하는데 그 원천은 거의가 미행성의 충돌 에너지이다. 이 정도의 막대한 에너지가 전부 열로 저장된다고 하면 원시 지구의 온도는 10,000℃를 훨씬 넘게 되고 물질이 전부 가스로 변하여 거대한 가스 성운이 되어 버렸을지도 모른다.

한편 만일 원시 지구에 대기가 없었다고 한다면 이들 열에너지는 전부 우주공간으로 도망가게 된다. 결국 미행성의 충돌 에너지가 어느 정도 원시 지구에 저장되는지 그 저장 방법에 따라 지구의 운명은 변하고 진화의 과정도 달라질 것이다. 여기서 원시 대기의 존재가 지표 온도의 결정에 중요한 역할을 하게 되었다.

■ 온실효과와 보온 효과

대기에는 열을 받아들이려는 성질이 있다. 만약 현재의 지구에 대기가 없다면 그 지표 온도는 영하가 될 것이다. 그런데 현재 지표 대기의 온도가 20℃ 부근에서 안정한 것은 수증기와 이산화탄소를 포함하는 대기가 열을 저장하는 온실효과 때문이다.

온실효과(greenhouse effect)라고 하면 이산화탄소를 생각하는 사람이 많다. 특히 대기 중의 이산화탄소의 농도가 최근에는 자주 거론이 되고 있다. 산업 혁명 이후 인류는 석탄과 석유 등의 화석 연료를 다량 소비해 왔고 이 때문에 대기 중의 이산화탄소의 농도가 증가하는 추세이다. 계속 이산화탄소의 농도가 증가한다면 21세기까지 지표 온도는 수℃ 정도 상승하고 남극 등지의 빙하가 녹아 해수면이 높아져 해안 지대가 수몰할지도 모른다. 확실히 이산화탄소는 상당한 정도의 온실효과를 유발시키지만 실은 수증기 쪽이 적외선 방사역에 매우 강력한 흡수대를 가지는 훨씬 강한 온실효과 기체이다. 그런데 지구의 원시 대기의 형성에 있어서는 이 온실효과 이외에 보온 효과라는 새로운 개념이 도입되어야 한다.

우선 온실효과와 보온 효과의 차이에 대해 알아보자. 간단히 말하자면 열원이 태양 방사인 경우, 즉 대기권 밖에 열원이 있는 경우가 온실효과, 열원이 대기권 내부, 즉 지표에 있는 경우가 보온 효과이다. 두 효과는 현재의 대기처럼 대기의 두께가 얇은 경우에는 거의 차이가 없는데 그 이유는 태양광이 대기 중을 통과하여 그대로 지표에 도달하기 때문이다. 그러나 대기가 두꺼워지면 지표에 도달하는 태양광이 줄어들어 온실효과는 감소하게 된다. 결국 지구의 원시 대기의 진화 과정에서는 보온 효과가 중대한 역할을 하게 된다.

격렬한 미행성의 충돌로 에너지가 발산되고 원시 지구의 지표는 데워진다. 일단 데워진 지표는 그 열을 우주공간으로 방출시키려 하지만 물과 이산화탄소로 된 원시 대기는 지표로부터의 열의 방사를 방해한다. 따라서 지표가 열을 잃어버리는 데에는 상당한 시간이 소요되어 그동안 지표 온도는 상승하고 휘발성 가스의 증발은 더욱 활발해진다. 대기의 양이 증가하면 지표 온도는 더욱 상승하여 결국에는 암석이 녹을 정도의 고온에 도달하게 되는데 이윽고 지표에 마그마의 바다가 형성되기 시작한다. 이 마그마의 바다와 원시 대기 사이에 불가사의한 관계가 성립하는 것이다.

■ 용해 평형

원시 대기의 형성 메커니즘은 충돌 탈가스 과정에만 의존하는 것은 아니다. 여러 작은 과정들이 복잡하게 관여하고 결과적으로는 지표의 온도 변화에 기인한다. 지표의 온도가 낮은 경우(900K 이하)에는 충돌에 의한 고온·고압 상태가 이루어진 결과 함수 광물의 탈수 반응이 진행된다. 그러나 탈수 반응으로 생긴 수증기의 전부가 대기 속으로 들어가는 것은 아니다. 일부의 수증기는 휘석, 감람석 등의 광물과 반응을 일으켜 다시 지표로 환원된다. 충돌 탈수 반응에 의해 방출된 수증기 중 일부만이 대기에 부가되는 것인데 그 비율은 지표 온도에 의해 변하게 된다. 그러나 지표 온도가 900K를 넘으면 가수 반응은 일어나지 않게 되고 충돌 탈가스로 생긴 수증기는 전부 대기로 변한다. 지표 온도가 더욱 상승하여 암석의 융점(약 1,500K 정도)을 넘어 마그마의 바다가 지표를 덮게 되면 흥미로운 현상이 일어난다. 그때까지 증가해 온 원시 대기의 양과 지표 온도가 일정하게 유지되는데 이는 대기 중의 수증기의 분압과 마그마 중의 수증기 농도 사이에 용해 평형이 성립하기 때문이다.

용해 평형이라 하면 어려운 것 같지만 간단히 말해 수증기의 분압에 따라 마그마가 수증기를 마시기도 하고 내뱉기도 한다고 이해하면 된다. 대기 중의 수증기의 양이 증가하면 마그마에 녹아 들어가는 수증기의 양도 증가한다. 반대로 수증기가 마그마 속으로 너무 많이 녹아 들어가면 대기 중의 수증기의 양이 감소하여(즉 대기가 얇아져) 지구로부터의 열방사 효율이 좋아지고 지표 온도는 내려가서 지표는 굳어지기 시작한다. 마그마의 바다가 굳어지게 되면 이번에는 다시 충돌 탈수 반응이 활발해지고 대기 중에 수증기가 다시 축적된다.

■ 원시 대기의 양

원시 지구의 반경이 현재의 20%에 달하면 미행성의 충돌 탈가스에 의한 수증기 대기의 형성이 시작되고 원시 대기의 양은 증가한다. 반경이 현재의 35% 정도가 되면 대기의 증가율은 급격히 커지는데 이것은 지표 온도가 900K를 넘기 때문으로 탈가스의 비율이 증가하는 데 기인한다. 다시 원시 지구가 성장을 계속하여 현재 반경의 45% 정도가 되면 대기량의 증가는 절정에 이른다. 이것은 지표 온도가 암석이 녹기 시작하는 온도에 도달하기 때문이다. 암석이 녹아서 지표에 일단 마그마의 바다가 형성되고 나면 그 압력에 따라 수증기가 마그마에 흡수된다. 따라서 대기 중의 수증기의 양은 일정 수준 이상 증가하지 않는다. 대기량이 일정하게 되면 지표 온도도 일정하게 되어 거의 변하지 않는다. 원시 지구의 반경이 현재 반경에 가까워지면 지구의 성장률은 극히 저하된다. 단위 시간당 지표에서 방출되는 충돌 에너지가 감소하기 때문이다. 결국 지표 온도는 하강하고 마그마의 바다 역시 점차 굳어진다. 현재 알려진 이러한 원시 대기 형성의 모델로 계산할 때 그 최종적인 수증기 대기의 양은 1.9×10^{21}kg이며 대기압은 약 100기압 정도나 된다. 모델 계산에서 여러 변수를 바꾸더라도 이 양은 별로 변하지 않는다. 그런데 현재 지구의 표층 부근의 물(대부분이 바다)의 총량은 1.5×10^{21}kg이다.

질문❶

지구상에는 많은 종류의 운석이 있다고 배웠습니다. 저번에도 비디오에서 봤는데 모르는 종류의 운석도 있었던 것 같습니다. 그래서 좀 더 자세히 알고 싶은데 아시는 분 좀 도움을 주세요.

답변❶

지구상에서 가장 오래된 암석에 의해 우리는 38억 년 전의 과거까지 거슬러 올라갈 수 있었다. 그러나 그 이전의 보다 시원(始原)적인 물질이 발견되지 않기 때문에 46억 년이라고 추정한 지구의 나이와는 8억 년의 공백이 생긴다. 이 공백을 지구의 귀중한 방문자, 운석이 메워 주고 있다. 지금까지 운석을 구분하지 않고 통틀어 운석이라 불렀지만 여기서 그 분류에 대해 알아보기로 하자. 운석은 크게 나누어 분화된 운석과 미분화된 운석(시원적 운석)이 있다.

운석의 분류 운석 시원적 운석
콘드라이트 탄소질 콘드라이트 CL, CM, CV, CO
보통 콘드라이트 LL, L, H
엔스테타이트 콘드라이트 EL, EH
분화된 운석 에이콘드라이트(지각)
석철운석(맨틀)
철운석(핵)

분화란 간단히 말하면 근원이 되는 물질이 일단 녹아 구성 성분이 각각의 밀도에 따라 중력적으로 분리되어 층 구조를 이루는 것이다. 무거운 것은 중심부로 가라앉고 가벼운 것은 표면에 뜨고 그 사이를 중간 것이 메우게 된다. 지구가 그 좋은 예로서 핵을 중심으로 맨틀, 지각의 순으로 무게에 따라 뚜렷한 층 구조를 이루고 있다. 따라서 분화된 운석은 바로 이 세 층의 어떤 부위에서 떨어져 나온 파편인가에 따라 세 종류로 나뉠 수가 있다. 먼저 핵에서 떨어져

나온 것이 철운석(iron meteorite 또는 irons)이다. 철운석은 주로 철(Fe)과 니켈(Ni)을 주성분으로 하는 광물로 이루어져 있다. 니켈의 함량과 미량 원소의 함량에 따라 세분되기도 하지만 철운석은 철과 니켈의 합금으로 되어 있다고 생각해도 좋을 것이다. 다음으로 중간층에서 떨어져 나온 운석은 암석과 철·니켈 합금이 1:1의 비율로 이루어진 석철운석(stony-iron meteorite 또는 stony-irons)이다. 암석의 성분은 대부분 규산염이며 이 규산염이 어떠한 광물로 이루어져 있느냐에 따라 다시 세분되기도 한다.

알렌데 운석에서 관찰되는 구형의 콘드률. 이 콘드률 내에는 태양계 최초의 물질인 백색포유물이 발견된다. 마지막으로 표층에 해당하는 운석은 거의 암석으로 이루어져 있으며 에이콘드라이트(achondrite)라고 불린다. 에이콘드라이트는 철운석, 석철운석과는 달리 지구상의 암석과 비슷하여 구별하기가 힘들고 또한 풍화되기 쉽기 때문에 회수된 수는 적다. 에이콘드라이트는 석질운석(stony meteorite 또는 stones)의 일종이다. 석질운석에는 두 종류가 있는데 조직에 따라 콘드률(chondrule)이라 불리는 아주 작은 구형의 입자(규산염 입자)를 포함하는가, 아닌가에 따라 구분된다. 콘드률은 작은 유리구슬 같은 것으로, 크기는 수 mm에서 그 1/10 정도밖에 되지 않으며 지구상의 암석에서는 전혀 볼 수 없는 것이다. 이 콘드률을 포함하는 석질운석을 콘드라이트(chondrite), 포함하지 않는 것을 에이콘드라이트라 한다. 석질운석의 대부분은 콘드라이트이다.

질문❷

지구가 생길 때는 많은 운석이 떨어져서 지구가 만들어졌다고 했는데 지금은 지구가 덩치가 더 커져서 다른 물체를 끌어당기는 힘, 즉 인력이 분명히 더 강할 것입니다. 그래서 달이라는 조그만 위성도 가지고 있는 것이구요. 근데 요즘은 그 운석이 떨어지는 빈도가 낮은 이유는 무엇입니까? 지구가 생길 때도 지금과 비슷한 빈도로 떨어졌는데 오랜 시간에 걸쳐서 지구가 형성된 것임을 전제로 하고 있는 것입니까? 아님 지금은 분명히 적게 떨어지는 것입니까? 적게 떨어진다면 그 이유는 무얼까요?

답변①

운석의 체감 개수가 대기 때문에 현격히 줄어든다는 건 맞는 얘기고요. 거기에다가 또 덧붙이고 싶은 얘기는요. 지구 생성 초기에는 아직 태양계는 원시 단계였죠. 아직 다른 행성들의 생성도 끝난 것도 아니구. 태양계 전체가 불안(?)한 시기였으니까요. 그래서 태양계 안에 운석이 될 만한 작은 것들이 지금보다는 많았다고 생각됩니다.

답변②

개인적인 견해로는 빈도수는 그대로이지만 지구가 너무나 오랜 기간 동안 형성된 것이기에 지금 우리가 보는 숫자들이 너무나 적은 게 아닌가 합니다. 물론 지금은 대기에 의해서 운석이 떨어져도 중간에 다 소멸된다. 맞는 말 같은데요. 하지만 거기에 대해서 전 이렇게 반론하고 싶습니다. 대기에 의하여 소멸됨으로써 지표에 직접적인 영향을 주진 않겠지만 어쨌든 그 운석을 구성하는 모든 원소들은 지구 내에 남아 있는 것이겠죠? 그러면 결국 지구는 분명 팽창한 것으로 볼 수 있겠군요. 지표 암석의 양이 늘어나진 않았다 치더라두요. 그래서 대기에 의한 증발 때문에 지금은 운석이 자주 떨어지지 않고 지구는 팽창되지도 않는다는 의견은 무리가 있어 보입니다. 제 의견은 이렇습니다. 지구의 나이를 45억 년으로 볼 때 인류가 생존했던 시간은 불과 얼마더라. 하여간 그냥 백만 년이라고 칩시다. 고등학교 때 배웠는데 기억이 안 나네요. 그러면 1/4500인가요? 그 정도로 인류가 존재해 온 시간은 미미한 것이죠. 이 커다란 지구가 운석들의 우연적인 충돌에 의해서 생성되었는데 그거 만들어지는 데 45억 년만 걸렸겠습니까? 장난 아니겠죠? 아마도 인류가 지내온 나날들이 너무나 짧은 시간이기에 관측할 수 있는 운석의 수가 적은 게 아닌가 해요.

답변③

옛날과 마찬가지로 지구에 떨어지는 운석은 비슷하다고 봅니다. 하지만 옛날과는 달리 현재의 지구에는 대기권이 있어서 대부분의 운석이 대기권에 진입하기도 전에 다 소멸된다고 생각됩니다. 그래서 마치 요즘에는 운석이 적게 떨어진다고 생각이 드는 것처럼 보이는 거겠지요.

질문❸

운석이 바다에 떨어질 경우에는 어떤 현상이 발생하죠? 지상에 떨어질 때는 저 저번 주 비디오로 봤던 것 같은데 운석의 급격한 온도 하강에 의해 어떤 현상이 발생하는지, 또 물분자가 수소와 산소로 분해되는지, 운석이 해저까지 도달하는지?

답변①

deep impact란 영화에 이 장면이 나온 것 같은데요. 가장 분명한 건 엄청난 해일이 발생하겠죠. 물론 운석의 사이즈에 따라 다른 문제지만 질문하신 분의 의도가 지구 환경에 어떤 영향을 미칠지에 관한 것이라면 엄청난 크기의 운석이라고 가정하셨을 것이라고 생각합니다. 해일이 발생하여 대륙의 일부분이 물에 잠기게 되고 대륙의 생태계에 변화가 발생할 것입니다. 그리고 엄청난 해수의 이동으로 해류가 변화하고 그럼 수중 생태계에 변화가 있을 것이며 해류의 변화로 기상에도 큰 변화가 발생할 것이며 영화이름 그대로 deep impact의 여파로 지진이 계속해서 발생하기도 할 것입니다. 그리고 위 분이 말씀하시길 구름이 발생하여 빙하기가 올지도 모른다고 하셨는데 제 생각에는 비가 많이 오면 빙하기까지는 오지 않을 것이란 생각이 듭니다. 홍수가 많이 발생하고 운석의 충격여파로 기상이변이 많이 발생해도 운석이 바다에 떨어졌는데 빙하기는 글쎄요. 육지에 떨어진 것과 바다에 떨어진 것은 다르지 않을까요. 그러나 그럴지도 모르죠. 단지 제 생각이 조금 다를 뿐이니까요. 그러나 무엇보다 분명한 것은 북반구는 바다가 60% 정도 남반구는 80% 정도 차지하니까요. 바다에 운석이 떨어질 확률이 육지에 떨어질 확률보다는 분명히 높다는 것입니다. 제 생각에는 위에서 얘기했지만 차라리 닥칠 위기라면 육지보다는 바다에 떨어졌으면 좋겠습니다. 직접적인 피해는 제 짧은 소견으로 바다가 적지 않을까 생각합니다.

답변②

    이건 제 생각인데요. 운석이 바다에 떨어지면 운석의 엄청난 열에 의해 바닷물이 모두 증발해 두꺼운 구름층을 형성하게 됩니다. 이 구름층은 육지에 떨어졌을 때 먼지가 그랬던 것처럼 햇빛을 차단해 지구의 기온이 급격히 낮아지게 되고 따라서 새로운 빙하기가 도래하지 않을까요? 어디까지나 제 생각입니다.

 답변③

    운석이 바다에 떨어지게 되면 물론 엄청난 열을 발생하게 되는 건 사실입니다. 하지만 이것으로 인해 바닷물이 증발해서 엄청난 양의, 즉 햇빛을 가릴 정도로 엄청난 양의 구름을 형성한다는 것은 정말 상상이라고 할 수밖에. 과학서적 어디선가 본 내용인데 운석이 지구 바다에 충돌하게 되면서 제일 먼저 해일을 형성하게 되고 그 해일이 충돌지점에서는 거의 100m가 넘을 것이고, 대륙에 이르러서도 거의 수십 m에 이를 것이라고 추정하더군요. 그리고 운석에 의해 방출되는 엄청난 열에 의해 지표에 있는 거의 모든 유기생물체들을 태우기 시작해서 극심한 연기가 발생되는 거죠. 바로 이 연기와 충돌 때 비산한 먼지 때문에 태양으로부터 빛이 차단되게 되고 지구상의 거의 모든 생물종이 멸종하게 된 것입니다.

 질문❹

지구 내부구조의 연구방법의 한가지로 "태양계 행성의 형성 초기에 형성된 운석은 지구의 나이를 알려 줄 뿐만 아니라 내부의 구성물질에 관한 증거를 제공한다."라고 써 있던데 이 부분이 잘 이해가 안가네요. 운석이 떨어지면 이것이 태양계 행성의 형성 초기에 형성된 것인지 알 수 있는 건가요?

 답변①

    운석이 태양계 행성의 형성 초기에 형성된 것으로 가정한 것입니다. 지구의 물질에서 46억 년이란 수치가 나온 것이 아니고 운석에서 추정한 것입니다.

질문❺

여전에 보았던 비디오에는 오래전부터 운석이 지구에 계속 떨어진 것으로 되어 있는데 그렇다면 지금 지구에 거대한 운석이 떨어진다면 우리는 그것을 막을 수 있을까? 아니면 공룡이 멸망한 것처럼 멸망할 것인가?

답변❶

지표면에 떨어지는 경우는 많은 사람들이 어느 정도 알고 있는 듯해서 저는 바다 한 가운데 떨어지는 경우만 말해 보려 합니다. 최장 지름의 길이가 10km인 운석이 태평양 한 가운데 떨어지게 된다고 가정합시다. 처음에는 아무런 변화가 없습니다. 호수에 돌을 던진다는 생각을 해 보시면 됩니다. 약간의 물결만 일어나고 말지요. 게다가 거리가 좀 멀리 떨어진 경우에는 거의 알아볼 수가 없을 정도고요. 처음 떨어지고 나서는 잘 알 수가 없습니다. 하지만 바다 밑에선 운석이 떨어지면서 해수에 가해지는 엄청난 압력이 사방으로 퍼지게 됩니다. 이것두 발생초기에는 외관상 아무런 이상이 없지요. 하지만 이 압력이 대륙붕에 닿기 시작하면 그때부터가 문제가 됩니다. 밀려오는 압력이 수면으로 상승하기 때문에 그 여파로 정말 상상도 못할 해일이 일어나게 됩니다. 그때들은 바로는 웬만한 해안도시들은 한번에 집어삼킬 정도라고 하는군요. 정말 무시무시하지 않습니까?

답변❷

제가 작년에 이명현 교수님의 우주의 이해란 과목을 수강할 때 교수님이 하신 말씀이 생각나서 한마디 올리겠습니다. 그 수업을 들을 당시에 한참 아마게돈이라는 영화가 히트를 치고 있었거든요. 그래서 한 학생이 질문을 하더군요. 당신과 똑같은 질문을……. 그때 교수님이 말씀하시길 만약 지구의 생명체가 위협 받을 만큼 어마어마한 혜성(또는 운석)이 지구를 향하여 날아오고 있다면 영화에서처럼 우주선을 타고 그 혜성의 중심부에 착륙한 다음 깊이 폭탄을 파묻고 그 혜성을 폭파시키는 그런 무모한 일은 하지 않는다고 하셨습니다. 교수님이 말씀하시길 지금의 과학으로선 그런 방법보다도 지구에서 레이저를 쏘아서 그 혜성을 폭파시킨다든가 그렇지 않으면 폭탄을 쏘아 올려 그 혜성 근처에서 폭파시켜 혜성의 궤도를 변화시키는 방법을 택할 것이라고 하셨습니다. 글쎄요. 지금의 과학으로 그것이 과연 얼마만큼 성공가능성이 있을지는 저는 잘 모르겠지만 좌우지간 이것이 교수님이 말씀하신 답변이며 분명한 건 지금 우주의 상황으로 보아 그런 위기가 닥칠 가능성은 다분히 있다고 하셨습니다.

 답변③

지금 지구에 거대한 운석이 떨어진다면 우리는 그것을 막을 수 있을까? 글쎄요?

혜성의 접근이 문제되고 있는데 천문학자에 따라서는 이 문제를 심각히 제기하는 걸로 알고 있습니다.

 질문❻

운석과 충돌 시 크레이터의 규모와 깊이 등등을 고려해 운석의 크기를 계산할 수 있다는 내용을 보았습니다. 그런데 이것이 정말 가능할까요? 제가 보기에는 가능하다고 해도 오차가 매우 클 것 같은데. 왜냐하면 운석의 구성 성분을 안다고 해도 하나의 성분으로만 이루어진 것이 아닐 뿐더러 모든 성분과 성분의 구성 비율도 확실히 알 수 없을 테고 운석의 속도나 대기권에서의 크기 감소까지 다 계산하기란 상당히 어려울 것 같은데. 아무리 크레이터의 크기나 깊이는 측정할 수 있더라도 운석의 크기를 제대로 계산하는 것이 과연 가능한지 궁금합니다.

 답변①

운석은 행성의 대기를 지나면서 연소되는데 거기에 따라 크기가 줄어드는 것은 속도와 성분에 따라 달라질 거라고 생각됩니다. 운석은 주로 2가지 종류로 나누어집니다. 운석의 잔해에서 성분을 분석한 후, 운석의 모양에서 속도를 추정한 후 크레이터의 크기를 재서 운석의 크기를 추정해 볼 수 있겠죠. 거기서 어느 정도의 오차는 감수해야 된다고 봅니다.

질문7 18일 날 유성우가 떨어진다는데.

매년 11월 18일 날 유성우가 떨어진다고 들었습니다. 유성이 비 오듯이 쏟아져서 유성우라는데 도대체 얼마나 많이 떨어져야 유성우라고 하고 또 매년 비슷한 수준으로 떨어지는지 궁금합니다. 마지막으로 공기가 좋지 않은 서울 하늘에서도 볼 수 있는지 알고 싶구요. 새벽 몇 시에 가장 '피크'인지 알고 싶어요.

답변1 THE SHOW MUST GO ON……

우리가 보게 되는 사자자리 유성우는 33년 주기의 템펠-터틀혜성이 궤도에 뿌려놓은 부스러기가 지구 대기권에 들어와 불타는 현상으로 매년 11월 17일 전후에 나타납니다. 왜냐하면 지구가 이때 템펠-터틀혜성이 지나간 궤도를 통과하기 때문입니다.

템펠-터틀혜성은 97년 말과 98년 초 태양계 안으로 들어왔다가 빠져나갔기 때문에 작년부터 2002년까지 매년 11월 17일 무렵에 화려한 유성우 현상이 나타날 것으로 예측되고 있습니다. 금세기 최대의 유성우로 꼽히는 지난 66년의 사자자리 유성우는 분당 2400개, 시간당 14만 4000여 개의 별똥별 우주쇼를 펼친 것으로 유명합니다. 당초의 시간당 1만 개의 예상을 깨고 250개만 떨어지면서 많은 사람들을 실망시켰던 작년의 경우는 지구가 혜성 궤도를 너무 빨리 지나갔기 때문이라고 하는군요. 다시 말하면 혜성이 지나간 뒤 300일 안에 지구가 혜성 궤도를 지나면 화려한 별똥별이 나타나지 않는 것으로 알려져 있는데 지난해에는 지구가 혜성이 지나간 뒤 257일 만에 지나갔기 때문에 그랬던 것이랍니다.

미 항공우주국(NASA)과 천문우주 전문지들은 올해의 사자자리 유성우는 지난해보다 화려할 것이라고 전망하고 있답니다. 이들은 지난 65년 템펠-터틀혜성이 태양 근처를 지난 뒤 그해 엄청난 별똥별 우주쇼가 있을 것으로 예측했으나 실제로 멋진 우주쇼는 이듬해인 66년에야 펼쳐진 것을 이유로 들고 있습니다.

　NASA는 18일 새벽 마셜우주비행센터에서 고감도 비디오카메라와 유성우 입자를 수집할 수 있는 별똥별 수집장치 등을 실은 풍선을 띄울 예정이고 사자자리 유성우 현상을 인터넷을 통해 실시간으로 세계에 중계할 계획이랍니다.

　참고로 유성우가 떨어지는 쪽이 서울 쪽이면 교외에 나가도 잘 안 보입니다. 작년에 강화도에 갔었는데 서울 쪽에서 유성우가 떨어져서 잘 안 보이더군요. 전 서울의 새벽이 그렇게 밝은지 잘 몰랐답니다. 서울에서도 큰 것들은 보일 거예요. 그리고 올해는 유성이 유럽 쪽에 몰린다는데. 별 많이 보시고 소원 많이 비세요.

참고　유성에 대한 우리나라의 고천문 기록

　유성에 대한 우리나라의 고천문 기록을 우연히 읽게 되어서 여기에 실었습니다. 이것은 제가 퍼온 글인데요. 출처가 명확하지 않네요.

　삼국시대부터 유성에 대한 많은 기록이 남아 있는데 서기 14년 신라 남해(南解) 차차웅 11년, '밤에 유성이 있었다.'는 간단한 문장이 현재 우리가 추적할 수 있는 가장 오랜 기록이다. 물론 그 이전 문헌에서도 일·월식 등의 관측 기록과 함께 혜성 또는 유성으로 추측되는 대목을 찾을 수 있지만 정확히 언제부터 유성 관측기록이 시작되었는지는 알 수 없다. 그리고 시대가 지나면서 유성의 흘러간 방향, 형태 등이 자세히 묘사되어 있다.

　'유성'이라는 표현이 자주 언급되는 시기는 대략 서기 650년을 전후한 삼국시대로서 그 이전에는 모양만을 묘사했다. 예를 들면 '많은 별들이 한 방향으로 흘러갔다.'는 등의 기록으로부터 우리는 유성 관측에 대한 가능성을 유추할 수 있다. 그리고 그 이후 본격적으로 '유성'이라는 표현이 사용되었다.

　고려사에서 유성은 여러 천문현상 기록 중 행성운동에 대한 내용 다음으로 많은 약 700여 개의 기록으로 남아 있다. 고려사에 기록된 유성의 형태에 대해서는 단일 유성에 대해 진행 방향을 기록해 놓은 것도 있지만 유성우로 추정되는 현상이 하루에 3~4개 기록되어 있는 등 매우 흥미로운 내용도 눈에 띤다. 유성 관측기록은 일식이나 행성운동, 혜성 등에 대한 관측기록과는 달리 별다른 해석 없이 그 현상만 나타나 있다.

유성(meteor)은 별똥(shooting star)이라고도 하지요. 이것은 혜성, 소행성에서 떨어져 나온 티끌(또는 돌조각), 또는 태양계를 떠돌던 먼지 등이 지구 중력에 이끌려 낙하하면서 대기와의 마찰로 불타는 현상을 말하는데요, 결국 지구에 떨어지죠. 그래서 그 자국이 남아 있기도 하잖아요. 조금 더 유성에 대해서 자세히 말한다면……

유성이 빛을 발하는 시간은 수십 분의 1초에서 수 초 사이. 유성을 만드는 알갱이를 유성체(meteoroid)라고 부르고요, 유성체의 크기는 작은 먼지로부터 큰 돌덩이까지 다양하지만 큰 유성체와 작은 소행성(asteroid)을 구분하는 명확한 경계는 없답니다. 유성체가 다 타지 않고 남아서 지구 표면에 떨어진 것을 운석(meteorite)이라고 하지요.

유성의 개수는 관측자의 지구상의 위치, 날짜와 시간에 따라 다르고 하루 동안 지구 전체에 떨어지는 유성 가운데 맨눈으로 볼 수 있는 것은 평균 수백만 개에 이른답니다.

 질문 8 불연속면에 관한 질문인데요……

지각과 맨틀 사이에는 모호로비치치 불연속면이 있고 맨틀과 외핵 사이에는 구텐베르크 불연속면이 있습니다. 지각과 맨틀 사이, 또 맨틀과 외핵 사이에는 성분과 밀도, 암석의 종류가 많이 다른 것으로 알고 있습니다. 그렇다면 모호면과 구텐베르크 면은 각각 암석의 종류와 성분이 정확히 어떻게 되나요? 모호면의 경우 맨틀과 성질이 비슷한지, 아님 지각과 비슷한지가 궁금하구요. 구텐베르크 면도 마찬가지로 외핵과 비슷한지 아니면 맨틀과 비슷한지를 알고 싶습니다. 혹은 전혀 다른 성질들을 갖고 있는 건 아닌지요?

답변① 불연속면은 하나의 구분이 아닐까요?

지구 내부의 물질의 차이로 생기는 특징을 구분 짓기 위한 임의의 경계라고 생각합니다. 특별히 그 지점의 성분에 대한 고찰은 별로 의미가 없다고 생각되는데요.

답변② 불연속면

모호로비치치 불연속면, 구텐베르크 불연속면은 지구물리학을 이용해 측정한 자료로 임의로 구분한 것입니다. 이것으로 지구 내부를 구분하지만 실제의 성분은 실체를 직접 보고 낸 자료가 아니고 화산활동, 심해저에서의 낙차가 큰 단층 등에서 얻은 자료, 심해 시추 자료(현재의 기술로 약 10km 시추 가능) 등으로 추정한 것입니다.

질문⑨ 오늘 들은 수업과 교과서에 관한 질문

비디오내용과 교과서 그리고 개인적으로 궁금한 것이 몇 가지 있어서 글을 올립니다.

1. (교과서 p.25)

지진파가 밀도가 높은 부분에서 더 빨리 전달된다고 했는데 제 생각으로는 밀도가 높아지면 저항물질이 많아져서(전선에 온도를 높이면 저항 값이 커지는 것처럼) 속도가 더 떨어져야 하지 않을까요? 그 이유를 설명해 주십시오.

2. (교과서 p.26 - 암석권내의 지하 증온율)

"전도는 매우 느린 과정이므로 암석권의 열변화율의 경사는 급하다." 이 말에서 '전도가 느린 과정'이라는 사실과 '암석권의 열변화율의 경사가 급하다.'는 말의 인과관계를 잘 모르겠습니다.

3. 화성과 목성 사이에는 수많은 소행성들이 존재하고 있습니다. 지구에서 목성탐사를 위해 보이저 2호 등 많은 수의 위성을 발사한 것으로 알고 있는데 어떻게 이 소행성들과 충돌하지 않고 무사히 지나서 목성까지 갔는지 알고 싶습니다.

4. (비디오 시청)

수많은 운석의 충돌로 지구의 크기가 커졌다고 했습니다. 그리고 이 충돌은 몇십 m의 운석으로도 몇십km의 운석구를 형성하며 워낙 에너지가 커서 이 운석들이 순간적으로 녹아버린다고 했습니다. 그러면 이렇게 작은 운석도 이렇게 큰 에너지를 가지고 지구와 충돌하고 그 에너지로 녹아버리는데 어떻게 멕시코 박물관에 변형이 되지 않은 큰 운석들이 전시되어 있는지 모르겠습니다.

5. 태양계의 행성들이 자전을 하고 공전을 하는 에너지는 어디서 나오는 것입니까? 만약 그것이 태양에너지라면 어떻게 열에너지가 운동에너지로 전환될 수 있습니까?

6. 책을 읽다보면 각 행성과 위성의 밀도에 관한 얘기가 많이 나옵니다. 지구형 행성은 탐사가 가능해서 알 수 있다 해도 목성형 위성들까지(예, 토성의 위성 타이탄의 밀도는 1.9g/cm^3) 어떻게 알 수 있는지 궁금합니다.

 답변① 저의 생각입니다. 1, 3, 5, 6.

1. 파는 매질을 통해 전달되는 개념입니다.

물체 속을 헤쳐 나가는 것이 아니라 타고 가는 것이라고 할 수 있습니다. 적당한 예를 찾지 못했지만 이런 경우를 생각해 볼 수 있습니다. 두 개의 상자가 있는데 하나는 점성이 낮은 진흙이 가득 차 있고 나머지 상자는 대리석으로 만들어졌다고 하고(두 상자의 끝엔 센서가 있습니다.) 각 상자의 한쪽 끝에서 동시에 충격을 주면 어느 쪽이 더 빨리 충격을 받을까요? 대리석 쪽입니다.

또 다른 예를 말씀드리겠습니다. 혹시 에테르라는 말을 들어보신 적이 있습니까?

이것은 빛을 파라고 생각했을 때 이 파동을 전파하는 매질로 생각되었던 가상적인 물질입니다(물론 이것은 1900년쯤에 이뤄진 생각입니다. 마이켈슨 - 몰리에 의해 실험적으로 증명이 되었고 아인슈타인의 상대성 이론에 의해 그 존재가 무의미하다는 것이 밝혀졌습니다).

당시에 에테르는 모든 공간, 심지어 진공까지도 가득 채우고 있는 것으로 생각되었습니다(진공 속에서도 빛이 나아가니까). 또 에테르를 통과하는 물체에 대해 아무런 저항을 미치지 않는 것으로 생각되어서 질량이 없는 것으로 생각되었습니다. 그리고 광파가 횡파인 것으로 보아 탄성 고체의 성질을 가져야 했으며 파가 부드러운 매질보다는 딱딱한 매질 속에서 더 빨리 전달되므로 탄성에 관한 수학적인 이론에 따라 굉장히 딱딱해야 한다고 생각했습니다.

이것은 90년 전 빛(파)을 보고한 생각입니다. 하지만 '파가 어떤 것인가?'라는 개념을 잡기엔 좋은 예라고 볼 수 있습니다.

2. 소행성

밀도의 문제라고 볼 수 있습니다. 소행성은 약 100,000개(크기에 따라 달라질 수 있는 숫자입니다.) 정도입니다. 이것이 태양에서 2.5−3.5AU를 반지름으로 하는 궤도에 분포한다고 생각하면 우리가 생각하는 것만큼 조밀하게 분포하지 않습니다. 솔직히 빈 공간이 대부분입니다. 이 소행성들을 다 합쳐도 지구 질량의 1/2000 정도밖에 되지 않습니다(만약 은하와 은하가 충돌한다면 은하 안에 있는 별끼리도 충돌을 할까요? 거의 충돌하지 않습니다. 바로 밀도의 문제입니다. 은하 내에 별이 모여 있는 곳에도 별과 별 사이의 거리는 평균 1PC를 넘습니다. 그래서 은하 충돌 시에도 별이 충돌할 가능성은 거의 0에 가깝습니다).

그리고 그나마 소행성들이 가깝게 뭉쳐 있는 곳은 이론적으로 다 계산이 되어서 그곳을 피해가면 됩니다. 그런 점들을 라그랑지점(중력평형점−궁금하시면 물리나 천문학을 전공하는 사람들에게 물어보세요)이라고 하는데 목성의 궤도에 있는 트로이의 소행성이 대표적입니다.

또 소행성대 내에서도 소행성이 존재하지 않는 영역(커크우드 틈새)도 있습니다. 이것은 목성의 영향(섭동) 때문에 생겼다고 그립니다. 그러나 소행성 중에 그 궤도가 정확하지 않은 것들이(밝혀지지 않은 것들−너무 작아서) 존재하기에 소행성문제를 전혀 고려하지 않는 것은 아닙니다. 사고를 미연에 대비하기 위해서 그런 띠가 있는 곳은 아예 피하겠지요.

3. 자전과 공전에너지

이것은 태양계의 발생과 깊은 관계를 가지고 있습니다.

별은 원시성운에도 수축하는 과정에서 생겨납니다. 그런데 이런 수축과정에서 중력이 불균형하게 수축이 일어나면 토크현상(정면에서 상대방의 어깨를 밀면 상대방의 몸통 전체가 돌아가는 것과 같은 원리)이 발생하여 회전을 하게 됩니다. 일단 회전을 하게 되면 각운동량보존에 의해 회전의 속도가 결정됩니다. 이 각운동량은 많이 들어보셨을 것입니다. 중·고등학교 교과서에 피겨스케이팅 선수가 회전하는 모습으로 예를 들고 있을 것입니다. 즉 원시성운일 때 약간 회전을 하더라도 수축을 하면서 그 회전이 가속화되는 것입니다. 그리고 지금의 태양이 되었을 때도 주위의 것들이 각운동량보존에 의해 공전을 하게 되는 것입니다.

자전도 같은 원리입니다. 특별히 에너지를 계속 공급하는 것이 아닙니다.

4. 밀도는 질량/부피입니다.

부피는 반경만 구하면 부피 구하는 공식에 넣으면 쉽게 구할 수 있습니다. 반지름은 각지름을 이용한 방법 등으로 구합니다. 질량은 중·고등학교 때 배웠던 만유인력과 구심력, 케플러 제3법칙 등을 이용하여 구합니다. 천문학에선 질량을 구하는 많은 방법이 있는데 위의 방법이 그나마 가장 정확한(?) 방법입니다. 그리고 쉬운 방법입니다. 우리은하의 중심 질량, 쌍성의 질량 등은 위와 같은 방법으로 구합니다. 이것은 '돌면 질량을 알 수 있다.'라고 표현할 수 있는 방법입니다.

돌면-관측해서 주기를 알 수 있고 주기를 알면-케플러 제3법칙(조화의 법칙으로 주기와 거리의 관계를 나타냄)으로 중심과 도는 것 사이의 거리를 알 수 있고-그 거리를 알면 만유인력과 구심력이 같다고(평형하니까) 놓고 풀면 질량이 나옵니다.

(원리를 아는 것이 중요할 것 같아서 수식은 뺐습니다. 수식은 중·고등학교 교과서에도 나오니까 조금만 찾으면 금방 계산해 보실 수 있을 것입니다.)

 답변② 제가 아는 한도 내에서.

제 생각과 제가 아는 대로 적어 보겠습니다.

1. 밀도가 높은 부분에서는 저항물질이 많다고 하셨는데요, 생각하시는 것처럼 밀도와 저항이 같은 말은 아닙니다. 예를 들어보죠. 물속에서 발길질을 하면 1m 앞에 있는 사람은 거의 아무런 파동을 느끼지 못하죠. 하지만 흙을 1m 두께로 쌓아놓고 한쪽 면에서 충격을 가하면 다른 쪽까지 그 충격이 그대로 밀려 전달해와 거의 같은 충격을 반대편에서도 느낄 수 있겠죠. 이 예가 적당한지는 모르지만 밀도가 높아지면 '충격파'인 지진파는 마찬가지로 밀도가 낮은 물에서처럼 충격이 흡수되는 일없이 잘 전달이 되어 반대편 끝까지 그 충격을 전달할 수가 있는 게 아닐까요?

2. 전도는 매우 느린 과정이므로 암석권의 열변화율의 경사는 급하다, 라는 구절에 대해 해석이 좀 애매한 것 같습니다. 제 생각에는요, 전도가 느린 과정이므로 암석의 한쪽 끝에서 열변화가 급격히 생긴다 해도 다른 쪽 끝의 열변화는 너무나 느린 반응으로 일어나기 때문에 한쪽 끝과 다른 쪽 끝의 열변화율이 크게 차이가 나게 된다는 뜻 같습니다만…… 맞는지.

3. 어떻게 소행성들을 피해 위성을 발사했는지. 이것은 저도 잘 모르는 사항이지만요, 소행성들이 많다고 해도 어느 정도는 주기적인 궤도를 가지고 있는 것 아니었던가요? 그래서 학자들이 최대한 피해가도록 항로를 정했을 것이고 또 모든 위성이 무사히 다니는 것이 아니라 그런 소행성 때문에 부서지는 위성이 많다고 들었습니다만. 지구 궤도에 띄워놓은 위성들도 밀도가 매우 높은 우주먼지들에 의해 파괴되는 경우가 종종 있다고 합니다.

4. 운석이 충돌해서 순간적으로 녹아버리는 것이었던가요? 제가 듣기로는…… 충돌부위가 대단히 큰 폭발을 일으켜 순간적으로 마그마 형태로 용융되어 버린다고 했던 것 같은데.

그렇다면 운석 전체가 마그마로 용융되는 것이 아니라 부분적인 것이 아닐까요? 운석의 충돌 부위를 보면 가운데 부분은 볼록하게 산처럼 쌓인 것이 바로 그 증거라고 봅니다. 그것은 운석이 쌓인 것이 아닐까요?

5. 태양계 행성들의 자전과 공전 등 운동에너지는 어디에서 나올까 하셨는데. 이것은 교수님께서 올려놓으신 1999년도 질문, 답변 자료를 보시면 태양계 운동

에 관한 학설에 대해 교수님께서 설명해 놓으신 답변이 있으니 참고하시길.

6. 탐사가 불가능한 행성과 위성들의 밀도는 어떻게 알 수 있었는지, 라고 쓰셨는데요, 운석의 파편으로 지구의 내부 구조와 과거를 추측하는 것과 크게 다르지는 않은 방법도 동원된 것으로 알고 있습니다. 운석의 출발 위치 추적과 망원경 관찰을 통한 겉보기 분석, 또 자전주기와 공전주기, 공전반경과 행성의 크기 등을 토대로 대략적인 질량과 구성물질을 추측해 낼 수 있고 그런 추측들이 너무나도 정확한 추측으로 인정받고 쓰이는 것으로 알고 있습니다. 화성에 가보기 전부터 화성의 대략적인 성분과 상태 등을 추측하고 있지 않았습니까? 물론 세세한 것은 요즘 탐사선을 보내어 측정하지만요. 그 추측은 매우 정확했죠?

질문⑩ 좀 엉뚱한 질문이긴 한데요.

어디선가 들은 적인 있는데, 지구가 자전과 공전을 할 때 나는 소리가 너무나 커서 우리가 들을 수 없다는데 사실인가요? 그러면 아주 멀리 있는 행성의 공전소리는 왜 들을 수 없는 거죠? 엉뚱하지만 궁금하니까 아시는 분은 좀 가르쳐 주세요

답변① 인간의 청각능력

흠, 너무 상식적인 얘기군요. 우선 우리가 들을 수 있는 소리라는 것이 대략 2만 hz 정도 입니다. 하지만 지구가 공전하거나 자전할 때 나는 소리는 이 범위를 능가하는 것이기 때문에 우리는 들을 수 없는 것이죠. 그리고 다른 행성의 경우에도 마찬가집니다. 결국 신이 우리를 이렇게 귀머거리로 만들어 놓은 거 아닐까요. 하지만 너무나 긍정적인 귀머거리죠.

질문⑪

고등학교 때 얼핏 지구과학시간에 배웠던 세차운동이라는 개념이 생각났습니다. 당시에 배울 때는 지구의 지축이 얼마나 기울어졌는가를 측정할 수 있는

방법이라고 배웠던 것 같습니다. 하지만 이러한 개념에 대해서 대략적인 정의만 알고 있을 뿐 정확하게 이해는 하지 못했습니다.

 답변①

팽이는 쓰러질 때 자신의 회전력과 지구 중력과의 상호 작용 때문에 뒤뚱거리게 된다. 이렇게 뒤뚱거리는 것을 세차운동이라 부르는데 이와 같은 현상은 공간을 돌고 있는 지구에도 나타난다. 달과 태양에 의한 인력과 지구 자체의 회전력이 상호 작용 하여 지구의 세차운동이 일어난다. 이 세차운동으로 인해 지구의 회전축은 서서히 그 방향이 변하고 따라서 천구의 북극은 26000년을 주기로 별들 사이를 회전하게 된다.

제 **3** 장

광 물

지구는 무엇으로 구성되는가?

질문❶

숯과 다이아몬드의 화학식은 같은 걸로 알고 있는데요. 다이아몬드는 단지 숯보다 고온, 고압에서 형성된 것뿐이라고 하더군요. 그럼 숯을 고온, 고압 하에서 재결정시키면 다이아몬드가 될 수 있는 건가요? 그리고 공업용 다이아몬드도 만든다는데 그건 어떤 과정을 거쳐서 만들어지는지 알고 싶습니다.

답변❶

다이아몬드를 합성하려면 수만 기압과 천도 이상의 고압, 고온이 필요하다는 것이 열역학적으로 잘 알려져 있었기 때문에 초고압합성이 처음 성공하기 시작한 50년대부터 탄화수소가스로부터 다이아몬드를 기상 합성하려는 시도가 많이 있었지만 별로 학계의 관심을 끌지 못하였다. 그러나 열역학적으로 비록 불안정한 조건의 합성이라 하여도 수소를 활성화하여 원자상의 수소를 발생시키면 다이아몬드의 성장속도를 증진하게 되고 같이 석출하게 되는 흑연의 양을 감소시킬 수 있다는 연구에 착안하여 일본 무기재질연구소 팀들이 텅스텐 필라멘트법, 마이크로웨이브 플라스마법 등 수소와 탄화수소 혼합가스의 활성화에 의한 재현성 높은 다이아몬드의 CVD 합성방법을 제시한 이후 이 새로운 합성기술에 대해서는 80년대 초반부터 학계를 비롯하여 산업계까지도 매우 큰 관심을 가지고 연구개발에 뛰어들게 되었다. 실상 다이아몬드의 기상합성기술이 최근 10여 년 동안에 연구의 붐을 이루고 여러 응용 분야에 적용을 폭넓게 시도하게 된 것은 다이아몬드가 지상 최고의 보석이라는 것 때문이 아니라 다이아몬드가 가지는 지상최고의 경도, 열전도도, 광 투과성 등을 비롯하여 우수한 내열, 내화학, 내방사성 그리고 높은 전기저항성과 반도성, 또한 낮은 유전율과 반도체로서 여러 가지의 뛰어난 특성을 실용화해 보고자 하는 데서 비롯된 것이다. 실제로 지금 세계에서는 연간 80톤가량의 다이아몬드를 초고압으로 인조 합성하여 각종 연마, 절단, 절삭, 공구 등에 사용하고 있으나 이는 합성체의 형태상의 제약 때문이었으며 막상 다이아몬드를 형태에 구애 없이 다양하게 그리고 경제성 높게 합성할 수 있게 되면 앞서의 모든 특성을 활용하는 새로운 다이아몬드제품이 다양하게 등장할 것이고 다이아몬드의 수요는 상상하기 어렵게 증대할 것이다. 일부만 발췌했습니다. 다이아몬드합성에 대한 자세한 글을 원하시면 http://www.moojin.co.kr/jew/jew03.html를 읽어보시기 바랍니다.

답변②

숯(흑연)과 다이아몬드는 화학식이 같은 것은 분명합니다. 그러나 이 둘의 구조는 커다란 차이가 있지요. 다이아몬드는 흑연과는 달리 그물구조를 하고 있어요. 그래서 강도가 엄청나죠. 자세한 것은 일반화학 책(제3판)에 보면 나와 있어요. 저도 화학시간에 배웠거든요

답변③

흑연을 고온, 고압처리를 하여 인조 다이아몬드를 만들 수는 있습니다. 그러나 그것은 천연의 다이아몬드와 순도, 모양, 크기에서 다릅니다. 흑연을 10만 기압의 압력과 약 3000도의 온도로 처리하면 공업용 다이아몬드를 만들 수 있다고 합니다.

질문❷

지금까지 배운 바로는 다이아몬드(금강석)는 지구상에 존재하는 광물 중 가장 강도가 높은 걸로 알고 있습니다. 그럼 이 다이아몬드를 가공하려면 어떤 광물을 써야 합니까?

답변①

다이아몬드는 다이아몬드로 가공한다고 합니다. 최초로 이걸 시도한 때는 중세시대 다이아몬드 장인인 어떤 사람이 있었습니다. 그 사람의 도제인 사람이

이 사람의 딸을 사랑하게 되었는데 이 장인이 다이아몬드를 가공하는 방법을
생각해내게 되면 자신의 딸을 준다고 했습니다. 그러자 도제는 열심히 생각한
끝에 다이아몬드는 다이아몬드로 가공할 수밖에 없다고 생각하여 작은 다이아
몬드를 모아서 붙인 다음에 그 작은 다이아몬드로 가공을 하는 데 성공했다는
군요. 이건 오늘 수업시간에 들은 이야기입니다.

 답변②

　　다이아몬드를 가공하는 데는 똑같이 다이아몬드를 사용한다는군요. 같은 다
이아몬드로 어떻게 가공하는지는 잘 모르겠는데. 제 생각엔 아마 회전력에 의
한 것이 아닐까 생각됩니다. 가공할 다이아몬드는 고정되어 있고 가공기의 다
이아몬드는 강한 회전을 하는 겁니다. 그러면 그 회전력에 의해 가공기계에 달
린 다이아몬드의 강도가 높아지는 효과가 있지 않을까 합니다.

 답변③

　　인조다이아몬드를 사용합니다.

 질문③　　보석을 만드는 일에 대해서……

　　보석을 만들 수 없다고 쓰려다가 큐빅생각이 나서… 큐빅이 다이아몬드의
모조품이 아닌가요? 모조품이라면… 어떠한 이유 때문에 가격이 그렇게 싼 건
가… 정말 똑같은 건 만들 수 없는 걸까요?

 답변①　　큐빅은 '모조석'이 아니라 '인조석'이라는군요.

　　보석에 대해서 질문이 나온 김에 저도 보석에 대해서 찾아보았습니다. 행복하
더군요. 우선 님께서 질문하신 내용 중에 나온 '큐빅'은요, 다이아몬드의 모조석
이 아니라 인조석입니다. 다이아몬드를 흉내 내기 위해서 만들어진 것이 아니라
그 자체가 보석으로 인정받은 것이지요. 보석에는 네 가지 종류가 있습니다.

1. 합성석(Synthetic Stone)

완전히 또는 부분적으로 인간에 의해 제조된 생산물로서 그의 화학조성과 결정구조 그리고 물리적 성질이 그의 천연산 보석과 동일하여야 합니다. 합성 다이아몬드, 합성 루비, 합성 사파이어, 합성 에메랄드, 합성 스피넬, 합성 오팔, 합성 자수정 등 가치 있는 보석은 대부분 합성석을 가지고 있습니다.

2. 인조석(Artical Product)

완전히 인간에 의해 제조된 결정질 물질로서 그의 화학조성과 결정구조 그리고 물리적 성질과 동일한 물질이 천연에 존재하지 않아야 합니다. 다이아몬드 대용으로 쓰이는 큐빅 저코니아(큐빅)가 대표적인 인조석에 꼽힙니다. 색을 넣어 다른 유색 보석 대용으로 쓰이기도 합니다.

3. 모조석(Imitation)

모조하려는 보석과 단지 외견상으로만 유사할 뿐 그의 화학조성과 결정구조 그리고 물리적 성질은 완전히 다른 물질을 말합니다. 다이아몬드를 모조한 큐빅 저코니아, 루비를 모조한 적색 유리, 토파즈를 모조한 열처리된 황색 석영, 오팔, 호박, 상아, 산호 등을 모조한 플라스틱, 비취를 모조한 녹색 유리 등 여러 가지가 있습니다.

4. 접합석(Double Triblet)

두 개 또는 그 이상의 결정질 또는 비결정질 물질을 하나로 접합시킨 보석을 말하며 접합을 이룬 두 부분 중 하나가 색을 내면 이중석(doublet), 접합된 층에서 색을 내면 삼중석(triblet)이라고 합니다. 가넷(석류석; garnet)이나 오팔에 종종 사용됩니다. 여러 분께서 자세하게 설명해 주신 '인공 다이아몬드'는 합성석에 해당될 것입니다. 인간이 다이아몬드가 생성되는 환경을 인공적으로 만들어 내서 똑같은 화학 성분의 재료를 사용해 만들어 낸 것이지요.

인공 다이아몬드는 물리적 성질이 같아 단단한 것은 당연. 그래서 현재 사용되는 공업용 다이아몬드의 90%는 인공 다이아몬드랍니다. 인조석의 하나인 큐빅은 완전히 인간에 의해서 만들어진 보석이라고 할 수 있겠지요. 합성석의 경우는 자연 상태와 똑같은 장비를 갖추는 것 자체가 엄청난 비용과 노력을 요구하기 때문에 가격이 그만큼 올라가는 것은 당연한 것 같구요. 인조석의 경우는 잘 아시는 큐빅을 예로 들면 이 역시 공정 과정이 까다롭고 설비에 많은 비용이 들어가기 때문에 가격이 높아지는 것 같습니다. 보석의 가격이 높은 것은 희소성 때문이겠지만요.

인간의 노력으로 만들어지는 보석들은 그 공정 과정에서 들어가는 땀의 대가가 엄청나기 때문에 천연 보석만큼은 아니지만 가격이 올라가는 것이 아닐까요. 저도 큐빅 몇 개 박힌 게 뭐 이리 반지가 비싸냐. 이런 적이 있었는데. 찾아보면서 그럴 만하다는 생각이 들었답니다.

 질문④

수소결합이 영구쌍극자라는데 이해가 안 가네요.

솔직히 영구쌍극자가 뭔 말인지는 잘 모르겠지만 수소결합을 영구쌍극자라니. 정말 이해가 안 가는군요. 수소결합은 거기 있는 결합 중 가장 약한 결합입니다.

그런데 영구쌍극자라는 의미는 결합이 강한 듯한 인상을 주는데. 영구쌍극자라는 의미가 정확히 뭔가요? 2학년 때 유기화학 배우고 나서는 화학은 거의 안 해서 잘 기억은 안 나지만 기억을 더듬어 보면 수소결합이랑 영구쌍극자랑은 별로 관계가 없는 것 같은데.

최근에 제가 전분에 대한 논문을 읽다가 거기에도 수소결합 얘기가 나와서 읽어보면 수소결합은 수소가 다른 산소나 질소 등과 작용하여 일어나는 결합으로 알고 있고 매우 약한 결합으로 알고 있습니다.

어찌되었든 제가 알고 싶은 것은 '영구쌍극자'가 도대체 뭔가 하는 것입니다.

 답변① 영구쌍극자는 계속 두 개의 극으로 남아 있다는 이야기죠.

hand out에도 보면 판데르바알스 결합(고등학교 때는 반데르발스라고 배웠는데) 옆에 순간 쌍극자라고 되어 있지요. 그에 반해 수소결합은 영구쌍극자라고 하고 있습니다.

이것은 판데르바알스 결합력은 순간적인 정전기에 의한 힘이기 때문에 순간적인 쌍극자, 즉 양극과 음극, 쌍극을 가지게 됩니다. 이런 정전기적 힘이 서로를 결합시키게 되는 것이지요. 이것의 예로는 교재에도 나와 있듯이 흑연의 판상 구조 사이에서 판상끼리 정전기력이 발생하여 순간적인 쌍극을 이루게 됩니다. 그래서 대신에 상당히 약하지요. 그런데 수소결합은 처음부터 전기음성도(각 원자들이 가지고 있는 전자와의 친화력, 클수록 전자가 잘 달라붙는답니다.) 차이가 큰 H(F, O, N)와 결합되어 있습니다. 이것은 무엇을 의미할까요? 두 개가 공유 결합을 하고 있더라도 전자들이 전기음성도가 큰 곳으로 쏠리게 된다는 말이지요. 전 분자가 있는데 전자가 한쪽으로 쏠리게 되면 쏠린 쪽은 음극이 되고 그 반대쪽은 양극이 되어 버리는 것입니다. 이런 수소결합을 한 분자들은 항상 이런 두 개의 쌍극을 가지게 되므로 영구쌍극자가 되는 것이지요. 수소결합의 가장 쉬운 예로 H_2O(물)을 들 수 있습니다. 물의 경우 수소의 전기음성도(2.2), 산소의 전기음성도(3.5)가 결합되어(이 정도의 음성도 차이는 다른 것에 비해 아주 크다고 합니다.) 수소결합을 합니다. 이런 수소결합의 결과는 분자들끼리의 결합력을 크게 하여 물방울이 생기게 하거나 끓는점을 상승시킵니다.

 질문5 광물들이 동위원소지만 원자의 배열에 따라 다른 투명도를 띄는 이유는?

다이아몬드와 흑연은 똑같이 C(탄소)로 구성되어 있습니다. 그런데 다이아몬드는 투명하고 아름다운 색의 투명도를 가지지만 흑연은 검은 색입니다. 우리 교재에는 다이아몬드가 독특한 광학성을 띠게 되는 데는 공유결합에 있다고 나와 있습니다(p.51). 하지만 이 설명만으로는 제가 알기로는 흑연도 구조가 다른 공유결합을 하고 있다고 알고 있는데 왜 다른 광학성을 하고 있는지 궁금하군요. 아마 교재에 나온 바로는 전자와 관계가 있는 것 같습니다. 하지만 그 이상을 알고 싶습니다.

답변① 짧은 답변.

노트를 꼼꼼히 읽어 보셔야지요. 아마도 동질이상 문제를 물으시는 것 같네요. 동질이상이란 화합물의 화학적 성분이나 화학식은 같지만 주변에 온도나 조건에 따라서 결합의 형태가 달라져서 다른 광물처럼 보이는 경우를 말합니다.

예로는 $CaCO_3$의 동질이상인 방해석과 아라고나이트 그리고 님께서 언급하신 C의 동질이상인 흑연과 다이아몬드가 있지요.

답변② 자신은 없지만.

질문에 정확한 답이 되는지는 모르지만 제가 알기로는 우리가 보고 있는 모든 물체의 색깔은 그 물체를 통과하는 빛과 그 빛을 반사시키는 빛 중에서 반사시키는 빛에 의해 그 색이 눈에 보이는 것이라고 알고 있습니다. 그리고 각 원소는 원소마다 바닥 단일 상태에서 들뜬 상태로 전이되는데 필요한 에너지도 각각 다 다르지요. 이 두 가지 특성을 고려해 보건데 동질이상의 광물에서 비록 두 광물 사이에 화학 조성은 같을지는 모르지만 그 결합 구조가 다르므로 빛의 흡수 또는 반사의 비율이나 특성이 달라지지 않을까 싶은데. 그래서 우리 눈에 서로 다른 색깔의 광물로 보이는 것이라고 생각하면 어떨까요?

답변③ 동질다상의 색

동질다상의 화학식은 같지만 결합의 형태가 달라져서 다른 광물명을 갖게 됩니다. 색의 차이는 주 구성 성분이 아닌 특정한 미량 성분(예로 cobalt, nickel 등)의 함유로 좌우된다고 합니다.

질문⑥ 보웬의 반응계열에 대한 질문.

보웬의 반응계열에서 불연속계열과 연속계열을 구분하는 기준이 무엇인지 궁금하네요.

한 종류의 마그마에서 결정 작용에 따라 화학 성분이 다른 여러 마그마와 암석이 생성되는 과정을 마그마의 분화 작용이라 하죠? 고온의 현무암질 마그마가 냉각되기 시작하면 융점이 높은 광물부터 차례로 정출됩니다. 이때에 고온에서의 초기 정출 광물은 Ca, Mg, Fe 성분이 많은 유색 광물이고, 말기 정출 광물은 Na, K, Si 성분이 많은 무색 광물입니다. 보웬의 반응 계열에서 먼저 연속 반응 계열에 대해 말씀을 드리자면, 고온에서 Ca이 많이 포함된 Ca 사장석이 정출되고 점차 온도가 내려가면서 Ca 사장석과 마그마의 잔액이 반응하여 Na 성분이 많이 포함된 Na 사장석이 정출됩니다. 또 불연속 반응 계열에 대해 말씀을 드리면, 고온에서 감람석이 먼저 정출되고 SiO_2가 농축되어 상대적으로 SiO_2 함량비가 증가된 마그마 잔액과 감람석이 반응하여 휘석이, 휘석이 다시 마그마와 반응하여 각섬석이, 이어서 흑운모가 정출되는 것이죠. 그리고 결국 이 두 반응 계열은 저온(물론 뜨겁습니다.)에서 합쳐져서 정장석→백운모→석영 순으로 정출됩니다.

여기서 연속계열과 불연속계열을 구분 짓는 것은 연속계열에서는 사장석 자체의 성분만이 온도에 의해 연속적으로 바뀌어 가는 것이고 불연속계열은 각 단계마다 형성되는 광물이 마그마와 반응하여 또 다른 광물을 형성하는 불연속적인 순서를 따르기 때문으로 보입니다. 물론 이 둘은 결국 불연속적인 정장석, 백운모, 석영으로 변화되긴 하지만요.

제 **4** 장
암 석

지구는 무엇으로 구성되는가?

질문 1

화산에 관하여 생각하게 되었습니다. 얼마 전에 TV에서 하는 '단테스 피크'라는 영화를 보게 되었는데요. 화산의 분출 장면이 나오더군요. 여기서 화산폭발이 수차례 일어나는데 그때마다 폭발 모양이 다르더라구요. 이런 여러 가지의 폭발을 '여러 가지의 폭발들'로 봐야 할지 아니면 '하나의 화산활동'으로 봐야 할지 궁금합니다. 그리고 실제로도 화산재, 용암, 가스의 분출이 번갈아 일어나는지 아니면 어떤 순서를 가지고 일어나는지 궁금합니다.

답변 1

화산은 용암의 유출, 가스의 분출, 암괴나 화산회의 폭발을 번갈아 또는 그 중의 하나 또는 둘을 주로 하는 활동을 한다고 하네요. 그러니까 모든 화산이 가스, 용암, 암편, 화산회를 모두 뿜어내는 게 아니라는 거죠. 밑에는 활동상에 따라 화산을 구분한 것입니다.

① 하와이상(Hawaiian phase)

가스 폭발과 암석의 표출이 거의 없이 현무암질 용암을 조용히 유출시키는 가장 평온한 성질을 가진 것. 큰 틈분출(fissure eruption)도 하와이상에 속한다. 예: 하와이 섬의 화산

② 스트롬볼리상(Strombolian phase)

이는 현무암보다 SiO_2를 좀 더 많이 포함한 용암을 분출하되 용암의 분출과 약한 폭발이 비교적 규칙적으로 번갈아 일어나서 두꺼운 용암의 피각이 생기기 전에 약한 폭발을 하는 상. 예: 지중해의 리파이 섬의 스트롬볼리 화산.

③ 발칸상(Vulcanian phase)

용암의 분출과 폭발이 번갈아 일어나는 점은 스트롬볼리상과 같으나 발칸상은 용암의 점성이 크고 용암 표면에 피각이 생긴 후에 폭발이 일어나서 그 파

편을 불어 올리나 밤에도 화염이 보이지 않는다. 폭발 시에는 짙은 연기를 분출한다. 예: 지중해의 발칸화산과 베스비어스 화산

④ 펠레상(Pelean phase)

가장 심한 폭발을 일으키는 상으로서 분연은 발칸상보다 더 짙은 것. 폭발은 지하에 모이는 가스의 양이 많을수록 크게 일어난다. 마그마가 가스를 다량 포함할수록, 또 SiO_2의 함량이 많은 마그마일수록 큰 폭발이 일어나며 용결 응회암을 만든다. 예: 서인도제도의 마르티니크 섬에 있는 펠레 산

질문❷ 암석의 나이를 측정하는 방법

우리가 암석을 보고 그 암석의 나이를 측정하는데 이 방법을 구체적으로 알고 싶어서요. 방사성 동위원소를 이용해서 측정하는 것 말고도 다른 방법을 아시는 분은 좀 가르쳐주시기 바랍니다.

답변① 철 성분의 자화정도를 이용한 연대측정법

학제적 연구를 위해 지구물리학자인 Brooks Ellood이 고생물학자인 Rex Crick와 함께 팀을 짜서 10,000-20,000년 정도의 놀랄 만한 정확성으로 해양퇴적층의 연대측정방법을 개발했다. 지구자기장에 영향을 받는 철 성분이 얼마나 자화되느냐 하는 정도를 측정으로부터 시작한다. 해양퇴적물 속의 철 성분은 대륙의 침식에 의해 온 것이므로 대자율(Magnetic susceptibility)은 침식비율을 반영한다. 이러한 침식비율은 기후의 변화에 따라 달라지며 이는 지구궤도나 천체의 영향에 따른 작은 변화가 기인하는 것이다.

퇴적물 속의 철 성분은 퇴적 시에 지구자기장 방향으로 자화되게 된다. 절대연령 측정법과 화석연대측정 그리고 이렇게 확정된 퇴적층의 지구자기장 측정에 의해 만들어진 지구자기 연대표를 통해 각 퇴적물의 연대를 정할 수 있으며 이를 통해 특정시기의 침식비율을 정할 수 있다는 이야기이다. 기후변화가 생물의 멸종 및 급격한 진화를 만드는 인자이므로 이를 통해 멸종 및 진화의 시기를 정할 수 있을 것이라는 휴 로스의 레포트이다.

답변② 연령 측정에 대해

암석 연령 측정에 대해서는 우선 교과서에 서술된 내용을 읽어보기 바랍니다. 각종 방사성 동위원소의 반감기를 이용하는 방법이 주를 이루나 이외에도 상대적인 연령 측정을 들 수 있고 지층의 퇴적 양상(예로 빙성, 호수성 퇴적물은 일 년에 입자가 큰 두꺼운 부분과 입자가 작은 얇은 부분의 반복으로 나타남)에서 계산되기도 하고 화석의 연구에서 연령을 추정하기도 합니다.

질문❸ 방사성 동위원소 측정법

방사성 동위원소 측정의 정확도에 대해 알고 싶습니다. 기본 전제로, 즉 절대명제가 있는데 그게 바로 방사성 동위원소 연대측정법은 무조건 옳다 인데요. 연대측정법의 정확성이 어느 정도 인가요?

동위원소도 주위 환경이 변하면 붕괴 속도가 달라지지 않나요?

답변① 반감기 자체는 환경에 변화를 받지 않는데요.

방사성원소의 반감기는 온도와 압력과 같은 외부 조건에 관계없이 실험실에서 정확하게 측정할 수 있다고 합니다.

모원소(불안전한 원래 방사성원소)와 자원소(모원소가 변한 안정한 새로운 원소)의 비를 측정하고 모원소의 반감기를 앎으로써 과학자들은 방사성원소를 포함한 암석이나 광물의 나이를 계산할 수 있는데요. 정확한 절대연령을 얻기 위해서는 과학자들이 다루는 표품(방사성원소를 포함한 암석이나 광물의 일부를 말하는 것 같아요)이 폐쇄계임을 확인하여야 한답니다. 즉 모원소와 자원소는 반드시 방사성원소의 붕괴에 의해 생성되며 이들의 유입이나 유출이 없어야 한다는 거죠. 만약 모원소나 자원소가 측정 표품에 더해지거나 또는 빠져나가면 계산된 표품의 연령은 정확하지 못하게 되는 건 뭐 당연하니까요. 절대연령이 정확하지 못할 경우 이들은 대부분 원래 나이보다 많기보다는 훨씬 적은 것이 보편적이라는군요(아마도 방사성원소의 유출이 유입보다 쉬운 모양이에요). 때때로 동일한 표품에서 2개의 서로 다른 방사성원소의 모원소와 자원소의 비를 측정함으로써 표품의 정확한 절대연령을 재확인할 수 있는데 각각의 모원소와 자원소의 비에 의하여 얻어진 절대연령은 정확히 일치하여야 하며 따라서 보다 믿을 만한 연령을 얻을 수 있다는 겁니다.

만약 나이가 정확하게 일치하지 않으면 다른 표품을 이용하여 방사성원소의 모원소와 자원소의 비를 측정하여 어느 절대연령이 정확한지 확인하여야 한대요.

 답변② 방사성 동위원소의 측정

앞의 답변이 잘되어 있습니다. 방사성 동위원소 측정의 정확도는 측정 원소에 따라 오차의 범위가 다릅니다. K‐Ar측정에서는 수백만 년의 오차한계가 있으나 오래전 지질시대에선 이러한 자료도 유용합니다(억 년 단위나 수십억 년 단위에서). 탄소의 경우는 오차의 일 년 범위가 백 년 단위로 줄어드나 수천 년 전까지의 시료만 측정할 수 있습니다. 곧 시료의 추정되는 지질시대에 따라 측정 방법을 달리합니다.

 질문④ 시간측정에 대해

지질학에서 시간측정은 아주 중요한 것이라고 언급되었습니다. 그리고 연령 측정은 방사성 동위원소의 반감기를 이용한 측정이 가장 정확하고 널리 이용된다는 것 같은데. 좀 더 자세한 내용을 알고 싶습니다.

 답변① : 동위원소를 이용한 연대측정.

연대측정에는 상대연대와 절대연대 측정이 있는데요, 절대연대 측정방법에 대해 질문하신 것 같군요. 방사능 동위원소를 이용한 절대연대의 측정방법은 간단히 다음과 같습니다.

■ 절대연대 측정

• 방사성원소의 반감기: 방사성원소의 양이 처음의 반으로 줄어드는 데 걸리는 시간을 반감기라 한다.

• 절대연대 측정에 쓰이는 방사성원소

1. 우라늄^{238}U	붕괴 후 생성원소: 납^{206}Pb, 반감기: 약 45억 년, 원소를 포함하는 광물: 저어콘, 우라니나이트
2. 토륨^{232}Th	붕괴 후 생성원소: 납^{208}Pb, 반감기: 약 140억 년, 원소를 포함하는 광물: 저어콘, 우라니나이트
3. 루비듐^{87}Rb	붕괴 후 생성원소: 스트론튬 ^{87}Sr, 반감기: 약 470억 년, 원소를 포함하는 광물: 백운모, 흑운모, 사장석
4. 칼륨^{40}K	붕괴 후 생성원소: 아르곤 ^{40}Ar, 반감기: 약 13.5억 년, 원소를 포함하는 광물: 백운모, 흑운모, 정장석
5. 탄소^{14}C	붕괴 후 생성원소: 질소^{14}N, 반감기: 약 5,700년, 원소를 포함하는 것: 생물체

이 중 우라늄, 토륨, 루비듐, 칼륨은 반감기가 길어서 암석의 절대연대 측정에 이용되며 탄소는 주로 고고학에서 이용된다.

■ 절대연대 측정방법

⟨반감기 공식⟩

– 어느 방사성원소의 처음 양을 Mo, 그 방사성 물질의 반감기가 T일 때 t년 후에 M만큼의 방사성 물질이 남았다면 이들 사이에는 다음 관계가 성립한다.

$$M = Mo * (1/2)^{(t/T)}$$

⟨우라늄에 의한 방법(^{238}U $\Rightarrow$ ^{206}Pb)⟩

우라늄(^{238}U) 1g이 1년에 1/(7.6)×10^{9}g의 납(^{206}Pb)으로 변하므로, 우라늄 Ug에서 t년 후에 생기는 납의 양을 Pb라 하면, Pb=U/(7.6)×10^9×t이므로 다음 식이 성립한다.

$$t = Pb/U * 7.6 * 10^9$$

따라서 이는 암석 중의 우라늄과 납의 양을 알면 그 암석이 생성된 후 얼마나 시간이 지났는지를 알 수 있다.

〈칼륨-아르곤법(^{40}K $\Rightarrow$ ^{40}Ar)〉

40K가 붕괴되어 40Ar으로 변한다. 암석 속에 축적된 40Ar의 양과 붕괴되고 남은 40K의 양을 측정하여 반감기를 이용하면 암석의 절대 연대를 측정할 수 있다.

〈방사성 탄소법(^{14}C $\Rightarrow$ ^{14}N)〉

대기 중에 들어 있는 방사성 탄소 ^{14}C와 보통 탄소 ^{12}C의 비율이 일정하고 살아 있는 생물의 호흡으로 생물체 내에 들어온 ^{14}C와 ^{12}C의 비율도 대기에서와 같이 일정하다. 그러나 생물체가 죽으면 호흡이 정지되어 그때부터 ^{14}C는 붕괴되어 ^{14}N으로 변하므로 ^{14}C가 줄어 ^{12}C와의 비율이 달라진다. 따라서 대기 중의 ^{14}C와 ^{12}C의 비율을 비교하면 그 생물이 죽은 후 경과한 시간을 알 수 있다. ^{14}C에 의한 방법은 ^{14}C의 반감기가 약 5,7000년으로 비교적 짧아 가까운 시대에 퇴적된 지층의 연령을 측정하는 데 편리하다.(고고학이나 인류학 등의 연구)

 질문⑤ 백주년기념관의 현무암에 대해

저번에 백주년기념관에서 암석을 보고 있었는데 현무암을 보았습니다. 당연히 제주도에서 나온 암석인 줄 알았는데 알고 보니 경북 포항의 것이던데, 현무암은 화산활동의 결과로 나온 암석이 아닌가요? 그럼 포항에도 옛날에 화산활동이 있었나?

 답변① 화산활동.

기본적으로 화산활동의 가능성은 어디에나 있습니다. 그러나 판구조론과 관련된 부분에서 더욱 활동적이고 빈번한 것이고 이와 관련된 화산활동을 판구조론으로 설명하고 있는 것입니다.

 질문⑥ 백두산이 다시 폭발을?

얼마 전 TV에서 백두산이 다시 활동하려고 한다며 여러 가지 현상을 보여

준 적이 있었습니다. 백두산이 마지막으로 활동한 때는 언제이고 만약 폭발한다면 위력은 어느 정도일까요? 정말 폭발할 가능성이 있는 건가요? 예전에 발해가 멸망한 게 백두산의 화산폭발 때문이라는 이론이 있다고 들었는데 좀 걱정이 되기도 하네요.

답변① 백두산은…….

장백산(백두산의 중국어 호칭) 천지화산은 세계적으로 가장 위험한 화산 중의 하나이며 일단 화산이 폭발하면 반경 35km 이내의 모든 생명을 궤멸시킬 정도의 위력을 발휘할 것으로 보인다고 중국의 류우에신이라는 박사가 그랬다는군요.

편 기록에 의하면 백두산 천지화산은 서기 750–960년간에 한차례의 대규모 분출이 있었다고 하는데 이로 인해 유독불소와 염소기체 5백만 톤, 유황 24만 톤이 대기권의 오존층을 파괴함으로써 4천만 T의 이산화탄소를 형성, 지구의 기후변화를 초래할 정도로 온난화 현상을 빚었던 것으로 분석되었다고 합니다.

이 같은 분출 규모는 지난 1991년 필리핀에서 발생, 8백여 명의 사망자와 20여만 명의 이재민을 낸 피나트보 화산폭발을 훨씬 능가하는 것으로 2000년대 지구상에서 가장 큰 폭발의 하나에 기록될 것이라네요.

당시의 화산 분출은 광대한 백두산 원시림을 삼켜버렸으며 화산폭발물은 1백 72km^{2}에 이르는 지역을 뒤덮었는데 이때의 영향으로 천지화산구 부근에는 지금까지도 부석의 두께가 70m에 이르고 있으며 화산분출구에서 3백km 떨어진 송화강 일대에서도 5–10㎝ 두께의 화산잔재물이 현재도 발견되고 있답니다.

또 가장 최근의 폭발로는 1597년, 1668년, 1702년에 각각 백두산이 폭발, 용암이 흘러내렸다는 역사적 사실이 조선왕조실록에 기술돼 있다고 합니다. 이렇게 위험한 백두산에 대해 조사가 미비해 폭발예상 시간을 알기가 어렵다니. 큰일이네요.

답변② 백두산이라…….

백두산은 먼 옛날부터 여러 가지 명칭으로 불려 왔고 문헌에 의한 최초의 이름은 중국 산해경에 "넓고 거친 들판 가운데 산이 있는데 불함산이라고 부른다."고 적혀 있다. 그 뒤 단단대령, 개마대산, 도태산, 태백산, 백산 등으로 불렸고 우리나라에서는 고려 성종 10년(991년)부터 백두산이라고 불러 왔다.

백두산은 우리나라와 중국의 국경지대에 자리 잡은 휴화산으로 산 전체의 총면적은 8,000km²이다. 남북한을 통틀어 가장 높은 산으로 남한에서는 2,744m, 북한에서는 2,749.2m로 표기하여 약 5m의 차이가 난다.

백두산의 서쪽과 북쪽은 중국 길림성에 속하고 동쪽과 남쪽은 북한의 양강도에 속한다. 백두산은 예부터 조선의 영산, 만주족의 발상지로 인정되었고 많은 전설들이 지금까지 전해오고 있다. 백두산은 여러 봉우리를 거느리고 있는데 해발 2,500m 이상인 봉우리만도 16개이며 시대에 따라 이들 봉우리의 명칭이 달랐다.

우리나라에서는 요즈음 장군봉(2,749.2m), 망천후(2,712m), 비류봉(2,580m), 백암산(2,670m), 차일봉(2,596m), 층암산(2,691m), 마천우(2,691m) 등의 7개 봉우리에만 명칭이 전해지고 있다.

중국 측에서는 우리의 장군봉을 백두봉이라고 부르는 것을 비롯하여 삼기봉, 고준봉, 자하봉(2,618m), 화개봉, 철벽봉(2,560m), 천활봉, 용문봉, 관일봉, 금병봉, 지반봉(2,603m), 와호봉(2,566m), 관면봉 등 16개 봉우리에 모두 명칭이 있다. 이러한 명칭은 1900년대 초에 붙여진 이름이다.

백두산 천지는 여러 차례의 화산폭발과 함락에 의하여 이루어진 칼데라 호이다. 수면의 해발 고도는 2,189m로 전 세계 화산호 중 가장 높은 자리를 차지한다.

천지의 동서 길이는 3.51km, 남북 길이는 4.5km이다. 평균 물깊이는 200m이며 가장 깊은 곳은 384m이고 총저수량은 19.55억 ㎥이다. 천지의 물은 북쪽 승차하를 따라 일 년 내내 장백폭포로 흘러내리는데 그 총유량은 약 3,866㎥이다.

물의 내원은 빗물, 지하수 등인데 그중에서 지하수가 62%를 차지한다. 해발 고도 2,744m의 백두산은 높고 상대 고도의 차이가 커서 여러 곳에 다양한 폭포가 있다.

그중 가장 큰 폭포가 장백폭포인데 현재는 중국의 영토로 되어 있다. 이는 높이가 68m이고 여름철은 물론이고 겨울철에서 얼음과 눈 속에서 폭포가 쏟아지고 있는 것이 매우 장관이다. 밀림 속에 자리 잡은 악화폭포는 그 높이가 50m이고 경치가 매우 아름답다.

백두산은 지질시대에 여러 차례의 화산폭발이 있었고 역사 시대에 들어와서도 1413년, 1597년, 1660년, 1702년, 1900년 등 5차의 화산폭발이 있어 지금도 화산활동 후기 현상이 나타나고 있다. 그중 전형전인 것이 온천군이다. 백두산 내 온천은 해발 1,756m 이상 되는 곳에서 나타나는데 모두 30여 곳이다. 그 가운데서 천지 내에 두 개의 분수구가 있고 장백폭포 북쪽에 13개의 분수구가 있다. 최고 수온은 82도에 달하여 이 온천물에서는 달걀도 삶아진다.

백두산 지역은 강수량이 비교적 많다. 그 원인은 해양과 거리가 가까우며 삼림지역이어서 수증기가 많고 지세가 높기 때문이다. 천지 주변의 연평균 강수량이 1,340.4mm이며 연강수 일수는 209일쯤 되고, 특히 우기는 7, 8월로 거의 매일 비가 내려 맑은 날은 불과 며칠 되지 않는다.

백두산의 연평균 기온은 −7.3도이고 극단적인 최저 기온은 −44도이다. 9월 초순이면 눈이 내리기 시작하여 온통 겨울 설원으로 변한다. 계곡엔 눈이 매우 두껍게 쌓여 이듬해 7월에도 채 녹지 않은 눈을 볼 수 있다. 서풍이 강한 백두산은 연평균 풍속이 초속 11.7m에 달하고 8급 이상의 폭풍 일수는 267일이나 된다. 폭풍이 가장 많은 달은 12월로서 29일쯤 되고 최대 풍속은 초속 70m가 넘을 때도 있다.

백두산의 제일 높은 봉우리는 병사봉이며 산의 윗부분에 부석이 덮여 있어 '백두'라는 이름이 붙여졌다고 한다. 백두산에는 6월 말까지도 눈이 남아 있고 7월 중순까지도 음지 일부분에는 하얀 눈이 녹지 않고 쌓여 있는 모습을 볼 수 있다.

질문7 돌 이름 때문인데요.

퇴적암 암석 중에 보면 충식석회암(worm eaten limestone)라는 이름의 석회암이 있던데 그 이름이 실제 학명인지 아님 그냥 모양보고 써 놓은 이름인지 몰라서요.

답변① 충식석회암에 대해.

충식석회암(worm eaten limestone)이라는 이름의 석회암은 이름 그대로 벌레가 먹은 흔적들이 남아 있는 것처럼 보이는 모양을 갖고 있어 야외에서 임의로 붙여 쓰는 용어입니다. 실제로는 벌레와 무관한 충리를 이룬 성분의 차이가 풍화 정도에 의한 차별적 침식에 의해 그러한 모양을 나타냅니다. 벌레가 먹은 흔적들이 남아 있는 모양의 충리에 점토광물의 함량이 많은 쪽입니다. 충식석회암에 대해 다른 성인을 주장한 것도 있습니다.

질문8 결은 어떻게 확인?

수업 시간에 터널 등을 건설하는 데 있어서 지층의 결이 중요하다고 했습니다. 그런데 결의 방향은 어떻게 확인이 가능한지요?

밀도나 특별한 차이가 없다면 측정하기가 곤란할 것 같네요?

답변① 지층의 충리면.

결을 지층의 충리면이라고 합니다. 지층이 쌓이면서 나타난 퇴적 면이라 지층이 갈라질 때 주로 이러한 면을 따라 생성됩니다. 야외에서 간단히 확인할 수 있습니다.

질문9 변성암에 대해서.

변성암에는 접촉변성암과 광역변성암이 있다고 들었습니다. 그런데 좀 더 자세히 알고 싶네요. 구체적으로 어떤 것들이 있고 어떤 것이 생성 원인인 줄 알고 싶습니다. 그리고 혼펠스라는 것도 있던데 그것도 가르쳐 주세요.

 답변① 변성암이라……

변성암에는 크게 접촉 변성암과 광역변성암이 있습니다.

변성작용이란 기존의 암석이 열과 압력에 의해 변하는 작용입니다. 접촉 변성작용은 마그마의 접촉부에서 열을 받아 형성됩니다. 그래서 열 변성작용이라고도 합니다. 원인은 마그마의 관입에 의한 열이죠. 특징은 광물의 재결정 작용이나 새로운 광물이 생성됩니다. 조직은 혼펠스 조직과 입상 조직이 나타납니다. 여기서 혼펠스 조직은 셰일이 열 변성에 의해 결정질로 된 흑색의 굳고 치밀한 조직입니다.

광역 변성작용은 조산대의 높은 온도와 압력을 받아 형성됩니다. 원인은 지각변동(조산운동)에 수반되는 열과 압력에 의해서이지요. 접촉변성과 다른 것은 압력이 중요한 역할을 한다는 것입니다. 특징은 암석의 밀도가 커지고 결정이 조립질로 변합니다. 조직은 구성광물이 압력에 직각으로 재배열된 편리나 편마구조가 나타납니다. 따라서 조직을 결 따라 쪼갤 수 있는 쪼개짐도 발달합니다.

사암이 변성되어 규암, 석회암, 대리석으로, 셰일이 변성되어 점판암이나 천매암, 화강암이 화강암, 편마암 등의 변성암으로 변합니다.

제 **5** 장

판구조론

대륙이 갈라지고 움직이는가?

판구조론과 관련된 질문/답변 모음

질문❶

판의 구조 운동과 광상의 형성과는 밀접한 관련이 있다고 들었습니다. 특히 판의 경계부에 광상의 분포 밀도가 높다고 하는데 그 이유가 무엇인지 궁금하군요…….

답변①

판의 위치와 광상의 형성과는 밀접한 관련이 있습니다. 해령지역, 즉 발산되는 지역에서 생성되는 광상과, 판의 수렴지역에서의 광상 종류가 달라집니다. 발산되는 지역에서는 화성활동과 관련된 광상이, 수렴지역에서는 변성작용을 받은 광상이 주로 생성됩니다. 물론 이러한 판들과 관련이 없는 광상도 생성됩니다.

질문❷

판이동은 맨틀의 대류에 의해서 이루어진다고 합니다. 그런데 상당히 긴 세월 동안 그 이동 방향이 일정했고 또 그 판의 분포와 이동방향도 혼잡하게 나열되어 있는 것 같습니다. 이런 분포와 방향성이 생기게 된 이유가 있는지, 또 금성에서 판구조의 징후를 발견했다는 글을 보았는데 다른 행성이나 위성에서 판이동의 증거를 발견한 것이 있는지 궁금합니다.

답변①

왜 그렇게 움직이는지는 모르겠지만 여하튼 판구조가 지구 내부의 열을 방출하는 데 큰 역할을 담당하고 있다고 합니다. 여러 개의 판들이 서로 이동하기 때문에 대양저를 움직이게 하고 대륙을 성장시켜 현재와 같은 상태를 유지하게 한다고. 음, 근데 금성에서도 판구조의 존재가능성이 있는지는 모르겠지만 다른 행성과 위성에서는 발견되지 않은 것으로 알고 있습니다.

답변②

다른 행성이나 위성에서의 판이동의 증거에 대해서는 저도 지식이 짧아 모르겠습니다만 금성에 플룸구조가 지배적이라는 언급이 있어 대류에 대한 조건은 갖추고 있는 것 같으나 확실히는 모릅니다.

질문❸

강의노트를 보니 판구조론과 플룸구조론이 나와 있었는데 판구조론은 어느정도 익숙하고 많이 보아서인지 여러 가지 내용(예: 증거)도 이해하기 쉬웠지만 신구조론(플룸구조론)은 노트에 나와 있는 내용만으로는 이해하기가 어렵고 좀 생소했습니다. 자세히 알고 싶습니다.

답변① 플룸구조론에 관해서.

판구조론은 지구 표면의 중요한 지질현상인 대륙의 이동, 조산운동, 화산작용, 지진현상 등에 대해 통일된 이론을 제시하고 있다. 즉 많은 지질현상이 판들이 상대적으로 운동하는 동안 판과 판의 경계면에서 일어나는 것으로 해석될 수 있다는 것이다. 하지만 이는 지구의 상층부에서 일어나는 현상에 국한되어 있으며 맨틀의 깊은 곳에서 일어나는 현상에 대해서는 설명하지 못하고 있다. 그 한 가지 예가 열점이다. 판구조운동과는 관련이 없는 지질현상으로 하와이 섬과 같은 판의 내부에서 일어나는 화산활동이 그것이다. 이러한 열점 화산활동은 판구조론에 대하여 큰 문제점을 던져 주었다.

열점 화산활동을 공급하는 맨틀 물질이 위로 상승하는 모습이 마치 연기가 공기 중으로 파이프 모양으로 올라가는 것과 유사하다는 점에서 이를 맨틀 플룸이라고 부른다.

판구조운동의 근본 원인은 맨틀 내에서의 대류 현상인데 현재 맨틀의 대류와 관련된 모델에는 두 가지가 있다. 하나는 맨틀이 전체적으로 대류한다는 것이고 다른 하나는 상부맨틀과 하부맨틀이 따로 대류한다는 것이다. 나중 모델은 원래 지진이 일어나는 깊이가 상부 약 650km까지로 한정돼 있다는 점에서 유래된 생각이다. 이 모델은 동위원소와 더불어 많은 화학적 연구자료를 통해 중앙해령을 만드는 마그마성분과 열점화산의 마그마성분이 판이하게 다르다는 점이 입증되었다.

맨틀 플룸의 기원으로 두 가지 후보 지역이 대두되고 있는데 맨틀과 핵의 경계 바로 윗부분의 맨틀지역(D층)과 상부-하부 맨틀의 경계지역이 바로 그것이다.

D층을 플룸의 기원으로 하는 플룸구조론은 맨틀의 최하부 지역인 D층에 외핵으로부터 공급되는 열에 의해 불안정한 부분이 형성된다. 이 부분이 플룸으로 발달하는데 주위 맨틀보다 뜨거운 플룸은 가볍기 때문에 위로 상승하며 맨틀의 상부에서 녹아 열점 화산활동을 일으킨다. 이렇게 맨틀 물질이 위로 상승하는 현상은 식어서 무거워진 판이 섭입대에서 맨틀-핵 경계부까지 되돌아가는 것과 더불어 맨틀 전체 규모의 대류를 형성한다는 가정이다. 이 가정은 열점화산의 암석에서 분석된 화학 성분 및 동위원소의 자료가 지각물질의 표식을 가진다는 점에서 지지되기도 하지만 섭입된 판이 과연 이 이론이 요구하는 깊이까지 들어가는가 하는 데는 이견이 많다.

상부-하부 맨틀 경계를 플룸의 기원으로 생각하는 플룸구조는 섭입대에서 상부맨틀로 내려가는 판은 상부맨틀-하부맨틀의 경계부인 650km 깊이에서 하부맨틀 물질의 밀도보다 가볍기 때문에 하부맨틀로 침투하지 못하고 경계부에서 수평으로 퍼지거나 경계부에서 쌓여 거대한 암석덩어리를 만드는 것으로 생각되고 있다. 이 경우 맨틀 플룸은 상부-하부 맨틀 경계부에 쌓인 판의 물질이 다시 녹아서 생성되는 것으로 생각될 수 있다.

최근에 거론되고 있는 가설은 위의 두 가설을 복합한 맨틀대류로서 상부-하부 맨틀의 경계부에 놓인 암석덩어리가 하부맨틀을 통과하여 D층까지 내려온 뒤 이곳에서 녹아서 맨틀 플룸을 생성한다고 보는 것이다.

 답변②

판들의 움직임을 즉 대류에 관한 설명을 위해 Plume tectonics라는 개념을 생각한 것입니다. 지구 내부의 온도 분포가 불균질하여 저온의 것과 온도가 높은 것으로 나누고(즉 hot plume와 cold plume) 저온의 것이 하강하고 고온의 것이 상승하는 것으로 생각하는 새로운 개념입니다.

질문④ 추락하는 해양판?

대륙판과 해양판의 충돌로 인하여 침강하는 해양판은 맨틀로 향하게 됩니까? 아니면 대륙판의 아래로 들어갑니까?

맨틀로 들어가면 판의 성질이 융화되어 맨틀과 같은 물질로 변화할 수도 있겠지만 맨틀의 부유하는 상승의 힘을 받아 맨틀 위에 떠 있던 지각이 횡압력을 받는다고 해서 다시 맨틀로 내려앉는 하강을 하는 것은 좀 이해가 안 됩니다. 대륙판의 밑에 스며들어간다면 대륙 전체에 거대한 지각 변동이 끊임없이 발생하는 원인이 될 것 같아 사실이 아닌 듯하고…… 그러한 고로 해양판이 계속 밀려들어가 지구를 몇 바퀴 돌았다거나 우리 발밑에 있는 것은 의심이 가는 해석인데. 가능성은 있나요?

답변①

보통 판과 판의 경계에서 지각변동이 일어나구요. 대륙판과 대륙판의 경계에서는 습곡산맥을, 대륙판과 해양판의 경계에서는 해구를, 해양판과 해양판의 경계에서는 해령이 만들어지구요. 여기서 대륙판과 해양판의 경계만 보도록 할게요. 근데 잠깐, 두 판들의 성질(?)에 대해서 집고 넘어가자면, 대륙판은 Si, Al, 화강암을 주성분으로 하고 평균두께는 35km 정도, 밀도는 $2.7g/cm^3$이구요, 해양판은 Si, Mg, 현무암을 주성분으로 하고 평균두께는 5km 정도, 밀도는 $3.0g/cm^3$입니다. 밀도가 높다는 말은 더 무겁다는 말로 바꿀 수 있겠죠? 이게 답입니다. 결론은 해양판과 대륙판이 만나면 해양지각이 더 무겁기 때문에 대륙지각 아래로 밀려들어가는 겁니다.

답변②

지구의 대륙판이나 해양판 모두 성분의 약간의 차이는 있어도 결국 맨틀의 밀도보다 낮은 밀도를 갖기 때문에 맨틀 위에 떠 있다고 봅니다. 마치 물 위에 나무판자가 떠 있듯이. 그런데 만일 두 나무판자가 있을 때 사람이 인위적으로 한 나무판을 다른 나무 판 아래로 밀어 넣는다면 약간의 힘이 들면서 밀어 넣을 수 있습니다. 같은 원리로 생각한다면 판을 밀어 넣는 어떤 힘이 필요한데 이것은 새로 생성되는 판이 밀고 밀려들어가는 판은 뜨거운 맨틀에 녹아서 결국 부력이 감소하는 등의 작용 때문 아닐까요? 그리고 맨틀 중 비교적 밀도가 작은 암석 성분이랄지 뭐 그런 것들은 밀도가 작으니까 맨틀의 상단부(지표 쪽)에 떠 있을 것이고 그러나 용암이 쾅! 하고 나오면 그때 그런 암석 성분이 다시 흘러 나와 지표나 해양판을 이루지 않을까 싶네요.

 답변③

대륙판과 해양판이 지각입니다. 해양판의 섭입이 진행되면 온도와 압력에 의해 부분적인 용융이 생기게 되겠지요. 실제로 해양판이 어느 곳까지 섭입 내지 함몰되느냐는 확실치 않습니다. 내부로 섭입될수록 원래의 해양판이 용융되어 주위의 물질과 혼합 내지 융화될 것으로 추정하고 있습니다. 그러나 해양판의 용융된 일부분이 다시 마그마 호에 분출되어 지표로 나오는 것은 알고 있습니다.

 질문⑤ 해양판의 상승

업 중에 해양판과 대륙판이 해구를 형성하며 만나는 곳에서 보통은 해양판이 subduct해서 대륙판 밑으로 들어간다고 말씀하셨는데요. 해양판이 obduct한다는 것은 해구 뒤쪽 편에서 해양판이 상승한다는 것으로 이해했습니다. 제가 이해한 것이 맞나요?

 답변① 해양판의 obduct

일반적으로는 해양판이 subduct(섭입)해서 대륙판 밑으로 들어갑니다.

그러나 간혹 해양판이 obduct(섭입되지 않고 대륙판 위에 올라가 있는 것) 하기도 합니다. 인도네시아의 예가 그렇습니다. 해양판이 obduct한다는 것은 해양판이 대륙판 위로 올라 와 있어. 즉 육지에서 해양판을 볼 수 있게 됩니다.

질문⑥ 판구조론과 대륙이동설은?

대륙이동설 또한 대륙이동 또한 판구조론에 의한 현상으로 알고 있습니다.

처음에는 어떻게 시작되었는지 모르지만 다른 학생의 글에서 대서양이 확장되고 태평양이 좁아지고 있다는 것을 보았습니다. 아메리카 대륙의 형성에 대한 대륙이동설과 일치한다고 할 수 있겠지요. 그런데 오스트레일리아 역시 아프리카와 붙어 있던 대륙으로 대륙이동설에서는 말하고 있는데. 그럼 이것은 인도양에서는 오른쪽으로 대륙을 밀어내고 있다는 것인가요? 이런 경우 오스트레일리아 대륙은 태평양과 인도양의 중간에 있게 되는데 큰 지각변동 등은 없을까요? 움직이는 판이 만난다면 더 심해야 하는 것 아닌가요? 그런데 왜 그런 현상이 없을까요?

답변① 판구조론과 대륙이동설

독일의 베게너(Wegener)가 1915년 Die Entstehung der Kontinentie und Ozeane에서 하나의 거대 대륙인 판게아(Pangaea)라는 명칭을 사용한 것이 판구조론의 시작이라고 할 수 있습니다만 1910년 테일러(Frank B. Taylor)가 지각의 이동을 언급한 적이 있습니다. 그러나 베게너가 체계적으로 주장했기 때문에 그를 판구조론의 시초로 보는 것입니다. 베게너의 가설에 정당성을 준 것은 1961년과 1962년 디츠(R. Dietz)와 헤스(H. H. Hess)가 해양저 탐사에서 얻은 자료로 해양저 확장/이동(sea-floor spreading)을 언급한 이후입니다. 대륙이동설과 판구조론은 같은 맥락에서의 이야기입니다. 지구표면은 태평양판과 같은 거대판과 소규모의 여러 개의 판으로 나누어져 있어 판의 경계부와의 위치관계에 따라 실제로는 복잡한 양상을 띱니다. 오스트레일리아 대륙이 단순히 태평양과 인도양의 중간에 있는 것이 아니라 각기 다른 판들의 경계에 있습니다. 지질현상은 이러한 판들의 경계부에서 주로 일어나고 있습니다.

질문 7 판구조론의 주요증거에서.

판구조론을 증명하는 방법 중에 고생물학적 방법으로 유전자를 이용할 수 있다고 들었었는데요. 쥬라기공원을 보더라도 작은 화석에 남아 있는 소량의 DNA만으로도 전체 DNA 복구가 되는 것처럼 양 대륙에 남아 있는 화석의 DNA들을 비교해봄으로써 그 유전 과정의 유사성을 통해 판구조론을 설명할 수 있을 것 같은데……. 그 부분에 대해 자세히 알 수는 없을까요?

답변 1 판구조론

일단 판구조론의 증거로는 대서양을 사이에 두고 유럽과 북아메리카기 톱니(?)가 잘 맞고 또한 아프리카와 남아메리카 사이가 잘 맞습니다. 그리고 호주도 아시아 지역과 잘 맞고요. 이렇게 한 대륙에 있다보니 지금의 먼 거리에 있는 아프리카와 남아메리카 사이에 유사성이 많이 나타나지요. 즉 거리상으로는 먼 거리인데 비슷한 시기에 같은 종류의 화석이 존재하고 또 자기장의 방향도 서로 일치를 하지요. 이런 실험 결과 때문에 판구조론을 주장을 하였고 대서양 가운데에서 해저 확장이 일어나는 것을 밝혀 지구가 판으로 이루어져 있다고 확신을 한 것 같습니다.

답변 2 제 생각에는…….

판구조론의 증거를 보면 고생물의 흔적에서 알 수 있다는 것은 같은 지질시대의 생물들을 조사해봄으로써 그 분포가 판구조론에서 주장하는 것처럼 처음에는 같은 판이었기 때문에 분포 면에서 동일한 분포를 이루는 것입니다. 그래서 굳이 DNA검사 같은 것은 필요 없이 그 분포 형태만 보더라도 같은 판이었음을 쉽게 알 수 있다는 것이죠. 물론 DNA검사를 해서 더 정확하게 하겠지만…….

질문 8 자기장의 변화.

자기장이 주기적으로 변해왔다고 말하던데요. 그것을 또 대서양 한 가운데 새로 생성되는 암석들과 관련을 지어서 얘기하던데요. 자기장이 변화하는 것이

랑 대서양 한가운데서 판들의 경계선에서 새로운 암석들이 생성되는 것은 무슨 관계인 건가요?

답변①

지구의 자기장이 수십억 년 동안 변화하고 지구의 자기장변화를 암석에 포함된 성분들의 방향으로 알 수 있습니다. 그런데 문제는 단순히 대서양 바닥에서 갈라지는 지각에서 발견되었다는 것이 아니라 발견 무늬의 대칭성으로 인하여 두 지각이 갈라지고 있다는 것을 알았다는 점이고 갈라지는 현상이 매우 천천히 진행된다는 것이 오늘 비디오의 핵심이 아닐까요?

답변② 해령의 얼룩모양의 자기기록.

제가 이해한 것은 지구에선 일정한 시간을 주기로 자기가 역전되는데(남과 북이 바뀐다는 뜻이지요) 암석은 마그마 상태에서 암석으로 굳을 때 자화가 됩니다.

자화란 어떤 물질에 자석을 대면 그 자석에서 나온 자속(magnetic flux)이 물질을 통과하면서 물질 안의 magnetic pole을 일정 방향으로 정렬하기 때문에 생기지요. 간단히 철에다 자석을 오래 대면 철이 약한 자석이 되지요. 철은 매우 강력한 강자성체이기 때문이고 다른 물질도 조금씩은 다 자화가 됩니다(초전도체가 아닌 이상). 암석 내에 금속성분이 식는 순간에 지구의 자기 방향으로 자화가 되겠지요. 해령이 갈라지지 않는다면 지구 초기에 만들어진 암석이 그대로 한 방향으로 자화되어 있겠지요(당시 자화 방향으로). 하지만 계속 생성되면서 갈라지는 해령 때문에 자기역전의 표식을 볼 수 있는 것이지요.

답변③ 좌우대칭 일렬로 줄무늬 되는 거.

해령에서 마치 톱니바퀴 돌리듯이 밀어내면서 암석을 생성하기 때문에 그때 밖으로 나와 있던 혹은 생성되었던 부분들에 각기 다른 자기장의 역전들이 입력되어 있다는 것이죠. 나무에 나이테가 생기는 건 계절별로 자라는 게 다르기 때문에 안에 겹겹이 다른 두 종류의 무늬가 생성되는 것이라잖아요. 이것도 비숫하게 자기장이 변화한다는 환경이 그 상황에 따라 암석에 다른 무늬를 만들어주고 그 무늬들이 해령을 중심으로 대칭적이라는 건 해령에서 그것들이 좌우 대칭 비슷하게 올라왔다는 것을 증명한다고 이해했네요.

답변④ 자기장의 방향으로 지질시대를

현재는 지층에서 정확한 자기장의 방향으로 지질시대를 알아내기도 합니다.

질문❾ 암석에 있어서 자기의 측정이 궁금해요.

이번 시간에 본 비디오 중에서 학자 두 명이 여러 암석의 자기를 측정해서 지구 자기의 역전현상을 밝혀내는 것을 보았습니다. 화면에서 보니깐 두 사람이 열심히 암석의 표본을 만들어서 자기를 측정하는 것을 보았습니다. 무슨 기구를 가지고 측정하는 것까지는 알겠는데 어떤 원리나 그런 것은 전혀 나오지 않았습니다. 이미 만들어진 시간이 지나가 버린 암석을 가지고 어떻게 자기를 측정하는지 너무 궁금합니다.

답변① 짤막한 답변.

용암 또는 마그마가 식어서 암석이 형성될 때 그 속의 금속성분이 그 지역의 자기장의 방향에 따라 배열되는 것입니다. 용융상태에서는 자유로이 움직일 수 있기 때문에 그 상태로 굳는다면 그 흔적이 남겠죠. 그걸 측정하는 겁니다.

답변② 제가 알기론.

적철석은 지자기에 평형한 자기장을 띤다고 합니다. 따라서 지각에 남은 적철석을 채취하여 자극을 관찰하면 자기장의 방향을 측정할 수 있다고 생각해요.

답변③ 자기의 측정.

철(Fe)성분을 갖는 적철석(hematite)이 암석화될 때 그 지질시대의 자북 방향에 관련되어 암석 내에 존재하게 됩니다. 엄밀한 의미로는 암석이 퇴적 내지 형성될 때가 아니라 암석화 작용을 받는 시기이나 퇴적시기 내지 형성시기로 표현하고 있습니다. 최근엔 자기 측정기기가 발달하여 많은 시료를 지구물리학 전공자들이 손쉽게 측정하고 있습니다.

 질문⑩ 지구에 왜 자기가 생기나요?

너무 원론적인 질문이라고 할 수도 있겠습니다만 지구에 자기가 있다는 얘기는 고등학교 때부터 들었습니다만 정작 왜 지구에 자기가 생기는지는 알지 못하고 있는 것 같습니다. 왜 꼭 자기가 생기는지 궁금합니다.

 답변① 지구의 자기.

지구 내부의 온도는 굉장히 높죠. 철의 온도가 7백 60도를 넘게 되면 자석의 성질을 띨 수가 없습니다. 따라서 지구 내부도 자석의 성질을 띨 수가 없죠. 그러나 다이나모(dinamo)이론에 따르면 철과 니켈로 이루어진 외핵이 열대류와 지구자전 때문에 대류하게 됩니다. 그리고 자기장을 형성하지요.

자석의 성질을 띨 수 없는데 자기장을 형성한다는 것은 어찌 생각하면 모순이 될 수도 있죠. 그러나 뜨거운 액체상태의 금속은 전류를 유도할 수 있습니다. 따라서 액체금속으로 이뤄진 외핵은 대류를 하면서 유도전류를 만들고 유도전류는 다시 자기장을 만들어 낼 수가 있는 것이지요. 즉 지구는 자석이 아닌 전자석이 되는 것입니다.

 질문⑪ 해양지도는 어떻게 만들 수 있나요?

과학자들이 해양지도를 만들었다고 되어 있는데 이것을 어떻게 만드는지 궁금합니다. 바다 속 깊이는 엄청나게 깊은데 어디에는 화산이 있고 어디에서는 땅이 갈라져 있다는 것을 어떻게 측정하나요. 초음파를 이용하면 대략적인 깊이를 알 수 는 있을 것 같은데, 화산 같은 것을 파악하기는 어려울 것 같은데요.

답변① 짧은 생각.

무인 관측선을 이용한 탐사가 아닌가 생각됩니다. 카메라와 각종 분석장비를 갖춘 탐사선을 해저 깊은 곳까지 내려 보내서 얻어진 자료를 종합하여 만들어 내는 게 아닐까요? 아래로 내려가면 수압 때문에 인간이 직접 들어가기에는 힘들 것 같구요.

답변② 전자해도 작성.

■ 전자해도의 정의(ENC: Electronic Navigational Chart)

우선 전자해도란 해도상에 나타나는 해안선, 등심선, 수심, 항로표지(등대, 등부표), 위험물, 항로 등 선박의 항해와 관련된 모든 해도정보를 국제수로기구(IHO)의 표준규격(S-57)에 따라 제작된 디지털해도를 말합니다. 기존의 해도보다 우수한 기능을 제공하므로 우리나라에서도 개발 중에 있습니다. 물론 해도는 여러 가지 방법으로 만들어지겠지만 전자해도 또한 한 가지 방법이라고 생각됩니다.

답변③ 해양 지도 만들기에 대해.

먼저 바다의 깊이는 음향측심기라는 장비를 이용하여 음파로 측정한다고 합니다.

음파를 해저에 발사하면 약 1,500m/초의 속도로 수중을 통과하여 해저에 이르고 해저 면에서 반사된 음파는 다시 동일한 경로로 발사점에 되돌아옵니다. 음향측심기는 음파를 송신하고 해저의 반사파를 수신한 그 사이의 소요시간을 측정한 후 이를 이용하여 수심을 구합니다. 여기서 음파의 전달속도는 해수의 온도, 염분, 수압 등의 요인에 의하여 변하므로 관측해역의 음속을 측정한 후 얻어진 수심에 대한 측정값을 수정하여야 한답니다.

※소리의 속도가 340m/초인 데 비해 음향측심기에서 발사하는 음파의 속도는 약 1,500m/초이므로 바다 속에서의 소리의 속도가 공기 중에서보다 약 4.5배 더 빠름을 알 수 있습니다. 또한 이런 조사선의 역할과 더불어 위성이 사용

되고 있다고 하네요.

1978년 해양 정지 위성(SEASAT)이 발사되었는데 해저 깊은 곳의 변화를
알아낼 수 있는 감지기를 장치했었다. 이 감지기는 해양저 산맥과 계곡들의 모
습을 보여 주었다. 처음으로 전 해양저의 모습이 공간에서 광범위하게 그려질
수 있었는데 석 달 후 전기회로의 소모로 해양 정지 위성의 작동은 중단되었
지만 해양의 지형과 지질을 이해하는 데 많은 것을 제공하였다.

또 재미로 여러 가지를 퍼왔습니다.

■ 인간이 잠수복을 입고 잠수할 수 있는 깊이는 얼마인가요?

헬륨가스를 이용한 혼합기체를 사용하면 수백 미터(330m)까지도 잠수가 가
능함.

물속으로 잠수해 내려가면 10m마다 1기압씩 증가하므로 깊은 물속은 압력
이 매우 높기 때문에 사람이 내려가기가 어렵다. 일반적으로 호흡장치 없이 인
간이 내려갈 수 있는 깊이는 약 10m 이내이며 잠수시간도 2분 이내가 보통이
다. 잠수복을 입고 압축공기를 사용하는 경우 수심 60m 정도가 한계이며 더
이상은 질소마취, 산소중독 같은 잠수병 때문에 위험하다. 헬륨가스 232를 이
용한 혼합기체를 사용하면 수백 미터(330m 정도)까지도 잠수가 가능하며 첨
단기술로 제작된 잠수정을 이용하는 경우에는 지구상 가장 깊은 바다 속까지
잠수가 가능하다. 1960년에 이미 미국 해군소속의 잠수정 트리에스트(Trieste)
호는 세 명의 조종사를 태우고 태평양 마리아나 해구 챌린저 해연 229의
10,918m까지 내려간 기록이 있다.

■ 해양조사선 이외의 해양관측 방법에는 어떤 것이 있는가?

직접적인 관측방법에는 해양관측용 부표, 노매드, 프리프 등 세 가지가 있고
간접적인 관측방법으로는 인공위성 및 음파발생장치와 수신기를 이용함.

해양조사선을 운영하는 데는 많은 비용이 들고 깊은 바다에서는 정박하기
곤란하며 또한 속력이 제한되어 있기 때문에 한 장소에서 계속적으로 관측하
거나 넓은 해역에 걸친 표면과 표층을 관측할 때는 조사선 이외의 다른 방법
을 이용하여 이루어진다. 해양관측 방법 중 직접적인 관측방법에는 다음 세 가

지가 있다.

① 해양관측용 부표: 표면 및 표층의 해류와 수온의 측정은 물론 기상에 관한 측정 자료를 얻기 위하여 오래전부터 사용해 오고 있으며 최근에는 소금 농도 및 파도의 측정도 부표를 이용하여 관측하고 있다.

② 노매드(Nomad: 해군해양과학·기상학 자동장치): 태풍에도 견디도록 견고하게 설치된 부표로서 아직까지 조사선으로 수집된 적이 없는 유용한 자료를 필요한 때에 제공해 주고 있다.

③ 프리프(Flip: 부표기구선): 부표와 배의 기능을 합친 장치로서 배처럼 현장까지 예인되어 간 후 한쪽 끝에 있는 빈칸에 물을 채우면 선체는 수직으로 일어서게 된다. 이렇게 해서 수직으로 선 프리프는 동요가 적으며 사람이 승선하여 일할 수 있는 부표가 되고 배꼬리 부분은 약 100m 깊이까지 물속에 잠기게 되어 이곳에서 수중을 관측할 수 있다.

그리고 간접적인 관측방법으로는 먼저 인공위성을 통하여 해수표면의 온도, 파도, 바람, 습도를 관측하는 것이다. 이 방법은 동시에 넓은 영역을 관측할 수 있는 장점이 있다. 최근에는 음파발생장치와 수신기를 바다의 가장자리에 설치하고 송수신 신호 전달에 의해서 바다 내부를 해석하려는 연구가 활발히 진행되고 있다.

질문⑫ 베니오프대의 마그마 형성의 원인은?

해양판이 대륙판 밑으로 침강하여 들어가는 곳을 베니오프대라고 합니다. 그런데 이곳에선 침강으로 마찰열이 발생하여 마그마가 형성된다고 했는데 단지 마찰열만으로 암석이 대규모로 용융될 수 있습니까? 그렇다면 이곳에서 생기는 마그마는 대륙지각이 용융된 것인지요? 또 위의 내용을 사실로 보면 마그마의 성분은 해령과 다른지 알고 싶습니다.

답변① 질문과 관련된 내용인 듯해서 올립니다.

해구 부근에 형성된 산맥이나 호상열도의 암질은 해령의 열곡 부근에 형성된 해령의 암질에 비해 상당히 복잡하다. 해령은 주로 현무암질로 되어 있으나 해구 부근이나 호상열도의 암석들은 화성암, 퇴적암, 변성암의 다양한 종류의 암석으로 이루어져 있다. 해령 부근의 지질 구조가 단순한 반면 해구 부근이나 호상열도 부근의 경우 습곡, 단층, 화성암 관입으로 복잡한 지질 구조를 보여 준다. 그 이유를 판구조론 입장에서 정리해 보면 해령 부근에서는 해양판이 갈라지면서 현무암질 마그마가 흘러나와 해양지각을 이루기 때문에 단순한 지질 구조와 암석의 분포를 보여준다. 그러나 해구 부근에서 해양판이 대륙판 아래로 밀려들어가면서 대륙 지각 위에 쌓여 있는 지층과 지각이 습곡을 받기도 하고 부분적으로 용융, 변성작용이 일어나기도 한다. 또 대륙판 밑으로 들어간 해양판이 부분적으로 녹아 마그마를 이루기도 한다. 이 마그마가 상승하여 습곡 산맥에 화성 활동과 변성작용을 일으키면서 여러 종류의 화성암과 변성암을 형성한다. 해구 부근에는 육지와 심해에서 모여드는 막대한 퇴적물이 누적되어 두꺼운 퇴적층이 형성되며 후에는 조산운동을 받아 대규모의 습곡 산맥이 형성된다.

답변②   해구에서의 마그마

우선 첫 번째 질문, 마찰열만으로 암석이 대규모로 용융될 수 있는가? 용융될 수 있습니다. 베니오프대에서는 단지 마찰열만이 있는 것이 아닙니다. 해양지각이 대륙 지각과 접촉하면 당연히 서로 미는 힘이 생깁니다. 그러면 엄청난 힘과 열이 발생하며 서로 갈등을 일으키죠. 그러나 해양지각의 밀도가 더 크기 때문에 대륙 지각 밑으로 침강하면서 화산활동도 일어나고 난리(?)가 납니다.

전에 수업시간에 교수님도 언급하신 거 같은데 그동안 쌓인 에너지는 침강하는 지각을 부분 용융시키고 마그마가 생성되지요. 여기에서 두 번째 질문과 세 번째 질문에 대한 답이 나옵니다. 즉 해양지각이 용융되며 마그마의 성분은 안산암질 마그마입니다. 이 마그마가 지각 위로 분출하여 화산활동을 일으키지요.

답변③   용융됩니다.

해양판이 대륙판 밑으로 침강하여 용융됩니다. 이곳에서 생기는 마그마의 성분과 해령에서의 성분이 다릅니다.

질문⑬ 천발지진이란?

발산경계에서는 천발지진이 일어나고 수렴경계에서도 많은 지진이 있어난다고 했는데 그럼 이 지진의 차이점은 무엇입니까?

답변① 그것들의 차이는요.

지진이 발생한 장소가 아닐까 생각합니다. 지진이 지하 깊은 곳에서 발생하면 심(깊을)발(일어날)지진. 별로 깊지 않은 곳에서 발생하면 천발지진이겠죠.

답변② 지진의 발생 심도에 따른 분류 중 하나래요.

지진학자들은 진원의 깊이에 따라 지진을 분류하는데 천발지진, 중발지진, 심발지진 이렇게 세 가지로 분류합니다.

천발지진: 지하 70km까지에서 발생하며 대부분의 지진이 이에 속한다.

중발지진: 지하 70－300km에서 발생되는 지진이다.

심발지진: 지하 300－700km에서 발생되는 지진으로 지진대 중에서도 주로 내륙지방에서 잘 나타난다.

질문⑭ 알프스 산맥의 융기에 관해

히말라야가 인도대륙의 유라시아 대륙과의 충돌에서 생긴 것은 잘 알려진 사실입니다. 오늘 본 비디오에서 알프스도 아프리카판과의 충돌 때문에 생겼다고 했는데. 그렇다면 이탈리아 반도는 아프리카판에 속한 것입니까? 그렇다고 해도 알프스만 융기한 까닭은 무엇일까요? 옆의 세르비아 등 발칸지형은 별로 주름이 없지 않나요? 책 등에는 알프스에 해당하는 판이 따로 그려져 있던데. 히말라야의 경우처럼 명쾌하지가 않군요. 그리고 피레네 산맥도 알프스의 연장인지. 또 판의 경계에서 발생하는 지진－화산은 그리스의 화산흔적과 과거 터졌던 베수비오화산이 전부인지. 궁금하네요. 만일 시간이 엄청나게 지나면 지중해도 좁아지는 걸까요?

답변① 부분 답변

유럽 대륙에 관해서는 잘 모르겠고 지중해에 관해서라면 맞습니다. 지중해는 흑해나 아랄 해와 같이 과거 테티스 해의 잔존이며 점점 작아지고 있습니다. 참고로 대서양은 젊은 바다이고 태평양은 오래된 바다입니다. 지중해는 시간이 지나면 히말라야 산맥과 같이 될 것입니다.

답변② 알프스 산맥의 융기.

높은 산맥의 형성은 습곡에 의해 같은 층이 여러 번 반복되기 때문입니다. 습곡은 힘에 의해 생기고 이러한 힘이 산맥 형성의 경우는 판의 접촉에 의한 것으로 해석하고 있습니다. 알프스 산맥의 융기도 이러한 판의 접촉에 의한 것으로 해석하고 있습니다. 이탈리아 반도 주변부는 복잡한 여러 작은 판들로 구성되어 있는 것으로 알고 있습니다. 피레네 산맥의 방향성이 다르므로 알프스의 연장이 아닙니다. 대서양은 확장돼 왔고 한반도의 동해도 확장돼 왔습니다. 유라시아 대륙 남부에 거대하게 분포하던 테티스바다는 히말라야 산맥이 생성되어 소멸되었고 유럽과 아프리카 사이의 지중해는 좁아져 온 것이겠지요.

질문⑮ 대륙판의 이동과 히말라야 산맥.

히말라야 산맥은 인도판이 이동해 와서 대륙과 충돌하면서 만들어 낸 것이라고 되어 있지요 그런데 어떻게 인도판만이 이동해서 왔을까요? 인도가 존재하는 지각부분이 이동했다는 것인데 그렇다면 인도부근의 소규모 판이 존재해서 그런 걸까요? 또 히말라야 산맥은 계속해서 융기하고 있다는데 그 말은 지속적인 판의 이동과 충격이 존재함을 보여준다고 생각합니다. 그렇다면 화산활동이 있어야 하지 않나요?

답변① 화산활동이 없는 것은.

두 개의 대륙판이 충돌하면서 두 판 모두 해양판보다 두꺼운 판이기도 하고 해서 어느 쪽으로도 섭입하지 않고 융기했기 때문이라고 생각됩니다.

섭입이 없기 때문에 화산이 없는 것이 아닐지……

답변② 판의 이동에 관해서.

판이 어떻게 그런 식으로 움직이는지에 관해서는 저의 짧은 생각이지만 지각 속의 지구 내부에너지의 분출이라는 측면 외에도 처음 지각 생성에서 그 원인을 찾아야 하지 않겠느냐는 것이 저의 생각입니다. 처음 지각이 생성될 때 (시험 때도 나왔었죠) 지각은 균일한 두께로 생성된 것이 아니라 그 두께가 아주 다양하게 생성되었다고 알고 있습니다. 특히 두껍게 형성된 부분이 대륙판, 즉 판이동설에서의 곤드와나 대륙(Gondwana)이 되었고, 그 곤드와나 대륙도 그 두께를 달리하기 때문에 지각 내부의 마그마의 융기 등의 작용에 의해서 인도판, 유라시아 판 등의 형성이 이루어졌다고 생각합니다. 분명 여기에는 해양판의 붕괴와 충돌 등의 효과도 같이 덧붙여졌다고 생각됩니다. 이런 판들의 다양한 생성은 인도판과 같은 상대 판에 비하여 작은 판의 생성도 가능하게 해준 것이라 생각됩니다. 그리고 그런 판들의 이동의 한 결과가 히말라야 산맥이 아닐까 생각하는데요.

답변③ 인도판이 이동.

인도판이 처음부터 따로 있던 것이 아니라 거대 대륙이, 즉 거대한 판인 곤드와나가 아프리카, 남극, 남아메리카, 호주, 인도판 등으로 분리돼 각각 현재의 위치로 이동된 것입니다.

대륙판과 대륙판의 충돌 지역에서 일부 화산활동이 있으나 해령지역이나 대륙판과 해양판의 충돌 지역인 해구와 관련된 화산활동보다는 극히 미미합니다.

질문⑯ 대륙이동설에서.

대륙이동설을 설명하면서 인도지판과 유라시아지판이 충돌하는 부분에서 옛날(충돌하기 전)의 지판의 경계가 잠깐 나왔었는데 양쪽의 경계가 서로 유사한 것 같았습니다. 이것은 그러니까 히말라야 산맥을 통해서 경계면을 정한 것인지 아니면 대략적인 경계를 나타낸 것인지 알고 싶습니다.

 답변① 히말라야 산맥을 경계면으로.

인도지판과 유라시아지판이 충돌하는 부분에서 옛날(충돌하기 전)의 지판의 경계에서 히말라야 산맥이 형성되었기 때문에 히말라야 산맥을 경계면으로 표시하는 것입니다.

 질문⑰ 함몰설과 열림설에 대한 질문.

동해가 만들어진 가설에는 한반도와 일본열도 사이에 있던 땅이 무너져 만들어졌다는 함몰설과 일본열도가 한반도에서 이동하여 만들어졌다는 열림설이 있다. 열림설과 함몰설에 대해 좀 더 자세하게 알고 싶어요.

 답변① 열림설

열림설이 설득력이 있음. 일본열도의 후호분지(Back-arc basin)에서의 해저확장(sea floor spreading)에 관한 증거들이 있기 때문입니다. 일본열도의 태평양 쪽에 위치한 해구로 태평양판이 함몰되어질 때 후호분지에 해당되는 동해는 장력을 받게 되어 벌어지게 됩니다. 즉 한반도와 붙어 있던 일본열도가 한반도에서 이동해 간 것입니다. 시대는 마이오세에 급격한 변화가 있어 일본열도가 많이 회전한 것입니다.

 질문⑱

기후의 변천에 대해 자료를 읽다보니 전자칠판 강의내용의 고기후를 판독하는 방법에는

1. 고토양과 퇴적층을 이용하는 방법
2. 동식물 화석을 이용하는 방법
3. 산소 동위원소를 이용하는 방법

4. 방해석과 애라거나이트를 이용하는 방법

5. 자전과 공전에 근거한 천체이론

등이 있는 것 같습니다. 그런데 그중에 석회암층이나 철광층이 나타나면 그 지층이 나타난 지질시대의 기후가 온난하다는 증거가 된다고 하는데 그 이유를 알고 싶습니다.

답변①

철광석층과 석회석층은 식물이 이산화탄소를 흡수하고 산소를 내보내면서 발생하게 되는 것입니다. 즉 식물의 활동이 왕성할 때 더 많은 이산화탄소를 흡수하게 되어 석회석층이 더 빨리 증가하고, 이때 산소를 많이 내 놓기 때문에 철이 더 많이 산화되어 가라앉게 되는 것입니다. 따라서 철광석과 석회석이 많이 가라앉아 있다는 것은 그때 식물이 왕성하게 활동했다는 것이고, 식물이 왕성하게 활동을 하기 위해서는 온도가 높아야 되므로, 따라서 석회석층이 나타나면 그 시대는 온도가 높았다고 예상하게 되는 것입니다.

답변②

특정 암석이 고기후를 나타내는 경우입니다. 석회암의 경우는 대부분이 온난하거나 열대성 기후를 나타냅니다. 또한 석회암내에 내포된 화석에서 더욱 정확한 기후를 추정합니다.

질문⑲ 지름 1mm의 유공충을.

지난번 '대산맥의 형성' 비디오를 보면은요. 화석을 캐고 다니는 게 보이는데 거기서 보면 지름 1mm의 유공충의 화석을 발견해서 어쩌니 저쩌니 그런 말을 하는데요. 솔직히 지름 1mm의 화석을 발견해 낼 수 있다는 게 이해가 가지 않거든요? 얼핏 봐서 그냥 작은 기포 구멍 같이 보일 텐데. 현미경 같은 걸로 보지 않으면 알 수 없을 텐데. 화석이 있으면 근처에 징후 같은 게 있어서 알 수 있는 건가요? 이런 작은 화석들을 어떻게 발견해 내는지 궁금해요.

답변① 유공충에 대해서.

질문을 읽다보니 유공충이 무엇인지 궁금하고 그걸 알아야 답변을 할 수 있을 것 같아 이렇게 적어봅니다.

■ 유공충(有孔蟲)

바다에 살며 석회질, 키틴질, 규산질 등으로 된 껍데기를 가진 작은 동물. 원생동물로서 큰 것은 수cm나 되는 것도 있지만 대부분은 1mm 이하이다. 공모양, 별 모양 등 여러 가지 종류가 있다. 유공충의 시체가 바다 밑에 쌓이면 석회암이 된다. 이 석회암 속에서는 여러 가지 유공충의 화석이 발견되는데 어떤 종류는 석유가 있는 층에서만 발견되므로 석유를 발견하는 수단이 되기도 한다.

물론 조그마한 화석을 발견한다는 것이 상당히 어려운 일이겠지만 석회암층의 경우 유공충화석이 발견될 확률이 높고 석유발견의 수단까지 된다면 석회암층의 표본을 가져와서 정밀하게 유공충화석을 발견하는 일이 일어날 수 있지 않을까요?

물론 유공충화석이 어느 지역에 있을 것이라고 확신할 수 있는 수단은 없지만 다른 큰 화석들을 발견하고 그 화석들의 생성환경을 생각해 봐서 유공충이 있을 거라는 가정이 들면 정밀한 조사를 통해 유공충화석을 발견하리라 생각합니다.

답변② 화석 연구에 대해······.

야외에서 찾을 수 있는 화석이 있겠고 실내에서 단순히 확대해서 알 수 있는 것이 있고, 또한 화학 약품 처리를 하여 찾아내는 것들도 다수입니다. 1mm의 유공충의 화석을 알아내는 것은 간단한 편입니다. 화석을 연구하는 분야를 고생물학이라고 하고 크기가 작은 것을 다루는 것을 미고생물학이라고 합니다. 마이크론 단위까지의 분야가 있습니다. 각각의 화석을 연구해 지질시대별로의 화석종류와 개체의 변화에 대한 것이 자세하게 알려져 있습니다. 고생물학에는 여러 분야가 있고 화석의 생태학적 연구 분야를 고생태학이라고 합니다.

질문⑳ 굴뚝현상에 관한 질문.

해저에서 뜨거운 물이 보글보글 올라오는 굴뚝현상이 나왔습니다(정말 신기했습니다). 비디오에서는 수압과 관련지어 설명했던 것 같은데 잘 이해하지 못했습니다. 어떻게 이런 현상이 가능한 건지요?

답변① 제가 이해하는 것만……

제가 듣기로는 지구 내부의 열이 해양지각의 얇은 곳을 뚫고 에너지가 분출되어서 나올 때 라바가 나오기도 하고 이렇게 가스 같은 것이 나오기도 한다고 합니다. 그런데 지표면에서 이런 가스가 나오면 그 폭발력이 엄청나기 때문에 분출과 동시에 폭발을 하겠지만 지하 약 3000m 정도에서는 수압이 엄청나기 때문에 그런 폭발은 일어나지 않고 비디오에서 나온 것처럼 얌전히(?) 가스만 나오는 것이죠.

답변② 동감인데요.

굴뚝현상이라는 말은 처음 들어보는 말인데요. 위에서 답변했던 것처럼 지구 내부의 열이 해양지각의 얇은 부분을 뚫고 나오는 일종의 해저화산이 아닐까 싶거든요. 그러니까 내부의 뜨거운 열이 분출되어도 해수와 섞이면서 급격하게 식게 되고 또한 엄청난 수압의 영향도 받겠지요.

질문㉑ 지구가 식고 있다?

지구는 계속해서 식고 있다고 했는데요. 내부의 열에너지가 식는 것이겠지만 그 식는 속도가 어느 정도나 되는지? 온실효과와는 관련이 없는 건지 궁금합니다.

답변① 명료한 설명은 못 되어도 노력의 땀.

온실효과는 지구 대기에 관련되어 인간이 피부로 느끼는 온도 등 지각 위의 환경과 연결된 반면, 비디오에서 식는다고 한 것은 처음 여러 가설이 있지만 그 가설에 바탕하여 한창 중력으로 운석 등을 빨아 들여 확장 및 팽창한 지구가 생물이 등장할 어떤 바탕을 마련한 현재에도 그때의 흔적을 가지고 여전히 마그마 등의 형태로 내부에너지를 간직하고 있는데(수성이나 화성은 이미 훨씬 전에 냉각되어 얼음 등으로 풍화 작용을 일으키고 있잖아요. 지구는 그에 비하면 아주 서서히 식어가서 정온 동물들이 살아갈 독특한 환경을 구비하고 있는 거구요).

지구 내부에서 일어나는 끊임없는 열에너지가 일련의 시스템이라 할 수 있는 통제방식으로(질문하신 굴뚝 등) 밖의 차가운 물질(물이나 공기)과 접촉하면서 사그라지는 것이지요. 그냥 간단히 식어가는 지구라 한다면 온실효과 등을 걱정할 필요가 있느냐 물을 수 있지만 조금 분리된 영역의 질문 같습니다. 내부에너지가 발산되는 과정에서 지각 위의 대기는 더 뜨거워질 이유를 지닐 뿐더러 그것이 적절히 우주 등으로 또 다시 나가야 되는데 이산화탄소층이 열을 가둔다면. 더 뜨거워지는 것이죠. 제가 잘 서술을 하고 있는지 좀 의심스럽습니다만 어쨌든 온실효과는 자연스런 냉각을 방해하여 지구의 평형을 깨뜨리는 작용을 하게 됩니다. 버벅이었다면 죄송하구요. 다른 분들 읽고 보충해 주세요.

 답변② 지구가 식는다는 것에 대해서

비디오에서 지구가 식는다고 한 것은 지구의 외부가 점점 기온이 내려간다는 말이 아니었던 듯하군요. 지구 외부가 여름에 따뜻하고 겨울에 춥고 한 것은 지구 내부에너지의 방출과는 별 관련이 없죠. 태양에서 받는 복사 에너지에 따라 지구 외부의 기온이 형성되며 대기에 의해 복사 평형을 이루게 됩니다.

지구 내부가 식는다고 지구가 수성처럼 식거나 하는 것은 아닐 것 같은 생각이 드는군요.

그것은 지구가 스스로를 식히는 것보다는 대기가 사라지는 것과 훨씬 더 밀접한 관계를 가지지 않을까 싶군요. 지구가 화성처럼 변한다면 그것은 대기가 다 날라 가서가 아닐까요? 이 점에 대해서는 지난번에 얘기가 나왔으니 앞을 찾아보시면 될 듯합니다.

아마도 지구 내부가 다 식기 전에 대기가 다 사라질 것으로 생각되네요. 그리고 내부가 다 식는다는 것은 곧 지구의 수명이 다한 날과 마찬가지 아닐까요? 행성의 수명이 다하면 그 행성은 폭발한다고 알고 있습니다만. 그렇지만 지금 우리가 관심을 가져야 할 부분은 거기까지는 아닐 듯싶네요.

답변③ 지구가 식는 것과 온실효과.

지구가 식는다는 것은 지구 생성 당시 운석들의 충돌로 인해 받은 에너지를 방출하고 있는 것이라고 볼 수 있겠죠. 그리고 온실효과는 인간이 석탄 에너지를 너무 많이 소비한 결과 이산화탄소 등의 증가로 인하여 지구가 점점 더워지고 있는 것이구요.

질문22 지구 내부의 에너지가 소멸되면.

해령 부근의 해저화산 같은 것들이 지구 내부에서 몸부림치는(!) 거대한 열에너지의 분출을 조금씩 식히는 역할을 한다고 하던데. 그럼 태양복사에너지의 흡수보다 내부에너지 분출이 더 많게 되면 언젠가는(그렇다면 아무래도 제가 눈을 감은 후겠죠.) 지구의 내부에너지가 소진해 버릴 수도 있는 건가요? 또 만약 그렇게 되면 지구에는 어떤 변화가 일어날까요? 화성에도 예전엔 내부에 그런 핵이 있었다던데 그럼 지구도 화성처럼 변할까요?

답변① 화성은 쾌속질주형. 지구는 여유만만 느림보형.

그냥 이름을 붙여봤는데 지구나 화성이 통상 말하는 대폭발로 인해 그리고 잘 알 순 없지만 비슷한 시기에 생성되었다면 실제로 많은 유사성을 갖고 있잖아요.

화성을 지구형 행성이라 명명하기까지 하는 걸 봐서는 다만 알 수 없는 이유로 화성은 급속히 식어(화성이 얼음으로 덮였다는 건 참 아이러니컬해요. 왜냐면 火星이잖아요) 오늘의 모습에 이르렀고 지구는 서서히 식어서 생태계라는 우주적 경이를 가능케 하는 조건을 구비하고 있는 거구요. 세계의 종말이

올 때면 싸늘하게 식어 기존의 생명체는 자취만 남겨진 썰렁한 행성 지구의 회전을 누군가가 목격할지도 모르죠.

답변② 제가 알고 있는 지구의 미래.

위에 질문과는 다른 답변이 되겠지만요. 지구가 식어버리기 전에 태양이 먼저 적색거성이 되어서 지구를 삼켜버리는 것이 먼저 일 것 같군요. 50억 년에서 60억 년이 지나면 태양 중심부의 수소의 핵융합 반응이 모두 끝나고 생성된 헬륨이 새로운 핵융합 반응을 시작합니다. 그리고 태양의 겉 부분에 남아 있는 수소는 계속해서 핵융합 반응을 하게 되죠. 내부와 외부의 서로 다른 반응으로 인해 태양은 점점 커지게 되고 이로 인해 태양의 크기가 거대해져서 지구가 태양 내부에 삼켜지게 되는 날이 올 것입니다. 태양이 점점 커지면서 지구의 얼음이 녹아 해수면이 상승한 후에 모든 물이 증발해 버리고 지구는 죽은 행성이 되겠지요. 태양은 자신의 크기를 지탱할 수 없을 정도의 에너지만 남으면 폭발하여 행성상 성운이 되고 에너지가 완전히 소멸되면 백색왜성이 돼 버립니다.

질문㉓ 대륙의 이동에 대한 질문.

판게아의 존재를 입증하기 위해 베게너가 약 3억 년 전에 대륙빙하가 남아메리카, 남부아프리카, 인도, 오스트리아 남부 일대를 덮고 있었다는 설을 제시했다고 되어 있거든요. 이게 도대체 판게아의 존재와 무슨 관련이 있는지 모르겠습니다. p.462 그림 16.1B 그림과 어떻게 연결시켜야 할지도 모르겠네요. 이 부분은 고등학교 때부터 이해가 안 가던 부분인데 아시는 분이 이번에 확실히 이해시켜주시면 감사하겠습니다.

답변① 부족하지만.

전문적으로 아는 건 아니지만요. 제가 알기로는 일단 아프리카 같은 따뜻한 지역에 빙하가 존재했었다는 사실로 미루어 대륙이 이동했다는 걸 알 수 있고요. 빙하가 미끄러져 내려갈 때의 흔적이 남아 있대요. 그런데 그 흔적들이 남아메리카, 오스트리아 등과 방향이 일치해서 맞붙여 놓으면 연결이 되나 봐요.

그래서 한 덩어리였던 대륙이 나누어 이동한 것의 증거가 된다고 하는 것 같던데.

답변② 나름대로 정리해 보면요.

위 분께서도 말씀하신 대로 빙하가 있었던 곳은 다른 곳과는 매우 다른 특이한 지형적 특성을 갖게 됩니다. 그래서 화성에도 빙하의 흔적이 있다고 추측하는 것이죠.

그런데 님께서 말씀하신 대로 베게너에 의해 그러한 점이 부각된 것이죠. 빙하의 흔적이 아프리카와 남아메리카 그리고 인도와 오스트레일리아 지역에서 발견된다는 사실 말이죠.

베게너의 학설에서 증거로 들어진 것들은요, 먼저 여러 부분 예를 들어 아프리카 서부와 남아메리카 동부 등에서 같은 화석들이 발견된다는 점입니다. 또한 빙하의 흔적이 발견된다는 점, 또한 특이한 지층이 대륙 간에 걸쳐서 비슷하게 나타난다는 점 그리고 마지막으로 대륙들의 형태를 짜 맞추기 해 볼 때 결국 한 덩어리 형태로 짜 맞출 수 있을 정도로 서로의 해안선의 짝이 맞는다는 점입니다.

책 p.462의 그림들이 나타내는 것은 이러한 빙하의 흔적이 과연 무엇을 의미하느냐 입니다. 책에서도 언급했다시피 빙하의 흔적이 아프리카와 남아메리카 대륙 그리고 오스트레일리아 지역 등에서 동시에 발견되는 것은 단순히 과거의 기후 변화로는 설명이 되지를 않습니다. 그저 기후변화만으로 설명하려면 빙하가 아프리카에서 아메리카까지 이어지려면 바다가 온통 빙하로 덮여 있었어야 한다는 말인데, 그렇다면 지구의 기온은 어마어마하게 낮다는 소리가 됩니다. 그런데 판게아 이론을 생각해 보면 명확하게 풀리는 것이죠. 빙하의 흔적이 발견되는 부분들과는 달리 북아메리카와 유라시아 대륙에서는 열대지방의 특징인 석탄지형이 나타납니다. 지금의 상식으로 생각해 본다면 당연히 북쪽 고위도 지방인데다 과거 그 추운 기온에서 이들 대륙들도 빙하로 뒤덮여 있었어야 하겠죠. 이들을 토대로 추리해 보건데, 한 대륙을 한 덩어리로 생각해 보면 그림 16.1과 같이 이 덩어리들이 합쳐지는 것을 볼 수 있습니다.

그러면 이 모든 사실들이 너무나도 명확해집니다. 아프리카와 남아메리카 그리고 오스트레일리아 지역은 과거 남반구의 고위도, 즉 남극 근처였으며 이를 그대로 따라 올라가보면 유라시아 대륙과 북아메리카 대륙은 자동적으로 적도 부근이 됩니다. 빙하와 석탄지형의 궁금증이 풀리게 되죠?

그런데 이렇게 붙어 있던 대륙이 대륙표류에 의해 매우 긴 기간에 걸쳐 지금과 같이 띄엄띄엄 떨어진 각각의 대륙이 되었다는 것입니다.

그런데 책의 말이 정말 와 닿네요. '사포 위로 다른 사포를 문질러 이동시키는 것과 마찬가지의 이동이 바로 대륙이동설'이라는…….

 질문❷4 판의 이동속도 측정에 관한 질문.

판의 이동속도를 측정할 때요, 판에 기록된 지자기 줄무늬를 이용해서 구한다고 하는데요. 책을 통해 살펴본 바로는 지자기 역전기록과 줄무늬를 대비시킴으로써 절대속도를 구할 수 있을 것 같습니다. 그런데 열점에 대한 설명을 보니 고정된 좌표계가 존재하지 않으면 상대속도만 구할 수 있으나 열점이 고정된 좌표계를 제공하므로 절대속도를 구할 수 있다고 되어 있습니다. 그렇다면 지자기 줄무늬를 통해서는 절대속도는 구할 수 없다는 이야기인가요?

 답변① 제가 알기로는 계산할 수 있을 것 같은데…….

제가 알기로는 계산할 수 있는 걸로 알고 있습니다. 지구물리학자들은 육지에 있는 용암을 포함하여 해양저에 있는 자기 줄무늬의 연대를 측정하여 자기 층서를 근거로 고지자기 녹음기를 되돌려 봄으로써 해양이 열리는 속도, 즉 해양저가 확장하는 속도와 그 과정을 추적할 수 있었다고 합니다.

또 실제 하이르즐러는 줄무늬 간격 측정을 통하여 해양지각은 연간 1~6cm씩 확장하여 백만 년에 10~60km씩 바다가 열리는 것을 계산하였다고 합니다.

답변② 계산 가능.

태평양 하와이 군도가 열점(이동하는 해양판보다 더 하부에 있어 이동을 않고 고정되어 있는 마그마)에 의해 형성되었기 때문에 군도 간의 절대연령과 거리를 측정하여 평균적인 이동 속도를 계산할 수 있답니다.

질문㉕ 일본이 가라앉는다?

과학잡지에서 얼핏 봤는데 일본이 1년에 2cm가량씩 해구 쪽으로 밀리면서 가라앉고 있다고 하는데요. 좀 더 정확하고 자세한 내용을 알고 싶습니다.

답변① 저두 확실히 모르겠지만……

예. 그게 사실이래요. 그래서 일본이 다른 곳의(제가 알기론 알래스카지방이라고 했던 것 같은데. 확실히는)땅 같은 데도 다 사놓고 그랬다는데. 일본지방이 원래 세계에서 손꼽히는 지진대에 화산대다 보니. 그리고 해구지역이라 점점 가라앉고 있다고 하던데.

답변② 일본이 가라앉는다!

일본은 태평양판이 유라시아 판을 파고드는 해구 위에 위치한 호상열도라고 알고 있습니다. 맨틀의 대류에 의해 해양판이 대륙판 아래로 들어가면서 일본도 조금씩 가라앉는 것은 맞을 것 같습니다. 제가 고등학교 때도 이 문제에 관해 지구과학 시간에 이야기했었는데 일본이 가라앉아서 사라지는 것은 아주 먼 훗날의 일이 될 것이라는 결론을 내렸죠. 참고로 갑자기 일본이 가라앉는 급격한 지각 변동이 일어난다면 우리나라도 무사하지 않을 것이라고 하더군요.

답변③ 일본열도의 함몰

일본열도 남동쪽에 위치한 해구로 태평양판이 섭입되고 있습니다. 이로 인해 동해에 장력이 작용해 동해가 점점 커져왔고 태평양판이 섭입하면서 판의 경계부에서 일본열도 쪽의 일부분을 끌어들이기 때문에 좀 언어의 과장이긴 하지만 일본열도의 함몰을 언급하는 것입니다.

 질문26 정말 해령 때문에 해수면이 높아질까?

해령부분이 얼마나 올라가길래 해수면까지 상승한다는 건지 잘 모르겠네요…… 그 넓은 바다의 해수면이……

 답변1 이것 시험에 나왔네요.

글쎄요. 제 생각으로는 오랜 시간이 지나면 생성되는 해령의 부피가 해수면의 상승을 가져올 만큼 무지 커지지 않을까요.

 답변2

제 생각으로는 해령에 의해 바다 밑 지각이 생성되고 해구로 가면서 소멸되는 과정을 반복하며 해수면의 변화를 가져오는 듯싶습니다. 물론 굉장히 오랜 시간이 걸리겠죠.

 답변3 제 생각은요.

강의 노트에도 나와 있듯이 빠른 속도로 증가하는 해령의 경우에는 대양지각의 침강속도가 상대적으로 느리기 때문에 구배가 작은 해령을 형성하게 되고 해수면이 상승하게 됩니다.

이걸 다른 것에 비유하여 설명하자면 일정한 양의 물이 담겨 있는 수조에 돌을 넣었다면 수조의 물높이는 분명히 올라가게 되죠. 이것과 같은 이치라고 할 수 있습니다.

다시 말하면 해양지각이 증가하는 속도가 소멸하는 속도보다 빨라서 해양지각의 체적은 증가하게 되고 앞에서 수조 속에 돌을 넣었을 때 물의 높이가 높아졌던 것과 같이 바다라는 수조 속에 들어 있는 해양지각의 체적이 증가했으므로 해수면은 증가하는 것이죠.

질문27 다시 판게아로.

저가 생각해도 조금 황당한 생각인 듯싶습니다. 맨틀의 대류로 대륙이 끊임 없이 이동한다면 언젠가는 다시 하나의 대륙이 되지 않을까요? 만약 그럴 가 능성이 있다면 대륙이 하나로 연결됐다 분리되는 현상은 주기적으로 반복될 수 있을까요? 그렇다면 그 주기는 어느 정도나 될까요?

답변① 그럴 가능성도

지구의 대륙이 하나였던 판게아로부터 이렇게 여러 개로 나누어졌으니까 언 젠가는 다시 하나로 모일 수도 있겠죠. 하지만 지금 우리 지구의 나이가 약 50 억 년이라고 하니까 이런 모습을 갖추기까지 그 정도의 시간이 걸렸다고 할 수 있죠. 태양의 수명이 약 100억 년인데 지구의 대륙이 다시 하나로 뭉치기 전에 아마 이 태양계는 소멸되지 않을까요? 태양계의 소멸이라. 괜히 겁이 나 는군.

답변② 글쎄요.

글쎄요. 상당히 재미있고 참신한 발상이라고 생각이 돼요. 그런데 제 생각은 그렇게 되기는 힘들지 않을까 하는 생각이 드는군요. 저는 이 문제를 엔트로피 에 관련해서 생각해 보았어요. 지구가 하나의 큰 대륙으로 뭉쳐 있는 것을 하 나의 질서상태로 보면 판들이 맨틀의 대류 등으로 떨어져 가는 것은 엔트로피 가 증가하는 방향으로 운동하고 있는 것이 아닐까요? 모든 우주의 물질의 운 동은 엔트로피가 증가하는 방향으로 향하니까요. 글쎄요. 제가 말을 해놓고도 조금 억지 같다는 생각이 들기도 하고. 잘 모르겠네요……

답변③ 재미있네요. 다시 합쳐진다?

회자정리라는 말이 떠오르는군요. 글쎄 다시 만날는지요? 초기상태의 지구는 판게아라는 커다란 대륙지각과 해양지각으로 되어 있었죠. 그리고 점점 지구가 식어가면서 지각들이 움직여서 현재의 모습처럼 만들어졌고요. 그리고 그 움직 임은 지금도 계속되고 있고 앞으로도 계속될 것입니다. 저는 이 문제를 생각하면서 지구가 식어간다는 것에 초점을 맞춰 봤습니다. 그러니깐 식는다는 이야기는 안정화되어 간다고 해석해도 될 것 같습니다. 즉 해양지각이나 대륙지각이나 초기상태의 지구보다는 더 안정돼 있다는 것이죠. 그래서 여기서 지각들이 움직여도 어느 정도 그 자리를 잡고 있기 때문에 초기상태의 지구처럼 판게아라는 하나의 대륙으로 뭉쳐지기엔 힘들 거란 생각이 들더군요.

 답변④ 대륙이 다시 모인다?

어려운 질문이군요. 하지만 떨어져 나간 대륙들이 다시 제자리로 돌아와 합쳐지는 것은 불가능한 것 같습니다.

 질문㉘ 대륙지각과 해양지각에 대한 의문.

大륙지각은 화강암질이고 해양지각은 현무암질이라고 하잖아요. 해양지각은 해령에서 현무암질 마그마가 식어서 만들어졌기에 현무암질인 것은 이해가 갑니다. 근데 대륙지각은 왜 화강암질의 성질을 띠고 있는 거죠? 또 지구가 초기에 용융상태일 때 표면이 식으면서 지각이 생성될 때 왜 판게아만 만들어진 것이죠? 지구표면이 균등하게 식어갔다면 지구 표면 전체에서 지각이 만들어져야 하지 않습니까? 그리고 해양지각은 지금도 해령에서 만들어지고 있는데 대륙지각은 판게아가 분리된 후 새로 생성된 것이 없는 건지요?

만약 지각에서 해양지각만 계속 생성, 소멸되고 대륙지각은 그렇지 않다면 대륙지각의 면적은 풍화의 결과 점점 줄어들어서 우리가 살 땅이 좁아지지는 않을까요?

 답변① 대륙의 생성에 관해서

여러 가지 질문을 하셨는데 그중 대륙지각의 확장에 관해 말씀드리겠습니다. 해양판이 침강해 들어가면서 해양지각 위에 얇게 쌓인 해양 퇴적물을 대륙 쪽으로 밀어붙여 부가시킴으로써 대륙을 성장시키기도 한다고 합니다. 예를 들어 현재 북미 대륙의 서해안 쪽의 1/4에 해당되는 지역은 한때 바다였으며 태평양판이 북아메리카 판 밑으로 파고들 때 태평양 판 위에 쌓인 퇴적물들을 북아메리카 쪽으로 밀어붙여 생성되었답니다. 샌프란시스코 해안가 언덕에서 발견되는 퇴적층에서 태평양 심해저 기원의 화석이 발견되는 것도 이런 경우라고 하더군요. 그리고 저도 처음 안 사실인데 이와 같은 예는 일본열도에도 적용할 수 있다고 합니다. 때문에 21세기에 일본이 바다로 침몰할 것이라는 이야기도 있지만 사실은 그 반대로 일본은 점점 더 성장할 것이라는군요.

 답변② 표면적의 증가에 대해.

여러 가지 질문을 하셨는데 그중 '해양지각의 면적이 늘어나게 되면 지구의 표면적도 늘어나야 하지 않겠는가?' 하는 질문에 답변을 드리고자 합니다.

일단 제가 생각하는 답부터 말씀드리자면 해양지각의 면적이 증가한다고 해서 지구의 표면적이 증가하지는 않는다는 겁니다. 판의 생성과 소멸의 과정을 생각해 볼 때 분명히 해양지각은 해령에서의 마그마 분출로 인해 새로운 지각을 만들어 냅니다. 하지만 반대로 해구에서 소멸하기도 하지요. 지구의 표면적이 증가하려면 해양지각의 면적이 증가만 하고 소멸하지 않는다는 가정을 해야 하는데 해양지각의 면적은 해령에서는 증가하고 해구에서는 감소합니다. 그러므로 증가하는 면적과 소멸하는 면적의 차이에 따라 지구의 표면적의 변화량이 결정되게 되는 것이지요.

제 생각에는 증가하는 양과 소멸하는 양은 거의 비슷할 거라고 봅니다. 왜냐하면 일정하게 고정되어 있는 대륙지각을 가정할 때 해양지각은 해령에서 생성되는 만큼 해구에서 소멸하게 될 것이기 때문이죠. 실제로 어느 정도의 차이가 있을지는 제가 조사해 보지 않아서 모르겠지만 일단 제 생각은 이렇습니다.

 답변③ 생성원리의 차이.

식는 속도에 의해서 화강암과 현무암으로 된다고 알고 있습니다. 현무암의 경우는 마그마가 식는 속도가 빠르기 때문에 결정이 작은 구조를 지니고 화강암은 식는 속도가 상대적으로 느리기 때문에 화강암이 되는 것입니다. 해양지각의 경우는 마그마가 분출되는 것과 동시에 물과 접촉을 하기 때문에 냉각

속도가 아주 빠른 반면에 대륙지각의 경우는 냉각 속도가 느리므로 차이가 생기는 것입니다. 물론 마그마가 지표 밖으로 흘러나온 경우는 다르지만 대부분의 대륙지각이 지하에서 냉각되기 때문에 이렇게 생각해도 큰 오류는 없을 것 같군요!

 질문㉙ 고지자기에 대한 질문.

판구조론의 증거에 관해서 노트를 봤는데요. 이해가 안 가는 부분이 있어서 질문 드립니다. 고지자기가 판구조론의 증거라고 하는데요. 이해가 전혀 안 되고 있습니다. 쉽게 좀 설명해 주셨으면 좋겠네요. 노트에 실린 지자기에 대한 내용은 적철석이 당시의 지자기에 평행한 자성을 띰. 대륙의 겉보기 극이동 곡선입니다.

 답변① 고지자기에 대해…….

질문이 정확하게 이해가 되지 않지만 고지자기에 대해 아는 대로 답변해 드리겠습니다.

1950년경부터 영국을 중심으로 과거의 지질시대에 대한 고지자기의 역사를 조사하는 연구가 활발히 이루어졌습니다. 과거의 지자기를 연구하기 위해서는 암석이 지닌 자기적 성질을 이용합니다. 예를 들면 마그마가 냉각되어 암석으로 굳어질 때 암석 속에 포함된 자철석과 같은 자성을 띠는 광물들은 그 당시의 지구자기장 방향으로 자화(磁化)되어 남아 있게 되는데 이를 자기 화석(magnetic fossil)이라 합니다. 따라서 어떤 화성암체의 자성을 측정하면 마그마가 냉각될 당시의 지자기의 방향을 정확하게 기록하여 제공해 주게 됩니다. 이러한 연구 분야를 고지자기학이라 합니다.

우리는 지구상의 임의의 한 지점에서 지자기의 편각과 복각을 측정하여 이로부터 자극(磁極)을 결정할 수 있습니다. 따라서 자기 화석에 기록된 고지자기를 측정하여 잔류 복각과 편각으로부터 당시의 자극의 위치를 결정할 수 있다는 말입니다. 다만 과거에 지리적 극이 자극과 어느 정도 기울어져 있는지를 알 수 없기 때문에 자극과 지리적 극이 일치하는 단순한 모양을 가정하면 고지자기는 당시 지리적 극의 외견상의 위치를 말해 줍니다. 이를 겉보기 극(apparent pole)이라 합니다.

편각은 지리상의 북극인 진북과 자침의 N극이 가리키는 자북 사이에 이루는 각을 말하는데 실제 자극이 지리 축으로부터 약 11° 기울어져 있기 때문에 관찰자의 위치에 따라 동쪽 또는 서쪽으로 약간 벗어나 있습니다. 예를 들어 서울은 진북에 대하여 서쪽으로 7° 편향되어 있으며 미국 캘리포니아의 편각은 동쪽으로 20°입니다. 한편 복각은 자장(磁場)과 지구 표면이 만드는 각으로 복각(π)과 위도(θ) 사이에는 단순한 관계식인 $\tan \pi = 1/2 \tan \theta$ 가 성립하는데, 위도가 높아질수록 복각도 커집니다. 예를 들어 서울의 복각은 53°인데 이로부터 서울의 위도 37.5°를 구할 수 있습니다.

이런 방법으로 각 시대별로 유럽과 북미 대륙의 고지자기의 억 년 동안 극의 위치가 현재의 북극으로 이동하고 있었으며 유편각과 복각을 측정하여 겉보기 극의 위치를 알아낸 결과 지난 유럽에서 얻은 자극의 이동 궤도와 북미 대륙에서 얻은 자극의 이동 궤도는 각각 다른 위치를 줍니다. 실제 같은 시대의 자극이 2개 있을 수 없으므로 두 극궤도를 일치시켜 하나의 극이동 궤도를 만들면 두 대륙의 위치도 함께 이동시켜야 하고 그러면 북미와 유럽이 붙어 대서양은 없어집니다. 따라서 극이동 궤도는 중생대 이전에는 일치하고 있었으며 두 대륙이 거의 동시에 북쪽으로 이동하면서 대서양이 동서로 열린 것을 암시하고 있습니다.

 **답변② ** 고지자기와 대륙이동설

마그마가 냉각되어 일정 온도 이하로 내려가면 정출되는 광물 중 어떤 광물은 자성을 띠게 되고 그 광물은 당시의 지구자기장의 방향에 따라 배열되어 암석 속에 굳어진다고 합니다. 또한 자성을 띤 광물 입자가 퇴적될 때 그 입자는 퇴적 당시의 지구자기장의 방향으로 배열되면서 퇴적되죠. 이와 같은 방법으로 암석 중에 보존되어 있는 잔류 자기를 고지자기라 합니다. 1950년대 유럽과 북아메리카 대륙의 지질시대별 암석의 고지자기 측정 결과에서 두 대륙 간 자극의 이동 경로를 보면 이동 방향은 비슷하지만 경도상으로 30° 이상 서로 떨어져 있습니다. 이것은 지질시대를 통하여 두 개의 자극이 있었던 것은 아니므로 북미와 유럽이 원래는 하나로 붙어 있었는데 지질시대가 경과함에 따라 분리되어 서로 멀어져 간 결과라고 할 수 있습니다. 그러므로 두 대륙의 자극 이동 경로를 합치시켜 보면 3억 년 전에는 대륙이 하나였다는 결론이 나오고 이것은 베게너가 주장한 원시 대륙 모양과 같게 됩니다. 이러한 고지자기 연구는 대륙 이동설을 부활시키는 계기가 되었습니다.

제 **6** 장

풍화 작용과 토양

노출된 암석이 겪는 시련은?

풍화 작용, 토양과 관련된 질문/답변 모음

질문❶ 정장석이 풍화되어 방해석이 생성될 수 있는가?

6장 노트에 나오는 문구이죠. 그런데 책에서 답을 찾을 수 없어서……
과연 교수님이 이 화두를 노트에 넣은 이유는 무엇일까요?

답변① 정장석과 방해석의 화학식

정장석: $KAlSi_3O_8$

방해석: $CaCO_3$

암석이 화학적으로 풍화되었을 때 생기는 광물이나 이온은 그 암석의 원래
의 광물성분에 달려 있습니다.

답변② 풍화

풍화되어 생성되는 풍화생성물은 원래의 화학 성분과 관련된 것이 생기기
때문에 정장석이 풍화되더라도 방해석이 생길 수 없음을 표현한 것입니다.

질문❷ 풍화의 의미?

풍화에 대한 수업을 듣고 생각해 본 건데 풍화라고 하면 암석이 부서지거나
깎기는 것 정도밖에 잘 모르겠습니다. 풍화에 어떤 다른 작용들도 있는지요?

답변① 풍화 작용에는요.

풍화 작용은 기계적 풍화 작용과 화학적 풍화 작용이 있습니다.

기계적 풍화 작용은 암석이 물리적인 힘에 의하여 부서지는 작용이구요. 화
학적 풍화 작용은 암석이 물, 공기 등과 반응하여 성분이 변하거나 새로운 물
질로 변하는 작용입니다.

기계적 풍화의 요인에는 물의 동결 작용, 기온의 변화, 압력의 변화, 식물의 뿌리 등이 있구요. 물의 동결 작용은 암석 틈에 스며든 물이 얼면 부피가 팽창하므로 암석에 힘(압력)을 가해 틈을 더욱 넓히는 것을 말합니다. 기온의 변화는 낮과 밤 또는 계절에 따른 기온 변화로 구성 광물의 팽창·수축률이 달라서 암석에 틈을 생기게 하는 것입니다. 압력의 변화는 지하 깊은 곳의 고압하에 있던 암석이 지표로 노출되면 주위의 압력 감소로 팽창하여 틈이 생기는 것을 말합니다. 식물의 뿌리는 암석의 틈 사이로 들어간 뿌리가 틈을 넓힌다. 기계적 풍화 현상에는 테일러스와 박리 작용, 절리가 있습니다. 테일러스는 산사면이나 절벽 아래에 쌓여 있는 돌조각들을 말하며 박리 작용은 암석의 표면이 양파 껍질처럼 떨어져 나가는 현상을 말합니다. 절리는 암석이 갈라져서 생긴 틈입니다. 위의 원인에 의해서 생기는 것이죠.

화학적 풍화 작용은 암석이 물, 공기 등과 반응하여 성분이 변하거나 새로운 물질로 변하는 작용입니다. 화학적 풍화의 요인에는 물의 용해 작용, 탄산 작용, 산화 작용 등입니다. 화학적 풍화의 예를 들면 석회암의 풍화, 정장석의 풍화 등이 있습니다.

그리고 또 고온, 고압하에서 먼저 정출된 광물일수록 화학적 풍화에 약합니다. 화학적 풍화가 우세한 지역은 고온 다습한 평야 지대, 저위도 지방, 해안입니다.

제 7 장

하천과 배수계, 지하수

풍화된 물질은 어떠한 과정을 겪게 되는가?

질문 1 지하수와 온천

지하수와 온천은 똑같은 '지하수'의 신분인데 둘 사이의 활용도에 있어서는 큰 차이가 난다는 생각이 들었거든요. 예를 들어 H맥주 회사에서는 자사의 제품이 지하 150m 암반수로 만들어진 것이라고 자랑스럽게 선전을 하는데 말입니다. 설마 뜨거운 온천물로 맥주를 만들지는 않을 것 아닙니까? 일본이야 화산활동이 많은 지역이라서 그렇다 쳐도 고기 습곡 산맥인 우리나라에서 발견되는 부산 해운대, 동래온천, 부곡온천, 온양온천 등은 어떻게 설명을 할 수가 있는지 정말 궁금하군요. 또 지하수를 뽑을 때 깊이가 깊다고 좋은 물을 의미하는지도 궁금합니다.

답변 1 지하수와 온천은 모두 지하수

그래요. 지하수와 온천은 똑같은 '지하수'의 신분입니다.

온천은 온도가 높은 지하수라고 할 수 있습니다. 온천의 형성 원인은 젊은 화사암(young volcanics)에 의해 뜨거워진 것(일본의 경우)이 세계적으로 주를 이루고 있고 원래 높은 온도의 처녀수가 틈새를 이동해 올라와 있는 것, 지층 자체의 지열류량이 높은 지역에 생성된 것(헝가리의 경우)들이 있습니다. 국내의 온천(부산 해운대, 동래온천, 부곡온천, 온양온천 등)들도 국지적인 열원이 있겠지요. 참고로 부곡온천의 온도가 국내에서는 제일 높은 섭씨 73도를 기록하고 있습니다. 지하수를 뽑을 때 깊이가 깊다고 좋은 물을 의미하는지 궁금하다고 했는데 지하수의 오염은 장소에 따라 달라질 수 있지만 대체적으로 천부에서 심부로 오염이 확산되어 가기 때문에 깊이에 관한 표현을 그렇게 할 수도 있겠지요.

■ 온천의 정의

온천이란 법률적 용어로 볼 때 1981년 3월 2일 법률 제3377호로 제정, 공포되고 1995년 12월 30일 법률 5121호 전문 개정된 우리나라 온천법 제2조 정의에 의하면 "온천이라 함은 지하로부터 용출되는 섭씨 25도 이상의 온수로 그 성분이 인체에 해롭지 아니한 것을 말한다."라고 정의하고 있다.

■ 학문적 정의

한편 학문적 정의로는 "온천이란 일반적으로 땅속에서 지표로 그 평균기온 이상의 물이 자연히 솟는 샘"이라고 정의하고 있는데, 여기서 평균기온이 기준이 되므로 세계 각 지역의 평균기온은 많은 차이가 있다.

■ 광의의 온천

온천학상 광의의 온천이란 "물리적 화학적으로 보통의 물과는 그 성질이 다른 천연의 특수한 물이 땅속에서 지표로 나오는 현상"이므로 그 물을 온천수라고 정의함이 가장 적절하다.

■ 온천수의 구분

온천수가 보통의 물과 구별되는 물리적 성질은 온도, 밀도, 점성, 전기전도도 등이다. 대부분의 온천수는 지표로부터 침투된 천수가 지하 깊은 곳에 스며들어가 마그마성의 열과 만나 뜨거워져서 단층선이나 기타의 통로를 따라 지표로 다시 용출된 것이다. 그러므로 온천수 속에 용출되는 광물성분도 다양하며, 이 성분의 변화는 온천 주위의 지질상태 또는 암석구조의 차이에 따라 결정되므로 온천지역의 지질학적 특성이 중요하다.

■ 온천의 어원

온천의 어원은 영어로는 스파(spa), 핫 스프링(hot spring)이라 한다. 스파의 어원은 벨기에 '리제' 지방의 '스파'라는 지명에서 비롯되었으며, 핫 스프링은 미국 아칸소 주의 '핫 스프링시티'에서 비롯된 것이다. 이곳은 유명한 온천 요양지로서 핫 스프링스 시티와 핫 스프링스 마운팅, 핫 스프링스 내쇼널 파크가 있다. 독일의 '바덴바덴'도 온천의 도시이고 영국의 '바드'도 온천장이다. 벨기에의 '스파'에는 세계적으로 이름난 광천이 있다. 경관이 아름다워 제1차 세계대전 후 베르사유 조약의 모체가 된 연합국 회의도 여기서 열렸다.

■ 동양의 온천

동양에도 유명한 온천이 많다. 인도 퍼트나시 남방 '라지기르' 지방의 '왕사성'은 석존과 인연이 깊은 온천지이고, 중국 '섬서성'의 '여산'에는 양귀비가 목욕했다는 '화청온천'이 있다. 우리나라 최초의 온천 공중탕 기록은 조선조 영조 45년(1745년)의 부산 동래의 온정개건비가 최초의 온천탕 기록이며, 선조 때의 정구가 지은 봉산욕행록에는 동래에서 45일간의 요양을 하며 기록한 것이 온천욕의 최초의 기록이다. 이 기록에는 온천의 효능 및 온천욕 방법까지도 기록되어 있다. 속담에 "전다리 온천에 모여들 듯"이란 말이 있다.

■ 온천의 효험

발육부전증이나 만성염증의 환자들이 탄산천, 탄산 철천, 강식염천, 요드천, 라듐천 등을 찾는 것은 일리가 있다. 온천의 성분에 따라 온천 요법은 상당한 효험이 있다.

유럽의 경우는 입욕만이 아닌 '흡입' 또는 '음용온천'이 더 유명하다. 게다가 스포츠시설, 야외음악당, 임간극장, 도서관, 일광욕, 온천 병원, 클럽하우스, 테라스 등 시설을 갖추고 있어 그야말로 온천수를 이용한 토털프로그램에 의한 치료 기능과 레저, 휴식을 위한 공간으로도 이용하고 있어 업무에 시달린 육체의 에너지 재충전을 위한 종합 휴양지로도 손색이 없을 정도로 다양하게 이용하고 있다.

'지하수 세상'이라는 동네에서 퍼온 거예요.

참고 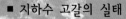 지하수에 대해 …

■ 지하수 고갈의 실태

지하수를 농업용수·공업용수·생활용수·온천용수 등으로 과다하게 사용하게 되면 지하수의 양이 줄어들게 되며, 하천의 유량과 나무의 생육에 영향을 미치게 된다. 이러한 현상이 심화될 경우에는 지하에 공동(空洞)이 생기게 되어 지반 침하 현상까지 나타나므로, 건물이나 도로 · 시설물의 붕괴로 이어질 수 있다. 앞서 말한 현상은 지하수 고 갈에 의한 문제이다. 이러한 지하수의 고갈 현상은 우리나라도 예외는 아니어서, 지하수를 많이 사용하는 온천지역이나 연안지역, 섬 지방 등에서 많이 조사되고 있는 추세이다. 실제 제주도의 경우, 1996년 지하수공 51개소에 장기관측망을 설치해 조사한 결과, 도내 평균 지하수위(해수면 기준 지하수 높이)는 12.40m로, 1992년의 16.07m에 비해 3.67m 나 내려갔다고 한다. 또한 부곡온천지대의 경우 1973년에는 지하수위가 70m였으나, 지 난해에는 지하 230m에서 지하수가 발견됨으로 인해, 21년 만에 지하수위가 160m 하락 했음이 밝혀졌다. 특히 온천개발이 가속화됐던 1982~1987년에는 6년 동안 145m나 하강했으며, 이는 부곡지대의 하루 지하수 적정 취수량인 6천 톤의 2배 이상의 지하수를 채수함으로 발생한 문제이다.

■ 지하수 고갈 문제에 대한 대책

● 지하수에 대한 공개념의 도입과 물 절약 운동의 전개: 지하수의 중요성과 유한성을 인식하고, 소중히 아껴 쓰는 마음이 필요하다는 것은 두말할 필요가 없을 것이다. 그러나 물을 정화하거나 아껴 쓰는 정도로는 물 문제를 해결할 수 없다. 따라서 국가나 지방자치단체가 지하수를 개발, 관리하는 지하수 공개념의 도입이 시급한 것이다.

● 급수 문제의 체계화: 무절제한 지하수 개발의 중단과 체계적인 급수 문제의 해결이 필요하다. 지하수 이용에 대한 구체적인 계획 수립과 관리 방향의 제시가 선행되어야 할 것이다. 또한 저수지나 댐을 통한 지표수의 효율적 이용도 지하수 이용에 영향을 미칠 것이다.

● 담수화 시설의 도입: 지하수의 이용이 많은 섬지역 등에 담수화 시설을 도입하여 지하수 이용을 줄일 수 있다. 정부는 1996년 이후 지금까지 섬지역의 식수문제를 해결하기 위해 해수담수화시설 20개소를 완공하였다. 특히 1999년 3월에는 제주도의 우도에 하루 500톤의 바닷물을 식수로 바꿀 수 있는 국내 최대의 해수담수화시설을 설치, 지하수 이용에 도움을 주고 있다고 한다.

질문❷ 지하수의 오염 기준?

1. 지하수의 오염 기준은 어떤 것인가요?

   어떤 수치가 있을 것으로 아는데……

2. 또한 마실 수 있는 물의 기준치는? 이런 것들이 궁금하네요.

답변① 지하수 오염 기준은……

여러 가지 기준이 있을 수 있겠지만 우선 제가 아는 건 전경도라는 것이거든요.

전공실험시간에 측정해 봤는데. 전경도란 말 그대로 물속에 있는 금속의 함유량을 측정하는 것입니다. 간단한 실험이어서 학부과정에 했던 것으로 생각되는데. 세부적으로 칼슘경도와 마그네슘경도를 측정했습니다. 당연히 물속에 이런 금속들이 어느 정도 함유량을 넘어서면 좋지 않겠죠. 그래서 우리가 사 먹는 샘물의 포장지에 보면 칼슘 함유량, 마그네슘 함유량 등이 써 있을 것입니다. 그래서 우리가 식수로 사용할 수 있는 물의 기준은 50~55ppm 정도라고 알고 있습니다. 수도물의 전경도를 측정해 보았더니 약 55ppm 정도 나왔던 것으로 기억합니다(작년 학교 수돗물로).

그리고 수업시간에 교수님도 말씀하신 것으로 기억하는데. 학교 정수기물(이과대 과111옆 정수기 물)이 그때 측정하기론 58ppm인가 나왔거든요. 별루 먹어봤자 좋을 게 없는 것 같구요. 생수 같은 건 거의 0ppm 수준이었던 것으로 기억됩니다. 뭐 아주아주 간단한 거라 이것만이 꼭 오염 기준 측정원리라고는 할 수 없구요.

답변② 비소 기준치, 비소(수질기준치 0.05ppm)

비소는 고체상태에서 바로 기체로 승화되는 특징이 있지만 정수과정에서 원수에 함유된 성분을 제대로 걸러내지 않을 경우 인체에 치명적인 영향을 주게된다.

수질기준치 0.05ppm 이상이면 안 좋다는 얘기인 것 같지요?

답변③

■ 먹는 물의 수질기준

(단위 : mg/ℓ)

구 분	항 목	기 준	구 분	항 목	기 준
1. 미생물에 관한 기준(2)	일반세균	1㎖중100 이하	4. 심미적 영향 물질에 관한 기준(16)	트리클로로에틸렌	0.03 이하
	대장균군	50㎖에서 불검출		디클로로메탄	0.02 이하
				벤 젠	0.01 이하
2. 건강상 유해 영향 무기물 질에 관한 기준(10)	납	0.05 이하		톨루엔	0.7 이하
	불 소	1.5 이하		에틸벤젠	0.3 이하
	비 소	0.05 이하		크실렌	0.5 이하
	세레늄	0.01 이하		1.10디클로로에틸렌	0.03 이하
	수 은	불검출		사염화탄소	0.002이하
	시 안	불검출		경 도	300이하
	암모니아성질소	0.5 이하		과망간산칼륨소비량	10 아하
	6가크롬	0.05 이하		냄 새	무취
	질산성질소	10 이하		맛	무미
	카드뮴	0.01 이하		동	1 이하
3. 건강상 유해 영향 유기물 질에 관한 기준(17)	다이아지논			색 도	5도 이하
	말라티온	0.02 이하		세 제	0.5 이하
	파라티온	0.25 이하		수소이온농도	5.8 ~ 8.5
	페니트로티온	0.06 이하		아 연	1 이하
	카바릴	0.04 이하		염소이온	150 이하
	총트리할로메탄	0.07 이하		증발잔류물	500 이하
	페 놀	0.1 이하		철	0.3 이하
	1.1.1트리클로로	0.005이하		망 간	0.3 이하
	에 탄	0.1 이하		탁 도	2도 이하
	테트라클로로에 틸렌	0.01 이하		황산이온	200 이하
				알루미늄	0.2 이하
총항목 수			45개		

* 자료 : 환경부, 상하수도국 음용수관리과

■ 지하수(Underground Water)

이용목적별 항 목		기 준		
		생활용수	농업용수	공업용수
일 반 오염물질 (5개)	수소이온농도(pH)	5.8~8.5	6.0~8.5	5.0~6.0
	화학적산소요구량(COD)(mg/ℓ)	6 이하	8 이하	10 이하
	대장균군수(MPN/100㎖)	5,000 이하	-	-
	질산성질소(mg/ℓ)	20 이하	20 이하	40 이하
	염소이온(mg/ℓ)	250 이하	250 이하	500 이하
특 정 유해물질 (10개)	카드뮴(mg/ℓ)	0.01 이하	0.01 이하	0.02 이하
	비 소(mg/ℓ)	0.05 이하	0.05 이하	0.1 이하
	시 안(mg/ℓ)	불검출	불검출	0.2 이하
	수 은(mg/ℓ)	불검출	불검출	불검출
	유기인(mg/ℓ)	불검출	불검출	0.2 이하
	페 놀(mg/ℓ)	0.005 이하	0.005 이하	0.01 이하
	납 (mg/ℓ)	0.1 이하	0.1 이하	0.2 이하
	6가크롬(mg/ℓ)	0.05 이하	0.05 이하	0.1이하
	트리클로로에틸렌(mg/ℓ)	0.03 이하	0.03 이하	0.06 이하
	테트라클로로에틸렌(mg/ℓ)	0.01 이하	0.01 이하	0.02 이하

비고: 1. 생활용수: 가정용 및 가정용에 준하는 목적으로 이용되는 경우로서 음용수·농업용수·공업용수 이외의 모든 용수를 포함한다.
2. 농업용수: 농작물의 재배·경작 목적으로 이용되는 경우에 한한다.
3. 공업용수: 수질환경보전법 제2조 제5호의 규정에 의한 폐수배출시설을 설치한 사업장에서 사업활동 목적으로 이용되는 경우에 한한다.
* 공통사항: 농업용수·공업용수일지라도 생활용수의 목적으로도 함께 이용되는 경우에는 생활용수 기준을 적용한다.

 질문③ 폐기물은 어디다가 버리나요?

1. 위험한 폐기물들(예를 들어 방사성 폐기물)은 어디에 버리나요?
2. 그리고 어떤 방법으로 저장을 하나요?

 답변① 방사성 폐기물의 처리방법은요?

핵폐기물 처리에서 가장 문제가 되는 것은 고준위 방사성 폐기물로서 원자력 발전소의 폐연료봉에서 우라늄, 플루토늄 등을 회수하기 위한 화학처리를 한 후 그 과정에서 생성된 방사성이 높은 액체로서 방사성이 대단히 높아 생태계에 치명적인 영향을 주며 1970년대 이후에야 그것의 처리 문제에 관심이 집중되기 시작했습니다. 주요 핵종은 반감기가 짧은 스트론튬90, 세슘137 따위와 반감기가 아주 긴 요드121, 테크네튬99나 기타 악티늄계 원소들이 있습니다.

반감기가 짧은 것들은 수백 년만 격리시키면 되지만 긴 것들은 수백 년이 지나도 상당히 높은 방사능을 방출하므로 생태계에 피해를 주지 않을 정도로 줄어들 때까지 수천만 년 동안은 격리시켜야 합니다. 문제는 어디에? 어떻게? 하는 것이지요.

현재 우리의 목표는 최소 1만년 이상 생태계에서 격리시키는 방법을 모색하고 있습니다.

현재 가장 타당성이 있어 보이는 것은 '심층처분방식'으로 지하 심부에 지층의 방벽을 이용하여 방사능이 생태계에 도달하는 시간을 지연시키는 것입니다. 그 동안에 방사능은 서서히 약해지겠죠. 또한 동시에 방사능 물질이 광물에 흡착되기도 할 것입니다.

방사능은 지구조 운동이나 침식 등의 지질학적 과정, 또는 지하수에 의해 운반되어 노출될 수 있는데 적합한 지역을 찾는 것은 지질공학의 한 파트이고 이 두 가지를 모두 고려해야 합니다. 지질구조적으로 안정성이 높고 지하수의 이동이 느리며 생태계에 도달하는 데 긴 유동 경로를 갖고 있어야 하고 경제성, 기술수준, 안전성을 고려하여 처분장을 결정해야 할 것입니다.

조건은 다음과 같습니다.

1. 처분장의 암층은 지질구조적으로 안정된 곳에 위치해야 합니다.
   (무엇보다 지진이 발생할 가능성이 없도록 활단층이 없어야 합니다)
2. 암층이 수직적, 수평적으로 비교적 넓게 분포해야 합니다.
   (동시에 그 암층이 미래에 광물자원으로 사용될 가능성이 없어야겠죠)
3. 암반은 구조적인 강인성이 있어야 합니다.
   (압축강도, 열전도도, 열수용력이 높아야 합니다)
4. 암층은 불투수층으로, 지하수의 유동을 차단해야 합니다.
5. 암층은 구조적인 변형을 적게 받았어야 합니다.

(즉 습곡이나 단층이 있으면 안 됩니다)

6. 암층은 폐기물을 묻기에 충분한 두께를 가져야 합니다.

7. 단일 암층으로 되어 있거나 균일한 암층이어야 합니다.

8. 만일 암층에 틈이 생겼을 경우, 자체 봉합할 정도의 가소성을 가지고 있어야 합니다.

9. 지하수가 아예 없거나 있어도 무시할 정도의 양이어야 합니다.

이 모든 조건을 가능한 많이 포함하는 암층을 찾아야 하며 동시에 다음과 같은 연구도 진행해야 합니다.

i) 만일 열극이 발달해도 지하수나 열극의 분포 특성을 알아야 합니다.

　(심층은 거의 공극이 없기 때문에 지하수는 열극을 통해 이동하게 됩니다)

ii) 암석의 열역학적 특성이 잘 연구되어야 합니다.

　(방사성 붕괴 때 발생하는 열은 암석을 변형시킬 것이기 때문입니다)

iii) 핵종의 흡착력에 대한 연구가 되어야 합니다.

심층 처분에 알맞은 암층이 존재해야 하는데, 독일은 암염층, 벨기에는 점토층, 캐나다, 미국, 영국, 프랑스 등은 화강암층을 후보지로 삼고 있습니다(아마 우리나라도 심부화강암층이 될 겁니다). 독일은 대부분의 지질에 퇴적암층이 발달해 있는데, 독일에는 200여 개의 암염돔이 있고 암염층은 성인상 지하수의 침투우려가 없고 암염돔 내에는 생물이 살지 않는 극한 환경이므로 완전 격리가 가능하고 대단히 큰 공동을 적은 비용으로 굴착할 수 있으며 장기간의 안전성이 보장될 뿐 아니라 열전도성도 높아서 아주 좋은 후보지로 생각됩니다 (물론 동시에 인공방벽도 설치해야겠죠).

벨기에는 지하 190~300m 정도에 분포하는 점토층을 탐색중인데, 점토는 불투수층이고 흡착성도 강하고 굴착하기 편하고 가소성이 높아서 큰 힘에도 균열이 생기지 않는다는 장점을 갖고 있습니다.

화강암은 주로 심부에 '저반(batholith)' 상태로 대규모로 나타나므로 암층이 충분히 넓고 깊게 분포하고 있습니다. 하나의 균일한 암층이라는 장점이 있고 비록 투수성이 높기는 하지만 깊이 들어갈수록 투수계수가 감소합니다.

단층이 발달하지 않은 화강암체라면 심부에서 1만 년 동안의 이동거리는 0.3~300m 정도로, 만약 핵폐기물을 500m 정도 깊이에 매장하면 1만 년은 격리시킬 수 있을 것으로 보입니다.

폐기물이 노출되어도 우라늄, 넵투늄, 아메리슘, 테크네튬, 플루토늄 등은 불용성 산화물을 형성하면서 침전되어 버리고 세슘, 스트론튬 등은 양이온 흡착에 의해 이동속도가 수십~수백만 배 지연됩니다.

동시에 폐기물을 특수 합금에 넣고 충진제를 채워 부식을 방지할 수 있습니다. 심부 화강암층에 구리 용기를 묻으면 수십만 년이 지나도 부식되지 않을 것으로 보이며 용기 내부에 채우는 충진제는 벤토나이트를 사용하면 될 것 같습니다.

고준위 방사성 폐기물을 구리 용기에 넣고 벤토나이트로 채워서 심부 화강암층에 묻는 것이 현재 우리가 갖고 있는 가장 믿을 만한 방법입니다. 하지만 현재 우리는 그러한 처분장을 하나도 갖고 있지 않습니다.

 답변② 방사능 폐기물의 경우……

방사능 폐기물의 경우는 아직까지는 완벽하게 처리하는 방법은 없다고 하더군요.

그래서 보통은 아주 밀폐된 용기 등에 넣어 임시로 저장하게 되는데 그건 정말 임시로 저장하는 거거든요. 보통은 발전소 근처의 지하 깊은 곳에 저장하기도 하는데 수업시간에 배워서 아시겠지만 지각은 계속 움직이고 있는 것이라 지진이라도 나면 노출될 위험이 아주 많은 거죠. 그리고 러시아에서 저번에 동해에 핵폐기물을 버린다고 해서 난리가 난 적이 있었잖아요. 그것도 다 제대로 완벽히 처리도 하지 않은 상태의 폐기물을 버리게 되면 바다가 오염됨은 당연하겠죠. 그리고 혹은 바다 밑이 땅에 묻는 것보다 안전하지 않을까라고 생각하기 쉽지만 아시다시피 바다 속은 대륙보다 더 활발한 조산운동 등이 일어나고 있잖아요. 그래서 바다 밑에 보관하는 건 더 위험하답니다. 그래서 요즘 미국 같은 곳에서는 사막에다 핵폐기물을 보관하는 쪽으로 가고 있다고 하네요. 물론 이것도 완벽한 처리 방법이 나올 때까지만의 임시 저장소이긴 하지만 사막의 모래 밑에 깊숙이 묻어 두면 위에 모래로 덮여 있기 때문에 지각의 변화 등이 일어나도 암석이면 쪼개짐 등이 일어나지만 모래의 경우는 다시 쌓이겠죠? 모래산 등이 생기는 것을 상상해 보시면 쉽게 이해를 하실 수가 있을 겁니다.

그래서 아직 폐기물 처리에 대한 기술이 많이 없는 관계로 재활용 등의 방법도 생각하고 있는데 그것 역시 아직은 많이 힘들다고 하네요.

 답변③ 제가 알기로는

지질학적 조사를 통하여 근처에 단층이 없고 안정하여 지진이나 화산활동 등이 예상되지 않는 지역에 깊은 굴을 파서 방사능을 차단하는 소재로 용기를 만들어서 보관한다고 알고 있습니다.

 답변④ 일단

위험물질은 따로 수거하잖아요. 방사능 물질의 경우 특수하게 저장된 용기에 담아서 땅속에 묻는 걸로 알고 있는데. 예전에 일본에서 폐기물 실어다가 다른 나라에 버리려고 할 때 그린피스에서 반대하고 했던 기억이 나는데요. 역시 즉흥적인 대답은…… 암튼, 울 학교 화학과 등에서는 실험 등에서 나오는 폐수를 따로 통에 담아서 수거해 가더라구요. 액체의 경우 정화가 가능하면 정화하겠지만…….

 질문❹ 물과 암석의 순환.

물의 순환과 암석의 순환이 상호 작용을 하는 두 가지 방법에 대해 묻고 있는데 좀 알려주세요.

 답변① 물의 순환에 영향을 미치는 광물의 순환

물은 다른 어떠한 요인보다도 지질학적 요인에 의해 가장 근본적이고 일차적인 영향을 받습니다. 이는 지각을 구성하는 암석들은 생물과 물이 존재하기 전부터 존재하여 왔으며 그로부터 이들 암석들은 수질에 영향을 미치는 다른 요인들의 모체가 되거나 또는 성격 형성에 주요한 역할을 해왔기 때문이지요.

수질에 영향을 미치는 지질학적 요인은 크게 암석 화학적인 요인과 지질 구조적인 요인 두 가지로 다시 구분할 수 있습니다. 암석화학적인 요인이란 물의 이동 경로에 있는 암석들의 화학 조성과 이들의 반응성에 관련된 것으로, 이는 주로 암석들의 광물 조성과 광물-물간의 상호 반응 정도에 따라 결정됩니다. 두 번째 요인인 지질 구조적인 요인은 주로 물과 암석과의 반응에 필요한 공간과 시간을 지질 구조가 어떻게 제공하느냐에 관련된 요인입니다.

 질문5 제8주의 강의 내용을 읽고서……

'탄산염 동굴'이라고 나왔던데 이해가 안가거든요.

지하수의 지질작용에 의해 형성된 동굴인지요? Dripstone과 flowstone, 종유석, 석순 그리고 석주들이 이 동굴이 지니고 있는 지질 종류인지요?

 답변1 탄산염 동굴에 대해 자세히……

우선 탄산염이란 말이 지금껏 배워왔던 것과 달라 더욱 헷갈려 하시는 것 같군요.

탄산염암(유기적 퇴적암, 석회암 다 비슷한 말입니다)은 탄산염($CaCO_3$)을 함유하고 있는 생물이 죽고 이들이 쌓여서 만들어지는 것입니다. 지금도 바다에 가면 볼 수 있는 산호가 그 대표적인 생물이 되겠구요. 조개껍데기도 이 성분을 포함합니다. 이 밖에도 많은 생물들이 있구요. 전 세계적으로 큰 하천이 흘러드는 바닷가에는 석회암이 없는데 이는 강에서 흘러드는 퇴적물 때문에 구멍으로 호흡을 하는 탄산염 생물들이 살지 못하기 때문입니다. 어쨌든 석회암은 생물의 기원이므로 따뜻한 바다에서 만들어집니다. 위도 30도를 벗어나지 않죠(우리나라의 석회암은? 만들어진 후 북쪽으로 땅덩어리가 이동한 것입니다).

이렇게 생물의 유해와 그 파편들이 쌓이고 그 위로도 계속 쌓여나가(우리가 살고 있는 땅덩어리는 맨틀 위에 떠 있으므로 무언가 계속 쌓여서 무거워지면 맨틀 밑으로 계속 가라앉으면서 퇴적물은 계속 쌓이게 됩니다) 밑에 눌린 것들은 위에서 무겁게 내리누르므로 입자 사이의 공간이 치밀해지고 또 물속이므로 탄산염을 함유한 바닷물에서 탄산염광물이 자라나 공간을 계속 채우게 됩니다. 대충 말씀드린 이 과정이 '속성작용'의 과정이며 이 과정을 통해 암석화가 이루어집니다. 때론 덩치 큰 생물들의 유해가 형태만이라도 부분적으로, 혹은 고스란히 남는 경우도 있는데 이것이 바로 화석인 셈이지요.

그래서 석회암의 주성분은 $CaCO_3$이며 물의 용해에 약하기 때문에 물 위로 노출되어 지하수나 빗물에 씻기게 되면 동굴을 만들거나 무너져 내려 카르스트라는 석회암지대의 독특한 지형을 만들기도 하는 것입니다.

동굴에는 석회동굴(탄산염 동굴이라고 할 수 있겠죠?)과 화산동굴, 파식동굴 그리고 절리동굴이 있습니다. 이 중 님께서 궁금해 하시는 석회 동굴은 종유굴이라고도 부르는데 석회암 지층 밑에서 물리적인 작용과 화학적 작용에 의하여 이루어진 동굴입니다. 석회암이 지하수나 빗물의 용식과 용해 작용을 받아 만들어진 것이죠. 땅 표면에서 스며든 물이 땅속으로 흘러가면서 만든 지하수의 통로가 점점 커져서 동굴이 되는데 이때의 동굴을 1차적인 생성물이라고 합니다. 한편 동굴 천장에서 스며든 지하수는 석회암층을 용해시키면서 천장이나 벽면 그리고 동굴의 바닥에 종유석이나 석순, 석주와 같은 갖가지 동굴의 퇴적물을 성장시킵니다. 이때 석회암의 성분이나 지하수의 수질에 따라 동굴 속 퇴적물들은 각양각색으로 자라게 되죠. 이와 같이 동굴이 1차적으로 생긴 뒤 그 공간상에 퇴적물이 2차적으로 자라기 때문에 이들을 '2차 생성물'이라 부릅니다.

이 석회 동굴은 지하수의 용식 작용에 따라 계속해서 생성물의 형태가 변하고 또 계속 자라고 있는 동굴이라고 할 수 있습니다.

 답변② 탄산염 동굴이란……

책에 나와 있는 걸 말씀드리자면요. 탄산염 동굴의 생성은 탄산염암이 순환 지하수로 용해되는 주로 화학적인 작용의 의한 것이라고 하네요. 종유석과 석순 혹은 석주 등은 탄산염 침전물이라고 하니 탄산염 동굴 안에는 자연적으로 이런 것들이 생겨나게 되겠죠. 카르스트 등은 탄산염 지역에 전형적으로 나타나지만 석고와 암염으로 이루어진 지방에도 나타날 수 있다고 하는군요.

하계망에 대해 좀더 자세히 알아보고 싶어서 검색하던 중, 같이 읽어 보면 좋을 것 같
다는 생각이 들어서 올립니다.

■ **하계망**

1) 정의: 하나의 지역 분지 내에서 본류와 이에 합류하는 수많은 지류들로 이루어지는 하
천의 망

2) 특징

- 유역 분지의 지질, 기후, 식생 등을 반영한다.
- 최상류의 작은 하천은 곡두에서 끝나고 하곡 양안의 사면은 곡두에서 만난다.
- 유역 분지의 모든 하천은 만나며, 각 하천의 길이와 유량은 유역 면적에 비례한다.
- Playfair(John Playfair: 1748~1819)의 법칙: 각 하천은 본류와 다수의 지류로 구
성되어 있다. 각 지류는 그 크기에 비례하는 하곡을 흐르고 하천은 모두 서로 연결되어
하나의 하계망을 형성하고, 하곡의 구배는 서로 조화가 잘 이루어져 있어서 지류곡과 본
류곡은 동일한 수준에서 만난다. 이러한 현상의 하곡은 각각 그 하천을 흐르는 하천에 의
해 파여서 형성된 것이라면 결코 일어날 수 없다.

3) 하천의 차수

- 1차수 하천
- 2차수 하천 = 1차수 하천 + 1차수 하천
- 3차수 하천 = 2차수 하천 + 2차수 하천

4) 하천 수의 법칙: 한 유역 분지에서는 계급이 가장 높은 본류에서 시작하여 차수가 낮
아질수록 각 차수 하천의 수가 일정한 비율에 따라 기하급수적으로 증가한다.

5) 하천 길이의 법칙

- 각 차수 하천의 길이는 계급이 높아짐에 따라 길어진다.
- 하천의 차수가 높아질수록 일정 비율에 따라 하천 길이가 늘어나는 현상

6) 유역 분지의 법칙: 하천의 차수가 높아질수록 유역 면적은 기하학적으로 증가한다.

■ 하계망의 패턴

1) 하천의 공간적 배열 상태

2) 하계망은 지표의 경사, 암석의 경연, 지질구조, 지반운동 등 지질적 영향 요인을 반영

3) 수지상 패턴(dendritic pattern)

- 지류들이 주류에서 나뭇가지처럼 뻗어 나간 유형
- 화강암이나 변성암 지역에서처럼 암석이 등질적이고 특정한 지질구조가 결여된 지역 에서 발달

4) 격자상 패턴(trellis pattern)

- 지층이 기울어져 일련의 경암층과 연암층이 반복해서 지표에 노출되어 있는 퇴적암 지역에서 발달
- 하천은 지층의 주향에 따라 연암층에서 발달
- 주류 하천은 열상으로 배열된 산릉 사이로 흐른다.
- 주류에서 뻗어 나간 1차 지류는 직각으로 만난다.

5) 직각상 패턴(rectangular pattern)

- 지질구조선이 직각으로 만나는 곳의 하계망
- 하천의 공간적 배열이 규칙성이 격자상에 비해 떨어짐

6) 구심상 패턴(centripetal pattern)

- 여러 하천이 하나의 중심 저지로 모여드는 분지에서 발달
- 암석의 차별 침식에 기인하는 폐쇄적인 침식분지에서 발달

7) 방사상 패턴(radical pattern)

- 하나의 중심 고지에서 하천이 사방으로 흘러 나가는 패턴
- 화산과 퇴적암층의 도움 지형에 많이 나타난다.

8) 환상 패턴(annular pattern): 퇴적암층의 도움이 개석되어 경암층, 연암층이 교대로 지표에 노출될 때 방사상 패턴과 결부되어 나타남

■ 하계밀도(drainage density)

1) 일정한 면적 안에 포함되어 있는 하천 전체의 길이

2) 결정요인: 기반암의 특성, 암석의 투수율, 기후

3) 저밀도 하계

- 화강암이나 사암 같은 경암으로 이루어진 지역
- 투수율이 높은 지역, 식물 피복이 두꺼운 지역

4) 고밀도 하계
- 암석의 투수율이 낮은 지역
- 식물 피복이 결핍된 혈암층

 유량측정방법

■ 유량측정방법 선정

1) 하천 형태에 따른 측정방법: 일반하천, 소하천 및 계류, 인공수로, 감조하천 및 결빙하천 등

2) 유량 크기에 따른 측정방법: 홍수, 평수, 저수 시 등

■ 하천의 형태에 따른 측정방법

1) 일반하천의 유량측정방법: 하천횡단면과 유속측정에 의한 방법이 가장 일반적으로 적용되며 웨어를 설치하여 월류수심을 측정하는 방법도 있으며, 관측목적과 지점의 특성에 따라 정확한 방법을 선정하여 측정한다.
- 하천횡단면과 유속측정에 의한 방법: 유량은 단위시간에 하천의 어느 횡단면을 통과하는 물량, 즉 유수단면적과 유속의 곱으로 $Q = A \times V$로 나타낸다. 유수단면에 있어서 정해진 간격으로 배치된 측점에서의 유속을 계측하고 유수단면적을 곱하여 유량을 구한다. 유속측정은 회전식 유속계, 전자기식 유속계, 전자파 표면 유속계 등을 사용하거나, 홍수 시 부자를 띄워 그 속도를 측정하여 구하기도 한다.
- 웨어의 월류수심 측정에 의한 방법: 일반하천에 웨어를 설치하여 월류수심을 측정하여 유량을 구하는 방법에는 넓은 마루 웨어 또는 오지(Ogee)형 웨어가 일반적이다.

2) 소하천 및 인공수로의 유량측정: 소하천 및 인공수로는 단면과 유속의 변화가 일정하게 유지되므로 일반하천에서 적용하는 유속계, 부자법, 초음파법, 희석법 및 경사면적법과 웨어(Ogee형)방법 이외에도, 웨어(칼날형) 및 플룸, 잠류 오리피스, 피토관, 음향 유속계, 용적법 등을 적용할 수 있다.

- 유량크기에 따른 측정방법

1) 저수 및 평수량 측정방법: 저수 시 유량은 소형유속계를 이용하여 측정할 때 정확도가
높다. 수심이 얕고 유속이 1m/sec 이하인 곳에서는 걸으면서 유속을 측정한다. 또한,
저수유량 전용측정설비(웨어나 플룸)를 하천에 설치하여 측정할 수도 있다. 희석법은
유량이 매우 적은 저수 시에 사용된다. 평수량은 유속계 및 소형유속계를 사용할 수
있으며 도보측정, 선박측정, 교량측정 및 Cableway를 이용한 방법을 사용할 수 있다.

2) 홍수량 측정방법: 홍수량은 주로 부자를 이용하여 측정되었다. 홍수량 측정 시 유속계
를 사용할 때는 교량에서 윈치를 사용하여 측정하고 있으며, 홍수량을 측정할 때에는
보조수위표를 설치하여 수위를 관측하여야 하며, 상류 또는 하류에 별도의 가수위표를
설치하여 수면경사를 측정하면 수리학적 방법에 의한 유량해석에 참고할 수 있다.

- 유량측정 주기 선정

1) 유량측정 주기: 유량측정지점의 하상변동 양상(안정 또는 불안정)을 파악하여 그 지점
에 적합한 유량측정 주기를 선정해야 한다. 불안정한 하천인 경우 매주 1회씩 저수유량
을 관측해야 하지만 안정적인 하천인 경우 매 6~8주마다 저수유량을 관측하면 된다.

2) 유량측정 시점: 갈수기 또는 평수기인 경우 유량측정 주기에 적합한 시간간격으로 유
량을 측정하면 된다. 우리나라의 경우 홍수기에 주로 하상변동이 발생되어 수위-유
량관계곡선이 변화하므로 이를 고려한다면 홍수기 직후에 갈수유량을 집중적으로 측
정하는 것도 바람직하다.

- 유량측정실시

1) 하천횡단면 측량

- 유량측정방법에 따른 횡단측량 구분: 유속계로 측정할 경우에 수심측정은 유속을 측
정할 때마다 시행한다. 부자 측정법에 의해서 유량조사를 할 경우에는 상·하류의
양쪽 투시단면의 측량선에 대해서 횡단측량을 실시해야 한다. 웨어 측정법의 경우는
웨어의 둑마루와 그 형상을 잘 알 수 있도록 측량해야 한다. 특히, 퇴사나 웨어의 변
형이 없는 한 측량은 1회로써 충분하다. 단, 웨어에 가동수문이 설치된 경우는 수문
의 개방도를 항상 기록해 두어야 한다. 초음파 측정법에서의 횡단측량은 초음파의
전파선상에서 유수의 경사방향에서는 전파상태를 파악하기 위한 것이며, 직각방향에
대해서는 평상시의 유량을 환산하는 데 필요한 면적계산을 하기 위한 것이다. 전자
파 표면유속계의 경우 전자파 발사지점의 횡단을 측량해야 한다.

- 유량관측소의 횡단선: 유량관측소에서는 유심에 직각방향으로 횡단선을 설정하고 해당 횡단선이 위치를 표시할 수 있는 횡단선 표지를 설치한다. 횡단선의 수와 간격은 관측방법에 따라 정한다.
- 횡단선의 횡단측량 실시: 횡단선을 따라 횡단측량을 실시하여 횡단도면을 작성한다. 이 경우 횡단도면은 하천의 하류를 향하여 작성하는 것이 좋다. 횡단측량방법은 일반하천 측량의 횡단측량방법에 따라 실시한다. 횡단측량은 횡단선 수에 따라 홍수 전과 홍수 후에 실시하여 홍수로 인하여 발생하게 될 하상변동을 고려해야 한다.

2) 유속계에 의한 측정방법: 유속계를 이용하여 측정하는 방법에는 도보측정, 선박에 의한 측정, 교량에 의한 측정, Cableway에 의한 측정 등이 있다.

- 도보측정: 수심이 얕고 유속이 1m/sec 이하인 곳에서 시행한다. 소형유속계를 로드(rod)에 매달아 측정하여 물의 흐름이 관측원에 의해 영향을 받지 않도록 몸을 유향의 횡방향으로 하고 유속계는 몸에서 가능한 한 멀리하여 측정하여야 한다. 갈수기에는 되도록 도보측정에 의한 유량측정을 실시하되 안전에 유의하여야 한다.
- 선박에 의한 측정: 하천 양안에 로프를 설치한 후 로프를 이용 선박에 고정시키고 유속을 측정한다. 선박측정은 안전을 고려하여 가능한 한 하천의 유속이 2m/sec 이내의 구간에서만 시행토록 한다. 선박이 물의 흐름을 방해하지 않도록 선두에서 유속을 측정하되 유속계가 수직이 되도록 하여 측정한다.
- 교량에 의한 측정: 교량에서 측정 시에는 통행차량이 주의할 수 있도록 안전표지판을 제작, 설치하고 차량통행을 안전하게 유도할 수 있도록 별도의 안전원을 배치하여야 한다. 교량의 교각영향으로 물의 흐름이 구간마다 다른 점을 유의하여 수심측선과 유속측선을 세심하게 설정하여 오차 발생을 최소화하여야 한다. 추에 의한 유속측정은 유속의 빠르기를 판단하여 추의 무게를 결정하고 추가 가벼워 하류로 떠내려가지 않도록 한다.
- Cableway 측정: 관측원이 Cable을 탑승하여 직접 시행하는 방법과 원격조정하여 무인으로 관측하는 방법이 있다. Cableway에 의한 측정은 홍수 및 평수 시 등에 항상 측정할 수 있도록 철저하게 정비 및 유지, 관리해야 한다.

3) 전자파 표면유속계에 의한 방법: 전자파 표면유속계에 의한 유량관측은 하천의 횡단방향으로 일정 간격으로 전자파 표면유속계를 설치하고 상류방향으로 전자파를 발사한 후, 물 표면에서 반사되는 전자파의 도플러 효과를 이용하여 표면유속을 측정하는 것

이다. 이 표면유속을 미리 구하여 둔 보정계수에 의해 평균유속으로 변환하여 유량을 측정할 수 있다. 전자파의 도플러 효과를 이용하여 하천의 유속을 물과 접촉하지 않고서도 측정할 수 있어 기존 유속계로서는 측정하기 어려운 홍수 유속을 측정할 수 있으며 유속 값이 매우 크거나 유량이 많은 경우, 혹은 야간 측정에도 물과 접촉하지 않으므로 안전하게 측정할 수 있는 장점이 있다.

제 **8** 장

빙하와 빙하 작용

지구의 기후는 어떤 과정을 겪게 되는가?

질문❶ 빙하가 형성한 지형 – 호수(알프스, 한반도)

오늘 본 비디오에서 빙하의 모습을 보니 굉장히 특이하군요. 갑자기 저번에 비디오에서 본 알프스의 뾰족한 산봉우리가 빙하에 의한 것이 아닌지 하는 생각이 들었습니다.

몇 년 전 알프스에 간 적이 있었는데 수백 m 이상의 고도에 호수가 엄청 많았습니다(하얀 안개가 피어오르는 음침한). 이것도 빙하가 녹은 겁니까? 알프스에 빙하가 있는 건 알지만 이렇게 거대한 지형에 물을 채웠는지? 그 지방 사람은 "눈이 녹았겠느니." 하고 말던데요.

그러면 한국은 빙하흔적이 있습니까? 빙하기에 관한 그림에서는 해수면이 낮아져 황해가 육지로 된 그림밖에 없네요. 한반도의 빙하흔적을 알고 계신 분 좀 알려주세요.

답변① 알프스도 빙하가?

알프스는 습곡산맥이 아닐까요? 저번에 판구조론에 관한 비디오를 볼 때 알프스는 습곡산맥이라고 배운 것 같고 그 위의 만년설은 빙하가 아니고 산맥이 형성된 후 눈이 내리고 쌓여서 이루어진 것이 아닐까요?

답변② 한반도의 빙하흔적에 관한 것

알프스의 뾰족한 산봉우리가 일부는 빙하에 의한 것으로 생각하고 있습니다. 알프스 수백 미터 이상의 고도에 호수가 엄청 많은 것은 빙하에 의해 움푹 파인 곳에 물이 고여 형성된 것들도 있고 지형상 형성된 것도 있습니다.

한반도의 빙하흔적에 관한 것:

1. 북한에는 선캄브리아기 상부에 빙하에 의해 형성된 지층이 있는 것으로 되어 있습니다만 국내 지질학자에 의해 직접 확인된 바는 없습니다.

2. 남한 쪽에 대해서는 황강리층을 빙성층으로 주장하는 학자도 있고 이견 (데브리 흐름에 의한 퇴적)을 주장하는 학자도 있습니다. 저의 의견은 남한 쪽에는 아직 확실한 증거를 가진 빙성층은 없다고 생각합니다.

관련된 질문 ▌ 빙하기 때 한반도는 어떤 상태였는지요?

흔히 빙하기라고 하면 모든 인류가 멸종하고 다 추워서 죽는 걸로(아주 무서운) 생각이 되는데 보니까 꼭 그런 것 같지는 않습니다. 생활권이 많이 좁아지는 건 사실이지만 다 살 수 있는 방법이 있을 것 같군요. 가장 최근의 빙하기 때 한반도는 빙하기의 영향을 어떤 식으로 받았는지 궁금하군요.

관련된 답변 ▌ 빙하기와 한반도

빙하기와 한반도에 대해 답변을 한 적이 있음. 지구상엔 빙하기가 지질시대 동안 여러 번 있었음. 한반도 지층에 빙하의 증거가 필요하겠죠. 전에 언급한 대로 북한에는 빙성층에 대한 주장이 있으나 직접 확인할 방법이 없고 남한에는 황강리층에 대해 빙성층 주장이 있으나 저는 부정적으로 보고 있습니다.

질문❷ 빙하기의 생명체들은?

빙하기가 오면 우리 지구에 살고 있는 생명체들은 어떻게 되는지 궁금하네요. 특히 더운 지방에 살던 생물들은 적응을 하지 못할 것 같은데. 몇 번의 빙하기 후에도 생명체가 살아온 것을 보면 빙하기에 생물이 적응을 하는 것 같지만 얼마나 과연 많은 생물들이 살아남을까요? 또 사람도 살아남을 수 있을까요?

답변① 호프만 박사의 가설

하버드대학의 지질학자 폴 호프먼 박사는 오래된 퇴적물의 탄소원자에 대한 폭넓은 연구를 토대로 지구상에 등장한 첫 동물들은 극도의 온난기와 바다가 얼어붙을 정도의 빙하기 등 1~2차례의 진화적인 기후격변의 충격이 있었기 때문에 오히려 살아남을 수 있게 됐다는 새로운 가설을 만들어 과학저널 사이언스 최신호(1998. 9월호)에 발표했다. 호프먼 박사는 "우리는 동물 생명체의 첫 출현에 대한 설명을 할 수 있게 됐다"며 "이 주제는 다윈 이래로 고생물학자들이 몰두했던 주제였다"고 말했다. 지구상의 '살아 있는 존재'는 태양을 만든 것과 같은 성간(星間) 먼지구름들이 지구를 형성한 지 7억~8억 년이 지난 후인 38억 년 전에 나타났다. 생명체는 등장 이후 30억 년간 박테리아나 조류(藻類)수준에 머물렀다. 단순한 판 모양의 작은 '첫 동물'은 약 6억 년 전에 처음 나타난 것으로 보이며 다른 종류들이 뒤를 이어 등장했다. 살아 있는 존재와 첫 동물의 출현이라는 이 두 개의 사건은 번갈아 나타나던 빙하기와 온난기가 끝나갈 즈음에 발생했다. 호프먼 박사는 "이것은 우연의 일치는 아니라고 생각한다."고 말했다. 지금은 널리 인정되지만, 지구의 역사에서 흔히 환경의 격변은 몇몇 종은 없애고 또 다른 종을 출현시킴으로써 진화의 변화에 자극을 줘왔다. 이 같은 환경의 변화들은 자료에 의해 증명이 되지만 그것들은 호프먼 박사가 제기하는 변화보다 더 극적이진 못하다. 빙하기 사이클과 동물 생명체의 출현과의 관계에 대한 새로운 문제 제기는 아직 검증되지 않았다. 폭넓은 진화의 형태에 대해 연구하는 스미소니언연구소의 고생물학자 더글러스 아이윈 박사는 얼어붙었던 지구와 뜨거웠던 지구, 동물의 출현 사이에 존재하는 직접적인 관계는 명확하지 않다고 얘기한다. "그러나 명확한 것은 이 같은 극단적인 환경적 동요가 진화적 변화에 강력한 동력을 제공했을 것"이라고 그는 말했다. 호프먼 박사의 연구는 또한 지구 빙하기 자체에 대한 쟁점적 이론에 중요성을 더해준다. 그리고 지구가 어떻게 길고 긴 빙하기를 벗어났으며 왜 다시 빙하기가 반복되지 않는가에 대해 설명해 주고 있다. 이 이론은 동물들 자체가 빙하기의 재도래를 막는 역할을 한 것 같다고 분석하고 있다. '얼음덩어리 지구'에 관한 이론은 1992년 캘리포니아기술연구소의 조지프 키르슈빈크 박사에 의해 처음 제기됐다. 이 이론은 한때 적도부근에 얼음이 존재했고 그 당시에는 대기 중의 산소가 바다로 스며들지 않았다는 것을 자기(磁氣)와 화학적 증거들을 통해 설명했다.〈일부 내용 줄임〉

질문❸ 빙하시기는 어떻게?

지난 시간에 지구에서 빙하시기가 여러 번 있었다고 합니다. 이 사실을 어떻게 알게 되었는지 궁금합니다. 어떤 방법과 어떤 이론적인 접근으로 그것이 가능한지 알고 싶군요?

답변①

우선 제가 아는 대로 몇 가지만 올리겠습니다.

1. 빙하의 증거: 빙퇴석, 빙호, 빙하조선
2. 빙하의 영향
   (1) 빙하의 용융으로 지반융기
   (2) 호수의 형성(미국의 5대호)
   (3) 바람의 영향
   (4) 해수의 변화
   (5) 생물의 분포에 영향
3. 빙하의 원인
   (1) 고지리 변화: 극지륙에 대륙이 위치하거나 대륙에 둘러싸이는 경우
   (2) 대륙면적의 증가와 융기에 의한 고도상승
   (3) 천문학적인 변화

답변② 빙하시기

빙하에 대한 증거가 있을 때 그 시기에 관한 것은 지질시대 측정에 관한 것은 전자칠판에 띄운 강의 내용을 참조하시길……. 그리고 지질시대에 따라 측정방법을 달리합니다.

질문❹ 빙하기와 지표의 모양

빙하기로 인하여 지표의 모양도 변하였으리라 생각되는데요. 얼음의 얼고 녹음이 지표의 모형 변화에 어떠한 영향을 미쳤고 그로 인하여 변화된 지표의

모양은 구체적으로 어떠했는지 궁금합니다.

 답변① 지표 모양의 변화

빙하기로 인하여 지표의 모양도 변하겠죠. 눌린 자국도 생기겠고 지나간 자국 등등이 생겨지겠지요. 미국 요세미티(Yosemite)국립공원은 빙하가 지나간 자국으로 거대한 계곡이 생겼고 긁고 간 자국은 striation이라고 하며 여러 종류의 크기로 모두 일정 방향을 나타냅니다.

 질문⑤ 빙하기와 간빙기

이번 주에 빙하에 대해서 이야기를 할 때 지금은 간빙기라고 들었습니다. 즉 지구는 빙하기와 간빙기를 번갈아 가면서 지금까지 오고 있습니다. 그런데 궁금한 것은 빙하기와 간빙기 때 지구 내부의 순환에도 차이가 있습니까? 아니면 그 차이는 온도의 영향으로 빙하의 존재 여부만으로 따집니까?

 답변①

우선 첫 번째 빙하기와 간빙기의 구분은 단순히 온도차이냐고 하셨는데 제가 찾아 본 바로는 그렇더군요(너무 간단하죠?).그럼 두 번째 질문에 대해서 말하자면 우선 빙하기의 원인을 찾아보았습니다. 제 생각으론 빙하기의 원인을 찾으면서 저는 당연히 알고 있다고 생각했는데 막상 생각해 보니까 저 역시 모르고 있었더군요. 살면서 그런 거 되게 많잖아요. 알고 있다고 생각했는데 막상 따져보면 막연한 것들. 암튼 빙하기와 간빙기의 원인은 계절이 생기는 원인과 비슷합니다.

고등학교 때 계절이 생기는 원인은 지구의 공전궤도에 대해 지구가 약간 삐딱하게 서 있어서 빛을 받는 각도가 시간과 지역에 따라 차이가 생겨 그렇잖습니까? 아직도 빙하기와 간빙기가 전 지구적으로 일어나는 현상에 대한 명확한 답은 없지만 가장 유력한 답변은 20세기 들어 지구 밖에서 그 원인을 찾기 시작하였는데, 지구 공전과 자전의 형태에 관련되어 있다는 이론이 수학자와 천문학자들에 의하여 발표 되었다는군요. 구 유고슬라비아의 수학자인 밀류신 밀란코비치(M. Minlancovici)가 1912년과 1941년 사이 자신의 생각을 수차례 수정하고 열심히 계산한 결과

① 공전궤도의 이심률의 변화

② 자전축의 경사 효과

③ 세차운동

등이 여름의 햇살 강도를 크게 변화시키기 때문이라는군요.

이심률은 다 아시겠지만 궤도의 찌그러진 정도고 아! 여기서 착각을 할지도 모르지만 이심률 때문에 일 년 사이에 지구와 태양 사이의 거리가 변한다는 것이 아니라 이심률 자체가 변한다는 것이므로 올해와 내년이 같은 궤도가 될 수 없다는 거죠. 그러니까 태양과의 거리에 차이가 생기겠죠? 두 번째 원인은 다들 아실 테고.

세 번째 세차운동이란. 흠흠. 인터넷에서 뒤진 바로는(역시 인터넷이 좋긴 좋다니까요.)

현재 천구에서의 자전축의 방향은 북극성을 향하고 있다. 그러나 지구가 완전한 구대칭이 아니라 적도 부근이 부풀어 있기 때문에 달과 태양으로부터 힘을 받아 지구의 자전축 방향은 약 2만 6000년 주기로 공전축의 둘레를 공전과 같은 방향으로 회전운동을 하고 있다. 이것을 세차운동이라 한다. 이 세차운동 중에는 16년 주기 등의 주기가 짧고 진폭이 작은 운동이 있는데 이것을 장동(章動)이라 한다. 세차운동이나 장동은 팽이의 회전운동에서도 관찰할 수 있다. 이러한 운동은 천구상의 별의 위치를 기준으로 해서 관찰한 지구의 회전운동이다. 한편 지구의 회전운동을 지각을 기준으로 해서 측정하면 지면에 대하여 북극, 남극의 위치가 변하는 극이동이 관측된다. 이것은 지구상의 각 점에서의 위도 변화로서 관측되며 세차운동처럼 다른 천체가 주는 외력에 의해 생기는 것은 아니다.

여기까지 입니다. 즉 분석을 하자면 위에서 언급한 첫 번째와 두 번째 원인의 작용과 세 번째 원인이 2만 6000년 주기라고 하지 않았습니까? 그러면 위의 세 가지 원인이 함께 작용한다면 지금과 같은 긴 시간의 간빙기와 빙하기를 만들

수 있겠죠? 세 가지가 동시에 변하는 것이므로 정말 계산을 열심히 해야 나올 거라는 생각이 드는군요.

질문❻ 빙하가 쓸고 지나간 해안선은?

빙하의 이동과 해안선의 변화에 대해 언급한 내용이 앞에 있었지만 저는 좀 다른 차원에서 의문이 생겨서요. 비디오에는 빙하의 흐름에 관한 추적을 지표에서 시작해서 어느 한 지점으로 몰고 갔는데 만일 빙하가 계속 흘러내렸다면 해안선에 도달해서 바다에 퐁당퐁당 빠지는 일도 필연적으로 있었으리라 봅니다. 그렇지 않다면 그 많은 얼음이 어디로? 그래서 대륙의 가장자리 해안선에서는 급격한 낙하 혹은 쓸려 내려감으로 해안선의 암석을 지표와는 다른 식으로 쓸고 지나가서 자취가 남지 않았을까 합니다. 그렇다면 바닷가 낭떠러지에서 암석의 모서리를 다듬듯이 깎으면서 바다에 추락하지 않았을까요?

답변① 정확한지는 모르겠지만

일단 저의 생각은 빙하시대는 지금과는 상당히 다를 것이라고 생각합니다.

그래서 우리가 지금 알고 있는 바다도 약간 다를 수 있다는 생각입니다. 그리고 빙하가 존재하기 위해서는 온도가 상당히 낮아야 되는데 그렇다면 바다도 부분적으로 얼어 있다고 생각합니다. 따라서 빙하가 낭떠러지에서 떨어져 바다 속에서 녹는 현상은 발생하기가 힘들 것 같습니다. 계속 덮여 있던 빙하가 온도가 올라가면서 녹았을 것 같습니다. 이때 바다 속으로 떨어졌다면, 이때의 빙하는 물의 성분이 매우 많기 때문에 암석에 흔적을 남기지는 못할 것 같습니다.

답변② 피오르드

빙하가 쓸고 간 흔적은 북유럽의 스칸디나비아 반도에 있는 피오르드에서 잘 볼 수 있지 않을까요? 그쪽 해안선을 보면 빙하가 바다로 들어갈 때의 흔적을 잘 볼 수 있을 것 같네요.

답변③ 빙하의 흔적

육지에서의 빙하 흔적은 다른 질문에서 언급했음. 빙하가 이동하다가 육지에서 모두 녹기도 하고 어떤 것은 해양으로 이동합니다. 해양 어디선가 녹아 그곳에 옮겨온 퇴적물을 떨어트려 빙성 퇴적물을 해양 저면에 쌓게 됩니다.

질문7 남극의 만년빙이 바다 속으로 들어간다는데요?

"**남**극의 만년빙 서서히 바다 속으로……"라는 제목의 기사를 읽었는데요…… 잘 이해가 되지 않습니다. 소용돌이 같기도 하고 창의 격자(格子)나 아라베스크풍의 우아한 장식처럼 보이기도 하는, 최근 공개된 남극대륙의 레이더 사진들은 캐나다 우주국과 미국 항공우주국(NASA)이 공동 프로젝트로 추진 중인 레이더샛 위성에 의해 찍힌 것입니다. 이들 사진들의 중요한 가치는 방글라데시와 네덜란드, 심지어 미국의 뉴욕시를 포함한 전 세계 저지대의 운명을 예측하는 데 도움이 되는 단서들을 포함하고 있다는 점입니다.

만일 남극대륙 서쪽의 대빙원의 얼음이 떨어져 바다 속으로 들어간다면 전 세계적으로 해수면이 5.1m 정도 올라가 해안주변에 위치한 지역들이 범람하는 대재난을 가져올 것입니다. 특히 이번 위성사진들은 남극대륙 동쪽의 광대한 대빙원도 급속도로 바다 속으로 미끄러져 들어갈 가능성을 보여주는 얼음 강(빙하)의 작동 메커니즘을 나타내주고 있습니다.

남극대륙은 그동안 위성이나 비행기에 의해 자주 사진이 찍혀왔으나 이 같은 사진들은 대개 특색 없이 두꺼운 빙하층을 덮고 있는 눈부신 흰 눈만을 보여줬을 뿐입니다. 반면 캐나다가 만든 레이더샛 위성을 통해 지구로 보내진 데이터 합성사진들은 40여 년 전 이곳에 스노 트랙터가 남겨놓은 눈에 묻힌 바퀴자국들을 포함해 처음으로 남극대륙의 전모를 생생하게 보여주고 있습니다.

NASA의 지구과학담당 부행정관인 가젬 아스라 박사는 "남극대륙에 대한 전체적인 모습을 보여주는 사진을 가진 적이 없었다."면서 "레이더샛과 또 다른 새로운 위성들이 남극대륙의 새로운 영역을 개척하고 있다."고 말했습니다.

이번 프로젝트를 담당한 과학자들에 따르면 레이더샛 위성이 보내온 발견 중 가장 중요한 것은 얼음과 바위를 둘러싸고 흐르고 있는 빙하의 네트워크를 확인한 것입니다. 새 위성이 보내온 자료는 이러한 빙하들이 1년에 엄청난 거리인 900m 정도까지 이동하고 있음을 보여주고 있습니다. 또 남극대륙의 서쪽 대빙원에서 흘러나오고 있는 빙하 중 하나의 네트워크는 매년 바다에 약 $30km^3$의 얼음을 옮기고 있었습니다. 이것은 매년 미국 수도 워싱턴 DC를 약 510m 높이로 덮어버릴 수 있는 양입니다.

미국 오하이오주립대학 버드 극지연구센터의 빙하 학자이자 레이더샛 프로젝트의 리더인 케네스 제적 박사는 "빙하가 남극대륙 동쪽 대빙원을 통과해 해안가에서 800km 이상 떨어진 남극대륙 중심까지 미치고 있다"며 "이것은 남극대륙 서쪽과 같이 동쪽도 급속히 얼음이 내부로부터 해안의 바다로 움직이고 있는 메커니즘을 가지고 있다는 것을 의미한다."고 말했다. 이는 그동안 남극대륙 동쪽 빙하층의 경우 얼음이 바위층 위에 고정돼 있어 얼음의 바다 쪽으로의 급속한 이동은 불가능할 것으로 믿었던 과학자들의 견해와는 다른 것이다.

 답변① 남극의 만년빙

그래요. 남극의 만년빙에 변화가 있지요. 특히 위성사진의 발달로 새로운 사실들이 들어 나고 있는 것이지요. 혹자는 이러한 변화들이 기온의 상승에서 일어나는 것이라고도 합니다.

 질문❽ 왜 북위 40도까지만 빙하가 내려온 겁니까?

제목 그대로 빙하가 북미에서 내려온 정도가 어떻게 북위 40도와 일치할 수 있는지 궁금하군요. 어떤 이유로 북위 40도 밑으로는 못 내려오고 거기서 서버렸는지요.

답변① 지역에 따라 달라지겠지요.

　지역, 빙하의 상태, 기후 조건 등등에 따라 달라지겠지요. 빙하가 북미에서 내려온 정도가 북위 40도라는 것은 그때의 여러 조건들에 의한 것일 뿐, 타 지역에서는 더욱 넓게, 즉 40도 이하의 곳까지 이동한 것들이 여럿 있답니다.

질문⑨ 밀란코비치의 천문학적 이론에 관하여

　지구의 공전궤도와 자전축기울기의 주기적 변화에 의해 빙하기가 왔다 갔다 한다는 내용인 것 같은데. 구체적인 메커니즘에 대한 설명과 함께, 이건 여담이지만 그냥 궁금해서 여쭤봅니다. 과거 180만 년 전부터 4번의 빙하기와 3번의 간빙기가 있었다면 왜 180만 년 전 빙하기의 존재에 대한 학설은 나오지 않는 거죠? 밀란코비치의 말대로라면 그전에도 빙하기가 있었을 수 있고 앞으로도 언제쯤 빙하기가 온다는 것이 예측 가능할 텐데.

답변① 아마 맞을 겁니다.

　밀란코비치의 이론은 외적인 원인이 되겠지요. 지구의 공전궤도는 10만년을 주기로, 지구 자전축의 기울기는 4만년을 주기로, 세차운동의 변화는 2만년을 주기로 바뀌고 이 3가지 원인을 각각 그려서 그래프를 합성시키면 복잡한 그래프가 나오겠지요. 그 그래프가 지구상의 빙하기와 잘 들어맞는답니다. 그래서 빙하기의 원인으로 이 3가지를 자주 언급합니다.

답변② 메커니즘?

　지구의 공전궤도와 자전축기울기의 주기적 변화에 의해 빙하기가 왔다 갔다 한다는 내용의 구체적인 메커니즘에 대한 것은 모르겠습니다. 허나 그러한 변화에 의하여 기후가 변하는 것은 납득할 수 있을 것 같습니다만 밀란코비치의 말대로 주기적이라는 점은 논란의 여지가 있고 진정 주기적이라면 주기에 관한 이견이 있겠죠. 빙하기는 선캄브리아기에도 있었습니다. 빙하기 예측가능성에 대한 것은 지질시대에서 어느 정도 가능한 것이지만 수년단위의 것이 아니라 어려운 것입니다.

질문⑩

예전에 친구들과의 이야기에서 핵전쟁이 나면 혹은 운석이 떨어지면 빙하기 비스무레한 것이 올 것이라는 이야기를 한 적이 있습니다. 그때 상상력 하나로 먹고살던 저는 '빙하기마다 하나의 문명이 흥하고 쇠했지 않을까?' 하는 상상까지 해 보고 그런 생각까지 하다니 하며 즐거워했었습니다. 물론 중학교 때 이야기죠. 가장 최근의 빙하기가 인류의 문명의 시작보다 훨씬 이전이기에 했던 생각이었는데. 질문을 올리기 전에 자료를 좀 뒤져봐야 하는데. 그냥 밑도 끝도 없이 질문만 올려서 죄송합니다. 어쨌든 빙하기의 원인이나 운석과의 관계에 대해서 알고 계신 분 있으면 알려주세요.

답변①

운석이 떨어져서 분진이 되고 그 분진이 태양을 가려서 빙하기가 올 수 있다고 들었습니다. 빙하기가 꼭 운석이 떨어져야 오는 것은 아니겠지만, 암튼 큰 운석이 떨어지면 핵겨울의 효과가 있다고 알고 있습니다.

답변②

빙하기의 원인은 여럿 있음. 운석이 집중적으로 떨어져 지구에 영향을 미치게 될 때 물론 기후변화를 가져온다고 생각합니다. 그래서 공룡의 전멸을 운석의 영향으로 생각하는 것이 일반적입니다.

질문⑪ 지구온난화에 관해서 궁금한 점이 있어서요.

이번에 공부하면서 보니 지구의 평균 기온이 상승하고 있기 때문에 빙하가 녹아서 지구의 해수면이 높아지고 있다는 것을 알게 되었는데 상식적으로 기온이 올라가면 그만큼 해수의 증발효과도 커져서 다시 적정한 원래 상태로 돌아가지 않을까요?

아님 증발보다는 빙하의 녹는 양이 훨씬 크기 때문인가요?

 답변① 제 생각에는……

아무래도 증발되는 양보다는 빙하가 녹는 양이 훨씬 많지 않을까요? 지구에서 빙하가 차지하는 양만 봐도 알 수 있을 것 같은데요. 또한 증발된다 하더라도 어차피 비나 눈이 되어서 내릴 테니 해수의 높이 상승은 조금씩 계속 될 것 같습니다.

 답변② 한 말씀 더.

기온이 올라가는 것 자체는 물의 부피 팽창을 초래하죠. 하지만 그 양이 얼마나 될지는 잘 모르겠군요. 해수는 우리가 실험한 증류수와는 다른 성질을 가지기 때문에요(어떤 성질을 가지는지는 다 까먹었네요). 그리고 위에 질문하신 분의 말씀도 일리가 있는 것 같습니다. 증발하는 양보다 녹는 양이 많다는……

습도의 개념도 생각해 볼 필요가 있지 않을까 생각합니다. 습도가 높은 곳에서는 온도가 올라가도 증발이 일어나지 않습니다. 만약 온도가 올라가도 해수면의 상승이 없으려면 더욱 많은 양이 증발되어야 하므로 공기는 평균적으로 더욱 건조해야 할 것이고 또 증발된 구름은 하늘에서 비로 내리지 않고 더욱 두꺼운 구름으로 남아 있어야 하겠죠. 그런데 그게 과연 이치에 맞을까요? 음, 정확한 이유는 저도 잘 모르겠습니다. 하지만 지구의 담수의 70%를 차지하고 있는 빙산과 빙하가 녹는다는 것은 충분히 해수면 상승의 효과를 가진다고 할 수 있을 것이며 그 늘어난 양이 구름으로 하늘에 두껍게 머무르거나 엄청난 고습도로 우리를 숨 막히게 하지 않는다는 상황하에서는 더욱 신빙성을 가진다고 개인적으로 생각합니다.

답변③ 이런 측면도……

온도가 낮을 때는 바다에서 증발한 수증기가 눈이 되어 내리고 이것이 빙하가 극지방에 축적되어 바다로 유입되지 않기 때문에 해수면이 낮아집니다. 따라서 온도가 상승하면 이미 존재하는 빙하가 녹는 것뿐만 아니라 새롭게 증발된 수증기도 극지방에 축적될 수 없기 때문에 해수면 상승 작용이 더욱 활발하게 일어나는 게 아닐까 하는 생각입니다.

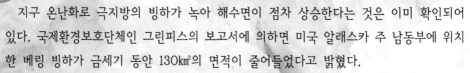

참고 지구 온난화와 빙하

지구 온난화로 극지방의 빙하가 녹아 해수면이 점차 상승한다는 것은 이미 확인되어 있다. 국제환경보호단체인 그린피스의 보고서에 의하면 미국 알래스카 주 남동부에 위치한 베링 빙하가 금세기 동안 130㎢의 면적이 줄어들었다고 밝혔다.

지구 온난화로 빙하 일부가 녹아 이루어진 바이터스 호수에 빙산들이 떠다니고 있다. 길이 182㎞, 면적 5100㎢인 이 빙하가 100년 전에 비해 길이가 10~12㎞ 줄어들었다고 말했다. 또한 곳에 따라 차이가 나긴 하지만 베링 빙하가 녹는 속도 역시 지난 20년 동안 점차 빨라졌으며, 1990년 초부터는 일부 지역의 경우 연간 1㎞씩 유실됐다는 것이다. 빙하의 이 같은 급속 해빙은 석유, 가스, 석탄과 같은 화석연료를 사용함으로써 초래된 지구 온난화에 기인하고 있다고 보고서는 설명한다. 가장 심한 곳들은 지난 30년간 10년에 1도씩 기온이 높아졌다고 한다. 지구 온난화가 현 추세대로 이어진다면 오는 2100년까지 해수면이 지금보다 50㎝에서 최고 95㎝까지 높아질 가능성이 있다고 한다.

온실 효과로 인해 지구 온난화가 앞으로 더욱 진행된 경우, 어떤 불길한 시나리오가 기다리고 있을까? 물론 지구는 금성과는 여러 가지 조건이 다르기 때문에 온실 효과가 똑같은 식으로 진행되지는 않는다. 하지만 지구에는 좀더 현실적인 위협이 있다. 지구상의 얼음은 90%가 남극에 모여 있다. 북극의 얼음은 물 위에 떠 있지만 남극의 얼음은 남극대륙 위에 평균두께 3㎞ 이상의 두터운 층을 이루어 몇 천만 년 동안 같은 상태를 유지해 왔다. 그런데 이 남극의 얼음이 모두 녹을 경우, 지구상의 해수면은 60m 가까이 높아지게 된다.

다행히 이런 가능성도 그리 많지는 않다. 남극의 얼음은 북극이나 다른 빙하들과는 달리 무척 온도가 낮아서 영하 수십 도를 유지하고 있고, 또 워낙 얼음의 열전도율이 낮아 융해가 쉽게 진행되지도 않는다. 그래서 남극 얼음층은 적어도 앞으로 1천 년 동안은 끄떡없을 것이라고 한다. 그래도 지구 온난화는 심각한 위협이다. 해수면은 단 1m만 상승해도 전 지구적인 물난리를 겪게 될 테니까. 더욱 늦기 전에 장기적인 대책이 필요하다.

■ 지구 온난화로 인해 발생되는 문제들

1) 기후학적 변화: 지구 온난화가 진행됨에 따라 지구 전역에 걸쳐 강수량의 변화가 일어나며 해면 기압과 토양 수분의 변화가 일어난다. 이로 인해 각종 기상재해가 일어날 가능성이 커진다는 것이다.

2) 해수면의 상승: 현재와 같은 추세로 지구 온난화가 진행된다면 2100년에 이르러 해수면 50cm에서 2m 정도까지 상승할 것이라고 한다. 그 이유는 간단하다. 지구 온난화로 인해 남극과 북극의 빙산이 녹기 때문이다. 현재 해수면으로부터 평균 해수면이 1m 올라갈 경우 침수되는 육지 면적은 전체 육지 면적의 약 3% 정도라고 한다. 그러나 세계 주요 대도시와 주요 경작지 대부분이 해안에 위치해 있기 때문에 지구 환경에 큰 변화를 가져오게 된다. 그러나 이러한 이론은 너무 과장된 것이라며 반대의 입장을 보이는 학자들도 적지 않다.

3) 농업생태계의 변화: 즉, 기후 변화에 따라 재배 작물의 종류와 생산량이 크게 변한다는 것이다. 잘 알다시피 식물은 종에 따라 생육에 알맞은 온도를 갖고 있어 온도가 맞지 않을 경우 생육이 불가능해진다. 우리나라의 경우, 재배가능기간이 길어지고 재배 면적이 확대된다는 긍정적인 견해도 없지 않다. 쉽게 말해 우리나라의 연평균 기온이 4℃ 상승할 경우 제주도 서귀포는 대만과 비슷한 기온 분포를 보여 열대작물도 재배가 가능하다는 것이다. 그러나 농업생물학자의 견해에 의하면 기후 변화는 농업생태계에 매우 복잡한 변화를 가져오기 때문에 부정적 영향이 더 크다고 한다. 토양 비옥도의 저하와 신종 지구 온난화는 오존층 보호, 생물종 다양성 보전 문제와 함께 국제 사회에서 그 대응책이 활발히 논의되고 있는 분야이다.

빙식호(氷蝕湖)·빙성호(氷成湖)라고도 한다. 대부분은 빙식작용에 의해서 형성된 것과 빙하퇴적물에 의해서 형성된 것으로 구분된다. 빙식작용에 의한 것으로는 카르(Kar: 圈谷)에 물이 괴어 이루어진 것, U자곡 내에 물이 괴어 형성된 것 및 산록빙하(山麓氷河)나 대륙빙하의 빙식작용에 의해서 생긴 와지(窪地: 빙하의 후퇴와 더불어 빙하퇴적물 속에 매몰되어 남겨진 빙괴가 녹아 없어진 뒤에 형성된 요지) 내에 물이 괴어 형성된 것이 있다. 이들의 예는 북부 유럽과 알프스 산록에서 많이 볼 수 있다. 모양은 비교적 간단하지만, U자곡 내에 형성된 호소에는 매우 깊은 것이 있다. 이상과 같은 빙하호 외에 대륙빙하의 말단으로부터 흘러내리는 융빙수가 빙하퇴적물을 파 내려가서 생긴 도랑과 같은 모양의 와지 내에 물이 괴어 형성된 호수가 있는데 독일에서는 이것을 '구호(溝湖)'라고 한다. 흔히 북유럽 또는 북아메리카 북부에서 볼 수 있다. 빙하의 퇴적작용에 의해서 생기는 호소에는 빙하 말단에 쌓아 올려지는 단퇴석구(端堆石丘) 내에 형성되는 것, 대륙빙하의 밑바닥에서 형성되는 빙퇴구(drumlin) 사이에 물이 괴어 형성되는 것, 빙성유출원(氷成流出原) 상에 생긴 와지 내에 형성된 호소 및 대륙빙하가 후퇴할 때 흘러내린 융빙수의 작용으로 생긴 에스커(esker) 사이에 물이 괴어 형성된 것 등이 있다.

빙성유출원 상에 생긴 와지 내에 형성된 호수의 크기는 다양하지만 단순히 둥근 모양을 이루는 것 외에는 어느 것이나 매우 복잡한 모양을 이루고 있으며, 몇 개의 호소가 이어져 있고, 호저(湖底)도 기복이 뚜렷하며, 깊이는 모두 100m 정도이다. 곡빙하의 단퇴석구 내에 형성된 호소의 예는 알프스 산록 등지에서 볼 수 있다. 대륙빙하의 퇴적물 사이에 물이 괴어 형성된 호소군은 북유럽과 북아메리카 북부에서 볼 수 있다. 스칸디나비아산맥의 동쪽 기슭에 병행해서 늘어서 있는 호수군, 핀란드 남부에 늘어서 있는 호수군 등은 그 좋은 예이다. 또 홍적세의 빙기에는 대륙빙하 연변부에 그와 같은 종류의 큰 호소가 여러 곳에 발달하고 있었는데 이를 빙하연변호(氷河緣邊湖)라고 하며, 북아메리카의 5대호는 그와 같은 호수의 흔적이다.

제 **9** 장
바람의 영향과 사막

바람과 사막이 갖는 의미는?

질문❶

태풍은 대기 중에 있는 한 개의 소용돌이입니다. 그러므로 태풍은 주위에 있는 대기의 큰 흐름의 영향을 받는다고 할 수 있죠. 그런데 뉴스에서 나오는 일기예보를 보면 일반적으로 태풍의 경로가 포물선이더군요. 물론 그렇지 못하고 불규칙한 경우도 있어서 때로는 일기예보를 어렵게 한다고 합니다. 그렇다면 왜 일반적인 태풍의 궤도가 포물선이 되는 것일까요?

답변❶

일단 우리나라에서 태풍이라 부르는 것은 필리핀 근해에서 발생하는 열대성 저기압이지요. 근데 이 열대성 저기압이 발생하는 위도는 평균 5~10도 쯤 되는데 이 지역에서는 무역풍이라는 바람이 붑니다. 근데 태풍이 이 지역을 통과해서 위도 30~60을 지나면 이 무역풍의 영향은 사라지고 편서풍이라는 바람의 영향을 받게 되지요. 근데 이 편서풍은 주로 서쪽에서 동쪽으로 바람이 불게 됩니다. 태풍 역시 이 바람의 영향을 받게 되어서 서에서 동쪽으로 포물선 형태로 진행을 하게 됩니다. 굳이 태풍이 아니더라도 우리나라에 영향을 주는 바람과 비는 다 이 편서풍의 영향을 받게 됩니다. '황사현상' 역시 편서풍에 의해서 우리나라에 영향을 주지요. 또 우리가 날씨를 예측할 때도 서쪽에 비구름이 있나 없나를 살펴보는데 이것 역시 편서풍이 서에서 동으로 불기 때문이죠.

답변❷

여러 가지 원인이 있을 수 있겠죠. 우선 전향력이 있죠? 지구는 자전을 하니 우리는 직선으로 던진다고 하더라도 그 물체를 우주에서 보면 포물선 운동을 하고 있죠. 그리고 태풍은 시계 방향인가? 시계 반대 방향인가로 회전을 하죠. 음, 야구 투수들이 변화구를 던지는 원리도 공을 한쪽으로 회전을 주어서 한쪽의 공기층이 두껍게 만들어주고 그 밀도차로 인해서 한쪽으로 휘게 되는 것이죠. 그리고 태풍 역시 공기층이니만큼 주위에 이미 있던 고기압, 저기압의 기압 배치에도 영향을 받겠네요. 아마 이게 태풍의 불규칙성의 원인이 아닐까요?

답변③

위도권에 연이은 평균 흐름 중, 극을 중심으로 해서 중위도 지대를 서쪽으로부터 동쪽으로 회전하고 있는 편서풍 때문이라고 생각합니다. 우리나라가 속하고 있죠. 따라서 대부분 태풍의 진로가 우리나라 근처에 와서 일본 쪽으로 선회하는 경향을 보이는 것 같습니다. 「정상진로: 전체적으로 포물선 모양 7월과 11월에 발생하여 처음에는 서~서북서 방향으로 진행하다가 차츰 북쪽으로 바뀜 → 북위 약 30° 부근에서 방향을 바꾸어 북동쪽으로 진행 우리나라를 통과, 9월에는 일본을 통과, 10월 이후에는 북태평양으로. 이상 진로: 12월에서 이듬해 6월까지 발생한 것은 서~서북서쪽으로 진행하여 남지나해를 거쳐 베트남 또는 화남지역으로 상륙하여 소멸. 그때 지역의 기압 배치에 따라 그 진로는 변화가 매우 심함 → 진로 예측이 어려움」

답변④

아래 왼쪽 그림은 태풍의 월별 평균 경로이다. 일반적으로 태풍의 발생 초기에는 약한 열대성 저기압으로서 얼마 동안은 적도 부근의 동풍에 밀려 서쪽으로 진행하다가 점차 북쪽으로 올라오면서 열대성 폭풍으로, 그 열대성 폭풍이 더욱 커져 폭풍으로 발달하여 북쪽으로 향하게 되며 말기에는 전향하여 북동쪽으로 진행하여 그 경로는 포물선 모양을 취하고 있다. 즉 태풍은 북태평양 고기압의 가장자리를 도는 것 같이 진행하므로 그림1의 태풍경로는 북태평양 고기압의 서쪽 가장자리의 평균위치를 나타내고 있는 셈이다. 그러나 오른쪽 그림에서와 같이 이상 경로를 취하는 태풍도 있다.

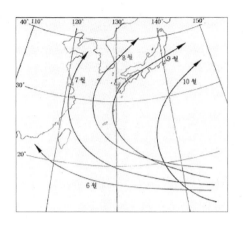

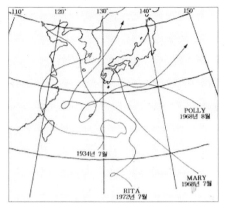

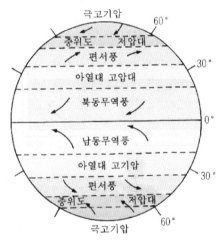

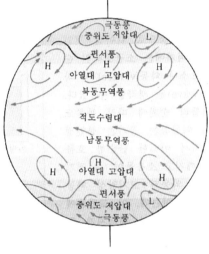

 질문2 뢰스(loess)가 뭔가요?

 핸드아웃 10주에 보면 황사현상 옆에 뢰스(loess)라는 것이 있는데, 처음 들어보는 것인데, 뢰스가 도대체 뭔지……

답변1 loess?

loess에 대한 영문판을 번역해 놓습니다.

loess는 바람의 작용에 의해 쌓인 실트 퇴적물의 지질학적 용어이다.

넓고 두꺼운 loess 퇴적물은 일반적으로 대규모 대륙빙하의 접경지역에서 형성된다. 대용량의 물이 여름 동안 이 빙하들의 틈으로부터 흘러나와서 많은 퇴적물을 운반하게 된다.

이 퇴적물의 대부분은 rockflour라고 알려진 실트크기의 것들이다. 빙하가 녹지 않는 겨울 동안에는 물이 흘러들어온 곳이 마르게 된다. 겨울바람이 rockflour을 이 건조지역에서 집어 들어 먼 거리를 운반하게 된다. 이 바람이 잔잔해질 때 실트가 떨어져 이 지역을 덮게 된다. 대부분 최종적인 loess는 수 미터 두께이다. 실트의 주성분이 빙하의 표면에서 긁어낸 것이기 때문에 대부분 loess 퇴적물은 큰 강 계곡에서 가장 넓고 두꺼운 것들이다.

 답변② 인터넷에 다음과 같이 나와 있네요.

A typical loess exposure in southern Illinois. Loess is a geologic term that refers to deposits of silt(sediment with particles 2 – 64 microns in diameter) that have been laid down by wind action(aeolian activity to geologists).

Extensive, thick loess deposits generally formed in areas bordering large, continental glaciers. Large volumes of meltwater flowed from the edges of these glaciers during the summer. This meltwater carried large amounts of sediments that formed as the glacier ground the bedrock over which it moved. Much of this sediment was silt – sized material known as rockflour. During the winter, when the glacier did not melt, the area where the water flowed was dry. The winter winds would pick up the rockflour from these dry areas and carry it long distances inhuge dust storms.

When the wind slowed, the silt would fall out and blanket the area. Frequently the resulting loess deposits are several meters thick(tens of feet). Because the source of the silt is the outwash from the glaciers, loess deposits are frequently most extensive and thickest downwind from large river valleys. An examination of a map of the thickness of surface loess deposits in Illinois confirms both of these observations.

Often several different loess deposits are stacked on top of each other in an area because each glaciation causes the formation of a loess deposit. The midwestern U.S. has numerous examples of multiple loesses deposited in the same place. Approximately thirty percent of North America has one or more loesses deposited over the bedrock.

답변③ Loess

loess는 바람의 작용에 의해 쌓인 실트 크기 이하의 작은 입자로 된 퇴적물의 지질학적 용어입니다. loess에 관한 개념은 잘 알려져 있으나 연구가 미비한 분야입니다. 최근 저와 국제공동연구를 하는 일본팀의 한 연구자와 연구를 진행하여 논문을 발표한바 있습니다. loess를 뢰스라고 표기해 사용하고 있지만 실제발음은 러스입니다.

질문❸ 황사현상에 관한⋯⋯.

봄에는 황사현상이 있죠. 단순히 모래바람이 중국의 사막에서 날아오는 거라고 생각했는데 그래서 왜 환경오염과 관련이 있는지 궁금했었죠. 바보같이. 모래가 왜 더러운지에 대해서는 생각을 안 했죠. 중국의 공업단지를 모래바람이 지날 때 유해 물질을 품고 오는 거 맞지요? 그렇다면 꼭 우리나라만 황사피해를 입는 건 아니겠지요? 듣기로는 중국의 황사가 미국 본토까지도 피해를 입힌다던데. 30일이던가? 그 정도 시간이 걸린다고 합니다. 그렇다면 지구가 점점 사막화되고 공업화가 더 진행되면 전 세계가 황사 피해를 입을 수도 있을까요?

답변① 황사현상이란?

　모래폭풍이 만든 황토먼지, 황사는 아시아 대륙의 중심부에 위치한 사막과 황토 지대의 작은 모래나 황토가 하늘에 부유하거나 상층 바람을 타고 멀리 수송돼 다시 지면에 가까이 낙하하는 현상을 말한다. 세계적으로는 '노란 모래' 뜻의 황사란 용어보다 '아시아 먼지'로 알려져 있다. 사막지역에서는 이와 유사한 현상들이 공통적으로 나타나는데 아프리카 대륙 북부의 사하라 사막에서 발원하는 것은 '사하라 먼지'로 불린다.

　우리나라에 영향을 미치는 황사의 고향은 중국의 신강과 황하 상류지역, 몽고와 중국의 경계에 걸친 넓은 건조 지역이다. 이곳에서는 우리나라에서 보이는 안개처럼 뿌연 황사가 아니라 거대한 모래폭풍이 일어난다. 강한 바람과 함께 모래먼지가 갑자기 나타나 1km 밖을 구분할 수 없게 된다. 모래폭풍 중에는 엄청나게 강력해 불과 200m 밖도 볼 수 없는 경우도 있는데 중국에서는 이를 '흑풍폭'이라 한다.

　그러나 이 황사의 고향으로부터 수천km 떨어진 우리나라와 일본지역에서는 중국처럼 강한 바람이 동반되는 모래폭풍은 발생하지 않는다. 다만 누런 먼지가 공중에 퍼져 마치 안개가 낀 모습을 연상시킨다. 이들은 햇빛을 차단해 시야가 흐려지고 하늘이 황갈색으로 변하므로 안개와 구분된다. 또한 먼지는 건물이나 자동차 등에 쌓여 손가락으로 글씨를 쓸 수 있을 정도이다. 황사현상 전후로 비가 내리면 흙비가 돼 건물 유리창과 자동차에 먼지 자국을 남기기도 한다. 조선시대에도 황사 기록, 중국의 경우 서기 300년 이후부터는 확실한 황사 관측 기록이 남아 있다. 기록들을 연대별로 분류해 보면 10세기 후반이 그 이전보다 황사가 많이 발생하고 있음을 알 수 있다. 조선왕조실록에도 황사현상에 대한 기록이 자주 나온다. 태종 11년에는 14일 동안이나 흙비가 내렸다는 기록이 있고, 성종 9년 4월에는 흙비가 내린 것에 대해 임금이 정치를 잘못하거나 자격 없는 사람이 벼슬자리에 앉은 것으로 기록되고 있다. 숙종 7년 4월 7일에는 강원도와 평안도에 흙비가 내려 옷에 혼탁한 황톳물 자국이 남았다는 기록도 있다.

우리나라에 떨어지는 황사는 약 1-5일 전에 황사 발원지에서 떠오른 것이다. 황사 발원지의 면적은 사막이 48만km², 황토고원 30만km²에 인근 모래땅까지 합하면 한반도 면적의 약 4배나 된다. 이 황사 발원지는 가깝게는 만주(거리 약 5백km)에서 멀리는 타클라마칸 사막(거리 약 5천km)에까지 분포하므로 어디에서 발원된 황사인지에 따라 이동시간이 달라지고 또 상층바람의 속도에 따라 우리나라에 도달하는 시간이 달라진다.

발원지에서 배출되는 먼지량을 100%라 할 때 보통 30%가 발원지에 재침전되고 20%는 주변지역으로 수송되며 50%는 장거리까지 수송돼 한국, 일본, 태평양 등에 침전된다. 1998년 4월의 경우는 미국까지도 수송된 것이 확인됐다.

북태평양으로 유입되는 먼지는 주로 봄철에 대기 상층의 편서풍을 타고 아시아로부터 운반된 것으로 그 총량이 자그마치 2천만 톤에 달한다. 보통 북위 25-40도 지역이 황사의 가장 큰 영향을 받으며 황해를 포함한 동중국해가 황사의 영향을 직접적으로 받는다. 수천 년이 넘는 기간 동안 퇴적된 광물 입자들을 분석한 결과로부터 북서 태평양 퇴적물이 아시아에서 바람에 의해 운반된 물질들을 함유하고 있는 것이 확인되고 있다.

중국 전체에서 1950년대부터 1970년대 말에 걸쳐 산림 감소, 표토 유실과 모래 이동 등으로 사막화된 토지가 매년 약 1천 5백km²씩 확대되고 있다. 지금은 10만 9천km²의 국토가 사막화돼 중국 총 면적의 11.4%를 차지한다.

우리나라와 같은 주변지역에서의 피해는 주로 황토먼지에 의한 것이다. 노약자의 호흡기 질환, 안질환이 있는 사람들은 특히 민감해서 황사가 발생하면 콧속과 기관지, 눈의 각막은 피부의 보호막이 없는 상태라서 황사가 그대로 붙어 있으면 이상이 생길 수 있다. 또한 반도체 등 정밀 기계 작업에 주의해야 한다. 항공기의 운항에도 영향을 미치고 있어 황사는 우리에게 반갑지 않은 봄손님이다.

기상청에서는 황사를 예보하기 위해 발원지에서의 황사 발생을 조사하고 기상 위성 영상자료를 분석해 수평 분포 등을 조사한다. 그리고 기류의 예상 진로 등을 파악하고 기압 배치 등을 토대로 황사의 진로와 강도를 예측한다. 황사의 발원지는 아시아 대륙의 중심이지만 그것이 확대되는 것은 북반구 전체에 걸치므로 황사의 지상 관측 외에 비행기와 선박, 기상 위성에 의해 다각적인 관측과 아시아 각국이 상호 협조하는 공동 관측이 절실해지고 있다.

최근에는 레이저 레이더(Lazer Radar)를 이용해 황사의 연직 분포도 조사되고 있으며 황사와 대기오염 물질의 관계, 기후변화에 미치는 영향 등이 계속 연구되고 있다.

참고 황사에도 좋은 점이 있나 봐요

봄철에 우리나라에 각종 피해를 주는 황사가 무조건 나쁠 거라고 생각했는데 꼭 그렇지만은 않은 것 같아요. 황사에도 좋은 점이 있을 수 있다는 내용이 재밌어 올립니다.

중국대륙의 오염먼지를 실어 나르는 것으로 악명 높은 황사가 토양과 호수의 산성화를 막는 중화제 역할과 식물성장의 촉진제 기능까지 하는 것으로 조사됐다. 연세대 화학과 이동수 교수는 1일 기상청이 개최한 제4차 황사연구회 주제발표를 통해 최근 9년 동안 황사 현상을 연구한 결과 이같이 드러났다고 밝혔다. 지난 1990, 1991년의 2년간 서울과 태안반도에서 측정한 황사의 알칼리도를 측정한 결과 중국대륙에서 날아온 황사는 상당한 양의 알칼리를 함유하고 있어 산도가 4.7인 산성비까지 중화할 수 있는 정도라는 것이다. 이 교수는 "최근 5년간 서울에 내린 비의 평균 산도가 4.9인 것에 비춰볼 때 현재 한반도에 유입되는 황사만으로도 전국 호수의 산성화를 충분히 방지할 수 있을 것으로 추산된다."고 주장했다. 그는 또 "황사가 있었던 지난 3월 29일 서울의 대기에서 포집한 분진을 분석한 결과 식물의 영양분인 마그네슘과 칼슘 성분이 m³당 각각 0.25, 3.13μg으로 평소보다 높게 나타나는 등 황사에 식물의 생장에 도움이 되는 영양분이 포함된 것이 확인됐다."고 말했다. 그러나 중금속 오염원인 납과 아연은 황사 기간 중 대기에서의 농도가 오히려 낮아지거나 비슷한 것으로 조사돼 '황사 = 오염'이라는 상식은 잘못된 것이라고 이 교수는 덧붙였다. 이 교수는 또 "대기 중에서 낙하하는 황사입자에 중금속들이 달라붙으면서 제거되기 때문에 이 같은 상식 밖의 결과가 나온 것으로 추정된다."고 설명했다.

〈출처: 중앙일보, 1998년 5월 2일〉

(황사가 산성화를 방지하는 역할을 한다는 것은 이동수 교수에게서 직접 들은 적이 있습니다만, 황사의 유해성과 관련해 고려해야 되겠지요 - 엮은이)

질문4 황사현상이 구제역을?

얼마 전 뉴스에서 중국의 사막지역에서 구제역이 발생해서 그 균이 황사에 실려 우리나라까지 날아와서 전염을 시켰을 가능성을 고려해 보더군요.

뭐, 맞을 수도 있고 아닐 수도 있겠지만…… 근데 우리나라까지 날아오는 동안 병균이 살아 있다는 게 참 신기하네요. 황사에 균이 살아서 과연 올 수 있을까요?

 답변① 구제역의 발생원인에 대해서 조금 알아보았습니다.

저도 며칠 전에 신문에서 구제역에 관련된 글을 읽고 마침 질문이 들어와 있어서 인터넷 사이트를 조금 찾아보고 글을 올립니다. 더 자세히 아시고 싶으신 분들은(www.dreamvet.co.kr/fmd/) 이곳을 방문해 보세요. 그럼 구제역의 원인란에 있는 기사 중 조회 수가 가장 많고 질문하신 분이 제일 관심 있어 하실 것 같은 기사 하나만 올립니다.

***

4월 4일 제민일보〈김효철 기자〉

구제역 황사 때문이냐, 아니냐.

다른 지방 소 사육농가에서 발생한 구제역 바이러스 전염원이 황사라는 일부 주장을 놓고 논란이 일고 있는 가운데 황사 발생 경로와 영향 등에 대한 체계적인 연구가 시급하다는 지적이다. 경기도 파주지역에서 구제역이 발생하자 일부에서는 구제역 발생이 거의 비슷한 시기에 일어났고 서해안에 위치한 점 등을 들어 황사바람을 타고 구제역 바이러스가 중국으로부터 넘어왔을 가능성이 높다고 지목했다. 황사가 구제역 전염원일 가능성이 높다는 이 같은 지적은 사실상 제주도를 포함하는 전국이 전염 가능지역이라는 점에서 엄청난 파장으로 몰고 왔다. 이에 대해 기상청은 최근 일부 언론과 연구기관 등에서 구제역 전염원으로 중국에서 불어온 황사를 지목한 데 대해 확인되지 않은 사항이라며 이 같은 주장에 반박했다. 환경부 산하 국립환경연구원도 황사에 의한 구제역 발생가능성이 희박한 것으로 판단된다고 밝히고 있다. 하지만 이 같은 논란이 보여주듯 바이러스 전파 가능성 여부 등을 포함한 황사영향에 대한 연구가 부족한 실정이어서 이에 대한 연구와 함께 예보기능을 높여야 한다는 지적이다. 특히 올해 제주에 이미 2차례 발생, 6일간 영향을 미치는 등 황사현상이 발생빈도와 오염도가 갈수록 늘고 있으나 황사예보는 발생 직전에야 이뤄지고 있고 오염정도나 위해성 여부 등에 대한 구체적인 정보가 부족한 실정이다.

제주기상청 관계자는 "황사 발생에 대해 일반 일기예보에 준해서 예보하고 있다."며 "하지만 도내인 경우 바람이 강하고 거리도 멀어 다른 지방보다 황사 영향은 적은 편에 속한다."고 말했다.

답변② 구제역이란?

1. 정 의

소, 돼지, 양, 염소, 사슴 등 발굽이 둘로 갈라진 동물(우제류)에 감염되는 질병으로 전염성이 매우 강하며 입술, 혀, 잇몸, 코, 발굽 사이 등에 물집(수포)이 생기고 체온이 급격히 상승되고 식욕이 저하되어 심하게 앓거나 죽게 되는 질병으로 국제수역사무국(OIE)에서 A급으로 분류하며 우리나라 제1종 가축전염병으로 지정되어 있음.

2. 병인체

Picornaviridae Aphthovirus, 작은 RNA 바이러스로서 이는 7개의 혈청형, 즉 A, O, C, Asia1, SAT1, SAT2, SAT3형으로 분류되며 이 주요 혈청형은 다시 80여 가지의 아형으로 나뉘어짐.

바이러스는 냉장 및 냉동조건하에서는 오래 보존되고 50℃ 이상에서는 서서히, pH 6.0 이하 또는 9.0 이상 조건에서 그리고 2% 가성소다, 4% 탄산소다 및 0.2% 구연산 등의 소독제에 불활화됨.

3. 전염경로

○ 감염동물의 물집액이나 침, 유즙, 정액, 호흡공기 및 분변 등에 접촉함으로써 이루어지며(직접전파)

○ 감염지역 내 사람(목부, 의사, 인공수정사 등), 차량, 의복, 물, 사료, 기구 등에 의한 전파(간접접촉전파)

○ 공기를 통한 전파(공기전파)이며 공기는 육지에서는 50km, 바다를 통해서는 250km 이상까지 전파될 수 있음.

질문⑤ 토네이도에 관하여

예전에 봤던 토네이도에 관한 영화 '트위스터'의 한 장면에 대한 것인데요. 마지막 장면쯤에서 남녀 주인공이 토네이도 속에서 무언가를 붙잡고 버티고 있었던 것 같은데 나중에 알고 보니 실제 토네이도 속에서는 버틸 수 없다고 하더군요. 그럼 실제 토네이도의 강도는 얼마나 되는 것인지 알고 싶습니다.

답변① 분명히 도움이 될 만한 글이라 퍼왔습니다.

김연옥 저서 '기후학 개론', 자연지리학사전 편찬 위원회 엮음 '자연지리학사전'에서 퍼온 글입니다.

1. 토네이도란 무엇일까요?

미국 중남부에서 주로 발생하는 반시계 방향의 강한 소용돌이 바람을 말합니다. 토네이도는 적란운의 하층으로부터 깔때기 구름이 만들어지며 매우 강한 소용돌이를 이루며 이동합니다. 이 토네이도는 외부가 내부보다 훨씬 강하여 물체를 튕겨버리는 성질을 가지고 있으며 또한 내부는 기압이 낮기 때문에 그 안에 들어온 물체를 위로 날려버리는 특징으로 인하여 강한 파괴력을 가지고 있습니다.

토네이도의 지름은 200m 정도이며 풍속은 100~200m/sec 정도입니다. 이는 음속에 가까운 속도이며 지상에서는 가장 **빠른** 바람이라 할 수 있습니다.

2. 토네이도의 생성과 이동경로는 어떠할까요?

토네이도는 두 개의 기단이 만날 때 발생하는 것으로 알려져 있습니다. 즉 온대 저기압의 불안정 또는 강한 한랭전선과 관련하여 발생을 하는 것입니다.

토네이도의 깔때기 모양의 구름은 토네이도 주위로부터 유입하는 공기가 급속히 냉각되어 상승하기에 단열 냉각되어 응결된 물방울들이 구름으로 바뀌게 되며 기류의 모양에 따라 깔때기 모양으로 변화되는 것으로 알려져 있습니다.

토네이도의 이동거리는 5~10km가 대부분이지만 때로는 300km에 달하는 것도 있다고 합니다. 토네이도는 북반구에서는 일반적으로 남에서 북으로, 서에서 동으로 이동하는 것이 많다고 합니다. 반면에 남반구에서는 서에서 동으로 이동하는 것은 북반구와 같으나 북에서 남으로 이동하는 것이 북반구와 대조된다고 할 수 있습니다. 토네이도의 발생지역은 열대나 한대지방에는 적고 연평균 기온이 섭씨 10~20도 사이의 지역에서 가장 빈번히 발생한다고 합니다. 특히 미국을 포함하여 유럽, 일본, 오스트레일리아 등지에서 많이 발생을 하고 있습니다.

3. 토네이도와 우리나라는 어떠한 관계가 있을까요?

우리나라에서도 토네이도가 종종 발생한 것으로 추정이 됩니다. 특히 '삼국사기' 중에 토네이도를 상징하는 것으로 보이는 용에 대한 기록이 18회나 나온다고 합니다. B.C 53년에 용을 보았다는 기록을 시초로 하여 A.D 875년 경문왕 15년 사이에 심심치 않게 용의 기록을 볼 수 있습니다. 또한 최근에 우리나라에서도 빈번하지는 않지만 토네이도의 발생이 증가하고 있다고 합니다. 토네이도 발생이 대도시 주변지역에서 주로 발생을 하고 있기에 토네이도 발생의 증가는 인구의 도시 집중이나 경제 개발과 영향이 있는 것으로 추정됩니다.

질문 6 제트기류에 대해서 궁금한 점들

지구의 자전으로 인하여 상공 10km 부근에는 엄청난 속도를 가진 공기의 흐름이 있다는 얘기를 들었습니다. 그래서 비행기나 제트기들은 이 구간을 적절하게 이용한다고 들었는데 만약 방향이 가고자 하는 방향과 반대될 때는 어떻게 비행을 하는지 궁금하네요. 더 이상 높이는 비행하지 않는 걸로 알고 있는데 그냥 맞바람을 견디며 비행을 하는 건가? 그리고 제트기류의 속도는 어느 정도인가요? 답변 부탁합니다.

답변① 제트기류란……

　제트기류는 항공기 순항고도와 같은 고도인 3만~4만 피트(9000~1만2000m) 상공에서 북극을 중심으로 서쪽에서 동쪽으로–편서풍 중위도에 서쪽에서 동쪽으로–부는 평균 풍속 50노트(초당 25m) 이상의 강한 바람입니다. 좁은 영역에 집중된 강한 기류로서 그 상태가 기체의 분사류와 비슷해 이러한 이름이 붙여졌다고 하더군요. 제트기류는 연중 형성되어 있으나 여름철에는 세력이 약해졌다가 겨울철에는 우리나라와 일본지역 상공까지 내려오며 풍속도 강해 북반구 중위도 지역을 운항하는 항공기에 많은 영향을 줍니다. 제트기류는 편서풍이기 때문에 서울서 미주 쪽으로 갈 때는 항공기 뒤쪽에서 바람을 받아 예정시간보다 빨리 갈 수 있는 반면 미주 쪽에서 서울로 올 때 제트기류를 만나면 강한 맞바람을 헤치고 운항하기 때문에 늦게 도착하게 되죠. 유럽 쪽으로 운항하는 항공편 역시 제트기류를 만나면 갈 때 시간이 오래 걸리지만 올 때에는 빨리 도착하게 됩니다.

　참고로 제트기류가 형성된 지역을 통과할 때는 기류변화로 항공기가 심하게 흔들리기 때문에 안전벨트를 착용해야 안전하답니다.

질문❼

지구가 화성이 된다?

　신문에서 읽었는데요. 중국이 황하(黃河)강 유역이 심각한 가뭄으로 인하여 황폐화되고 있다는군요. 황하에 물이 모자라서 양자강에서 물을 끌어다 쓸 계획을 하고 있다는군요. 이 얼마나 심각한 상황인가요? 우리나라 얘기가 아니라 가슴에 팍 와 닿지는 않지만 그래도 중국은 황사현상 등으로 우리나라 환경에 막대한 피해를 입히는 상황인데 그냥 간과할 문제가 아닌 것 같군요. 일본은 무상으로 중국의 환경을 위해서 해안 조림 사업을 추진 중이라던데 우리나라는 이렇다 할 투자가 없다는군요. 가슴 아픈 현실입니다. 중국의 북서부는 사막인데 중국의 북동부로 사막이 퍼져가는 것은 아닌지 궁금합니다. 아프리카의 사하라 사막도 아주 오래전에는 사막이 아니라 초원이었다고 하던데…… 앞으로 시간이 흐르면서 지구 전체가 사막이 되어서 황폐화되는 것은 아닐까요? 어떻게들 생각하시는지요?

화성이나 달도 물이 있던 흔적이 발견되었다는데 지구가 그렇게 되지 말라는 보장이 없지 않습니까? 같은 행성인데(달은 위성이지만) 왜 현재 지구만 물이 있는 걸까요? 제 친구 중에 한 명은 이렇게 얘기하더군요. "화성에는 대기가 없겠지, 아니면 약하던가."라고. 그러나 화성은 지구보다 큰 행성으로 인력이 훨씬 강해서 지구보다 더 대기층이 크고 넓지 않을까요? 그런 행성에 왜 물이 사라졌을까요?

지구가 점점 황폐화되어가고 있는 것은 아닐지. 어쩌면 화성과 같은 행성으로 변해갈는지. 궁금하지 않으세요? 제가 지식이 짧아서 괜한 고민을 하는 건가요?

답변① 지구의 사막화

제가 아는 바는 이렇습니다. 지구에 있는 암석들은 낮에 뜨거운 태양열 아래 팽창하고 밤에 차가운 공기에 의해 다시 줄어드는 결과를 반복하고 있습니다. 이런 현상이 반복되며 점점 큰 암석들이 작아지고 마침내는 모래같이 되는 것이죠. 결국 지구는 우리가 어떤 행동을 취하지 않는 이상 하나의 거대한 모래사막이 될 것이란 말이죠.

답변② 사막화에 관한 내용

제가 얼마 전에 본 사막화에 관한 것이 있어서 간추려봅니다. 우선 현재 지구의 약 1/3 정도가 건조 또는 반건조 지역이라고 합니다. 문제가 되는 지역은 반건조 지역인데 반건조 지역이 결국에는 건조지역으로 변하게 되며 이 면적은 해마다 600만 ha 비율로 계속된다고 합니다. 그리고 질문하신 분께서 지구도 화성처럼 사막의 별이 되지 않을까 하셨는데 현재 사하라 사막의 주된 원인도 정확하게 밝혀져 있지 않다는군요.

그리고 기상학적으로 사막화를 설명한다면, 적은 강수량이나 또는 인위적 요인으로 인해 일단 사막화가 시작되면 태양에너지의 흡수량이 줄어들고 이 때문에 하강 기류가 우세하게 되어 다시 강수량이 줄어들며 이것은 사막화를 가속화시키는데, 이런 현상을 가리켜 positive feedback mechanism이라고 하는군요. 나일 강 하류의 비옥했던 땅도 현재는 연간 13km의 속도로 사막화가 된다고 하니 결코 간과할 수 없는 문제라고 생각이 듭니다.

 답변③ 위 분 질문 저도 정말 궁금합니다!

저도 생각해 보니 도저히 이해가 가지를 않더군요.

과학자들 사이에서는 지구의 물은 태초에 생성되었을 때로부터 단 한 방울도 늘거나 줄지 않았다고 합니다. 물 부족 현상이란 지구의 물이 없어지는 것이 아니라 우리가 사용할 수 있는 물의 양이 오염과 물의 이동 등으로 인해 줄어드는 것일 뿐이라구요.

실제로 지구상의 물의 양은 13억 8천 5백만km^3 정도로 추정되고 있는데 이 중 바닷물이 97%인 13억 5천만km^{3}이고 나머지 3%인 3천 5백만km^{3}이 민물로 존재한다고 합니다. 민물 중 69% 정도인 2천 4백만km^{3}은 빙산, 빙하 형태이고 지하수는 29%인 1천만km^3 정도이며 나머지 2%인 1백만km^{3}가 민물호수나 늪, 강, 하천 등의 지표수와 대기층에 있습니다. 이 2%의 물 가운데 21% 정도가 아시아 주에, 26% 정도가 미국, 캐나다 등의 북미 주에, 28% 정도가 아프리카 주에 있으며 나머지 25%의 물은 이 3대주를 제외한 곳에 있습니다. 하천이나 강에 있는 물의 양은 1,200km^{3}로서 지구 총 수자원의 0.0001%이므로 전체로 보아 매우 적은 양이죠. 그러니 우리가 지구에 물이 없어져서 못 쓰는 건 아니겠죠?

그런데 그러한 물이 대체 어떠한 메커니즘으로 인해 우주로 날아갈 수가 있을까요? 지구의 인력이 떨어지지 않는 한 그런 일이 생길 수가 있는 걸까요? 그 점이 정말 궁금하군요. 화성이나 기타의 행성에서도 물이 있었던 흔적이라고 분류되는 것으로는 강의 둑 형상을 한 지형, 빙하가 흘렀던 형상을 한 지형 등일 뿐, 물이 땅으로 스며들었는지 우주로 날아가 버렸는지에 대한 어떠한 언급도 들어본 적이 없는 것 같네요.

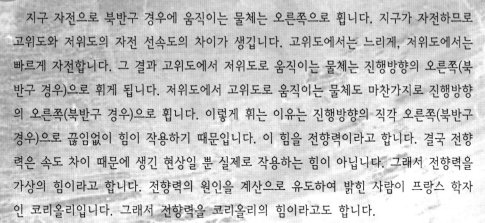

참고 전향력(코리올리의 힘)

지구 자전으로 북반구 경우에 움직이는 물체는 오른쪽으로 휩니다. 지구가 자전하므로 고위도와 저위도의 자전 선속도의 차이가 생깁니다. 고위도에서는 느리게, 저위도에서는 빠르게 자전합니다. 그 결과 고위도에서 저위도로 움직이는 물체는 진행방향의 오른쪽(북반구 경우)으로 휘게 됩니다. 저위도에서 고위도로 움직이는 물체도 마찬가지로 진행방향의 오른쪽(북반구 경우)으로 휩니다. 이렇게 휘는 이유는 진행방향의 직각 오른쪽(북반구 경우)으로 끊임없이 힘이 작용하기 때문입니다. 이 힘을 전향력이라고 합니다. 결국 전향력은 속도 차이 때문에 생긴 현상일 뿐 실제로 작용하는 힘이 아닙니다. 그래서 전향력을 가상의 힘이라고 합니다. 전향력의 원인을 계산으로 유도하여 밝힌 사람이 프랑스 학자인 코리올리입니다. 그래서 전향력을 코리올리의 힘이라고도 합니다.

전향력은 다음과 같은 성질을 가지고 있습니다.

- 속도에 비례함
- 위도의 사인(sine)값에 비례함
- 운동하는 물체의 질량에 비례함
- 지구의 자전 각속도에 비례함
- 운동 방향의 직각 오른쪽으로 작용함(북반구 경우)

위의 결과를 식으로 나타내면 다음과 같습니다.

전향력 $= 2mv\omega\sin\varphi$

단, m은 질량, v는 속도, φ 는 위도, ω 는 지구 자전 각속도.

하여튼 움직이는 물체는 바람이든 해류든 관계없이 모두 진행방향의 직각 오른쪽(북반구 경우)으로 힘(전향력)을 받아 진행경로가 오른쪽으로 휘게 됩니다.

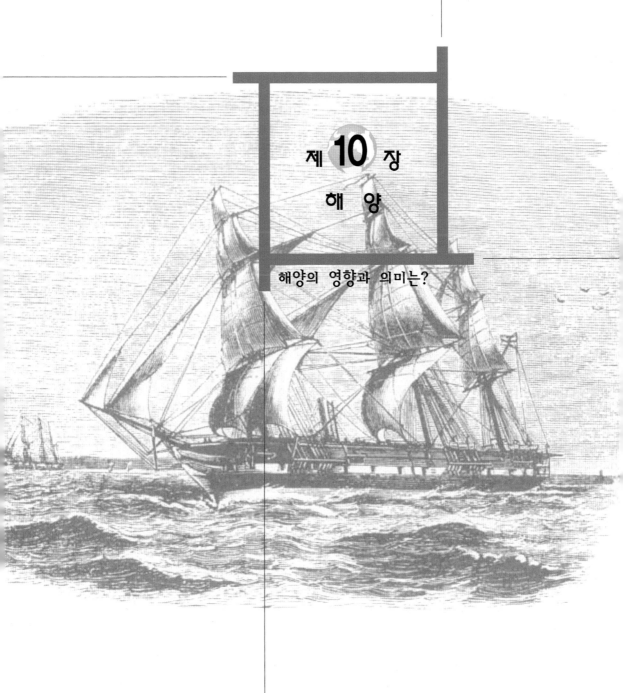

제 10 장

해 양

해양의 영향과 의미는?

질문❶

전에 다큐멘터리에서 봤던 내용인데 극지방에서 가라앉은 침강류가 해심류를 따라 적도지방까지 흘러 다시 밀도저하에 따라서 다시 용승하는 머 그런 사이클(cycle)을 본 적이 있는데 좀 자세하게 알고 싶네요. 거기선 그 사이클(cycle)이 지구의 전체적인 온도를 좌지우지한다던데 누구 좀 알고 있는 사람 없나요?

 답변❶

용승류란 사실 그리 멀리서 찾을 것이 아닙니다. 물론 제가 말씀드리는 것도 고등학교 때 배운 것에 지나지 않구요. 우리나라가 편서풍지대인 것은 잘 아실 겁니다. 바람이 서쪽에서 동쪽으로 분다는 얘기는 우리나라의 동해안에서 보면 육지의 반대쪽에서 일본 쪽으로 바람이 분다는 얘기가 되겠죠. 그러면 해류도 바람과 같이 우리나라 동해안에서 일본 쪽으로 가게 됩니다. 이러한 원리에서 보면 동해안의 바닷물이 일본 쪽으로 이동해 갑니다. 하지만 이러한 해류는 거의 표면에서만 일어난다고 생각하면 됩니다. 따라서 심해에 있는 차가운 물이 표면으로 올라오게 되죠. 이러한 해류의 흐름을 용승류라고 부릅니다. 이때 차가운 물이 올라오면서 뜨거워진 지표를 식히게 되죠. 이러한 원리가 지구 표면 전체에서 일어난다고 생각한다면 지구의 에너지 흐름에 커다란 일조를 한다고 생각할 수 있을 겁니다. 이러한 차가운 심해의 물은 산소가 녹아 있는 양이 풍부해서(차가운 액체가 기체를 더 많이 포함할 수 있다는 건 알고 계시죠!) 좋은 어장이 형성되게 되죠. 그래서 우리나라의 동해안도 훌륭한 어장이 되는 것이구요.

 답변❷

연안 용승이란 연안지역에서 해수가 해저로부터 해수면까지 위로 오르는 현상을 말합니다. 이 현상의 원인을 남미 서안의 적도 해안의 예를 들어 말씀드리겠습니다. 적도 태평양 상에는 동쪽에서 서쪽으로 무역풍이 불고 있습니다. 이 동풍은 적도 태평양의 표층수를 끌어 서쪽으로 흐르게 합니다. 한편 페루 근해에서는 무역풍의 영향으로 표층수가 해안으로부터 해양으로 이동하여 나가고 이를 보충하기 위해서 밑으로부터 해수가 올라오게 되는 연안 용승이 일어나게 됩니다. 해저로부터 용승된 찬 해수 중에는 영양가가 높은 유기물질이 풍부하여 어류가 풍부하게 되기 때문에 페루 앞 바다는 세계 5대 어장의 하나로 꼽힙니다. 북미대륙과 남아프리카의 서안에서도 이런 현상이 일어난답니다. 이러한 해류의 움직임이 기후에도 영향을 미치는데 다시 더워진 태평양 해수는 결국 인도네시아로 가서 인도네시아에 많은 비를 뿌리고 차가운 해수의 페루부근에는 건조한 기후가 조성된다는군요. 여기서 요즈음 주목을 받고 있는 엘리뇨와 라니냐 현상이 나타납니다. 무역풍의 효과로 서태평양의 해수의 고도는 동태평양의 그것보다 0.5m 정도 더 높아지는데 무역풍이 약화되면 서태평양에 축적되었던 해수가 높이의 균형을 맞추기 위해 동쪽을 향해 흐르기 시작한답니다. 이로 인하여 연안 용승으로 인해 차가운 해수가 흐르던 페루근해에는 다시 더운 해수가 덥히게 되고 이것이 전 세계의 이상기후를 초래한다는군요. 무엇 때문에 이상기후가 초래되는지는 아직 확실히 밝혀진 것은 없지만 따뜻해진 해수면으로 인한 평소와는 다른 열과 수분의 공급현상, 수분이 응결할 때에 열을 방출하여 대기를 가열하는데 많은 양의 수증기가 응결하여 대규모의 대기가 가열되고 이것이 대기 흐름에 충격을 주어 수천km 파장의 파동을 일으켜 가열의 영향을 전 지구로 전파하여 전구적 기후의 이상화를 초래한다는 학설이 지금까지는 유력하다는군요.

 답변③

침강하는 해류가 있다는 게 밝혀지게 된 이유는 멕시코 난류 때문이었던 것으로 기억됩니다. 바다 표면을 흐르는 대부분의 해류는 편서풍이나 무역풍 같은 바람의 흐름과 같은 방향으로 흐릅니다. 그러나 유독 멕시코 난류만이 편서풍의 방향을 역행하여 흐릅니다. 왜 이럴까 연구해 본 결과 멕시코 난류의 종착지인 그린랜드 주변 바다 염분의 농도가 보통 바다의 농도보다 높았다고 합니다. 즉 우리가 알듯이 농도가 높아 밀도가 커진 짠 바닷물은 가라앉기 시작했습니다. 그리고 그 빈 공간을 메우기 위해서 이동해 온 것이 멕시코 난류였지요. 그렇게 가라앉은 침강류는 해저 바닥을 계속 이동해 갔습니다. 여기서 짚고 넘어가야 할 것이 지구온난화 문제입니다. 만약 지구가 계속 더워져서 빙하가 녹게 된다면 그린랜드 주변의 해수 농도는 적어지게 될 것이고 이 흐름이 끊긴다면 멕시코 난류는 그린랜드 쪽으로 흐르지 않을 것입니다.

답변④

해양에서의 해류는 기본적으로 온도차, 밀도, 바람 등에 의해 움직이게 됩니다. 예로 남극에서의 해수는 낮은 온도이고 밀도가 높아 가라앉게 되어 순환케 되고 이것이 타 지역에서 다시 솟아오르게 됩니다.

질문❷ 비디오 본 것에서

비디오를 보니 동태평양 부근의 해령에서 열수가 나오는 것을 보았는데 얼핏 보니 4°S~4°N, 150°W~90°W 지역, 즉 엘니뇨 발생을 알 수 있는 곳의 위치와 비슷한 것 같더군요.

그럼 바다 속 열수에 의한 대류가 엘니뇨에 영향을 미치는 것인가요?

답변① 엘니뇨 현상에 관해서……

일단 열수에 의한 대류가 엘니뇨 현상에 영향을 미친다는 것은 좀 어려운 얘기가 아닌가 싶네요. 더 큰 영향을 줄 수 있는 무엇인가가 그런 현상을 만들어낸 것이겠지요. 그래서 엘니뇨에 관해 조사해 봤습니다. 엘니뇨는 원래 남미 페루 연안에서 바닷물의 온도가 매년 크리스마스경이 되면 올라가는 계절적 현상을 일컫는 말이었다. 바닷물의 온도가 올라가면 물고기 떼가 연안바다에서 다른 지역으로 이동하고 비가 많이 내리므로 어부들은 출어를 포기하고 가족들과 함께 크리스마스를 즐겼다. 때문에 이런 현상을 '아기 예수'라는 의미를 가진 스페인어의 엘니뇨(원래는 남자아이라는 뜻)라 불리게 됐다. 이러한 현상은 보통 한 달가량 지속된다. 그러나 최근에는 겨울마다 나타나는 계절적인 현상이 아니라 수개월 이상 바닷물의 온도가 높은 현상이 계속되는 현상을 특히 엘니뇨라고 부른다.

관측에 따르면 엘니뇨 현상은 페루 연안에만 한정돼 있는 것이 아니라 날짜 변경선부터 페루 연안(거리 약 1만km)까지 적도지역 태평양의 해수면 온도가 높아지는 매우 큰 규모의 현상임이 밝혀졌다. 학자들은 현재의 해수면 온도에서 평균값을 뺀 편차를 가지고 엘니뇨를 정의한다. 열대 태평양 지역의 해수면 온도가 6개월 이상 평년 수온보다 0.5℃ 이상 높은 경우 엘니뇨라고 정의하고 이와 반대로 0.5℃ 이상 낮은 경우는 라니냐(스페인어로 여자아이)라고 정의한다. 즉 엘니뇨와 라니냐는 동전의 앞과 뒤라고 할 수 있다. 라니냐는 학자에 따라 이상 저온 현상, 엘비에조(노인이라는 뜻), 반엘니뇨 등 다양한 이름으로 불린다. 한편 엘니뇨는 이상 온난현상이라고도 불린다. 또 엘니뇨는 해양의 크기가 태평양에 비해 작은 대서양이나 인도양에서는 나타나지 않는 것이 특징이다. 어떤 기상학자는 콜럼버스 이후의 항해일지 등을 조사해 16세기 이후부터 지금까지의 엘니뇨의 발생횟수를 조사했는데, 이에 따르면 엘니뇨는 매우 불규칙하게 발생하며 발생주기는 2-8년이라는 것을 알 수 있다. 또한 엘니뇨가 발생하면 페루에는 홍수가 발생하는데 페루의 옛 도시의 유적에서 산사태에 의해 매몰된 더 오래된 도시의 폐허가 발견된 사실로 미루어보아 엘니뇨는 오래전부터 지구에 나타난 자연적인 현상이라는 것을 알 수 있다.〈일부 내용 줄임〉 동태평양에서 시작되는 해류도 약해져서 더워진 바닷물이 정체돼 날짜 변경선 부근까지 바닷물의 온도가 올라가는 엘니뇨 현상이 나타나게 된다. 반대로 무역풍이 강해지면 바닷물의 용승이 활발해져 이 지역 바닷물의 온도는 평상시보다 낮아지는 라니냐 현상이 발생하게 된다. 20세기 초 태평양의 타히티와 오스트레일리아 북부 다윈 지역의 기압 사이에 나타나는 시소 현상이 발견됐는데 이를 남방진동(Southern Oscillation)이라 한다. 그런데 1970년대 이후 관측과 자료 분석을 통해 엘니뇨와 이 남방진동이 밀접히 연결된 한 현상이라는 것을 알게 됐다. 과학자들은 이 두 종류의 현상을 합해 ENSO(엘니뇨 -남방진동)라고 부른다. 타히티의 기압은 낮아지고 다윈의 기압이 높아지면 무역풍이 약해지며 이에 따라 엘니뇨가 발생하고 반대의 경우에는 라니냐가 발생한다. 그러므로 엘니뇨의 발생은 적도지방의 대기 운동의 변화와 밀접한 관계가 있음을 알 수 있다.

 답변② 엘니뇨라……

원래 엘니뇨는 보통 계절 변화로서 매년 크리스마스쯤에 서쪽에서 흘러온 적도 반류가 중앙아메리카 해안에 부딪혀 남으로 우회하기 때문에 적도대의 에콰도르 앞바다의 수온이 높고 염분이 적은 해수가 나타나서 이 지방에서 엘니뇨라 부르고 있었다.〈일부 내용 줄임〉 이와 같은 대규모적인 현상을 본래의 것과 구별하기 위해 특별히 엘니뇨 이벤트(El-Nino event)라고 부르기도 한다. 연구가 진전됨에 따라 이 해면 수온의 이상은 페루나 에콰도르 연안에 한정된 것이 아니라 널리 적도태평양의 중앙부까지 미치고 있는 대규모적인 현상임이 판명되었다.

■ 엘니뇨의 메커니즘

열대 해상에서는 동쪽에서 서쪽으로 부는 편동풍(무역풍)의 영향으로 태양에너지에 의해 더워진 표층의 바닷물을 동에서 서로 이동시킨다. 이에 따라 필리핀 부근의 서쪽 태평양에는 따뜻한 바닷물이 모여 해수 온도가 상대적으로 높은 반면, 동쪽 태평양에서도 따뜻해진 표층의 바닷물이 서쪽으로 이동해 가고 밑에서 올라오는 차가운 용승류에 의해 찬물이 모이게 된다. 남미의 페루 연안이 세계적 어장이 될 수 있는 것도 이처럼 차고 영양이 풍부한 하층의 바닷물이 올라오기 때문이다. 그러나 수년마다 이 편동풍(무역풍)이 갑자기 약해지는 변화가 일어난다. 이렇게 되면 서부의 따뜻한 물 층은 보통 때보다 얇아지고 동부의 따뜻한 물 층은 보통 때보다 두꺼워진다. 이 때문에 용승에 의하여 솟아오르는 냉수는 데워진다. 그 밖에 용승 자체의 약화도 있어서 중부-동부적도 태평양의 해면 수온은 평년보다 높아진다. 해면 수위는 보통 때보다 서부에서 내려가고 동부에서 올라간다. 엘니뇨현상은 이와 같이 시작된다고 생각하고 있다.〈일부 내용 줄임〉

■ 엘니뇨에 영향을 받는 대기 현상

태평양 적도 부근에서는 서쪽의 해면 수온이 높기 때문에 무역풍이 실어 온 고온 다습한 공기는 인도네시아 부근에서 상승하여 구름을 발생시키고 동시에 주위에 많은 비를 내리게 하며 이때 발생한 응결열에 의해 열대에서 최대의 열원역이 된다. 이 상승 기류는 대류권 상층에서 동쪽으로 흘러서 태평양 동부에서 하강하여 전체로서는 대규모적인 동서 순환을 형성한다. 엘니뇨현상이 일어나면 해면 수온이 높은 영역이 상대적으로 동쪽으로 이동하기 때문에 일반적으로 구름이 없는 중앙부에서도 상승 기류가 생겨서 대류 활동이 활발해지고 동서 순환 분포가 서에서 동으로 변화한다. 여기에 수반하여 열대역의 열원 분포가 변하여 대기 순환을 변화시키고 이 변화가 지구 대기의 파동(편서풍)에 의해서 멀리까지 전파된다.

■ 엘니뇨현상이 가져오는 기후변화

엘니뇨가 북반구의 대기 순환에 어떻게 영향을 미치는가를 살펴보면 열대 대류권 상층의 고기압 편차가 파동이 되어 멀리 북미 대륙까지 전파되어 캐나다나 미국의 기후에 영향을 주고 중동부 태평양의 중심으로 양반구에서 아열대 고기압이 기화되고 중위도의 편서풍이 세차게 되는 경향이 있다. 또 일본 부근의 대기 흐름도 엘니뇨 현상에 의해서 영향을 받고 있다는 것이 알려져 있다. 그러나 현재 엘니뇨가 세계의 이상 기상에 어느 정도로 또 어떤 메커니즘으로 영향을 미치는지 아직 완전히 규명되지 않은 상황이다. 엘니뇨현상이 나타날 때 동반되는 세계의 기상 현상은 일반적으로 필리핀, 인도네시아, 호주 북부 등지에서는 강수량이 평년보다 적으며 반면에 적도 중앙 태평양, 멕시코 북부와 미국 서부와 남부, 남미 대륙 중부에서는 홍수가 나는 등 예년보다 많은 강수량을 보인다고 알려지고 있다. 알래스카와 캐나다 서부에 걸쳐서는 고온의 경향, 미국 남동부는 저온이 되기 쉽다.〈일부 내용 줄임〉 우리나라의 경우는 다음과 같다. 엘니뇨가 발생한 해에는 여름철 기온이 평년보다 다소 낮으며 강수량이 많은 등의 통계적인 경향이 있으나 아주 뚜렷하지는 않다. 엘니뇨가 발생한 해의 여름철 기온이 어떤 해에는 높게 나타나기도 한다. 우리나라는 중위도 지방에 위치하는 까닭에 적도 태평양뿐만 아니라 북서쪽 고위도지방에서 흘러 들어오는 공기의 흐름에도 영향을 받는다.〈일부 내용 줄임〉엘니뇨의 영향으로 북태평양 고기압과 오호츠크 해 고기압 사이에 장마전선이 정체되는 블로킹형의 대기흐름이 생겨서 우리나라에는 긴 장마가 온다. 최근에 발생하였던 이상 기상과 엘니뇨 발생의 관계를 살펴보면, 1992년 말부터 1993년 초까지 엘니뇨현상이 지속되었을 때 미국서부 해안의 가뭄 지역에 많은 강수를 초래하여 홍수를 가져다주었고 동부 지역에는 이상 난동에 이어 폭설과 함께 급격한 한파가 몰아닥쳤다. 1994년 가을부터 강화되어 현재까지 지속되고 있는 엘니뇨현상은 최근의 미국 서부의 폭우와 유럽 대홍수의 이상 기상과도 관련이 있는 것으로 분석되고 있다.

■ 엘니뇨에 의한 피해

엘니뇨가 발생한 해에는 멸치류와 정어리의 어획량이 크게 줄었다. 특히 1982, 1983년의 어획량은 현저히 줄었으며 이때의 엘니뇨는 금세기 최대 규모로서 이 기간 중 전 세계의 재산피해액은 80억 달러에 달하고 인명피해는 1000명 이상이 사망하였다고 한다. 그리고 1994년 10월 중앙태평양의 월평균 해수면 온도 평년 편차는 평년보다 1.7℃, 11월에는 1.0℃, 12월에는 1.1℃로 상승경향을 보이고 있으며 지난 1월에도 이 해역 주변에서는 해면 수온이 평년보다 1.0℃ 이상 높게 나타나고 있다. 지금도 엘니뇨현상이 계속 일어나고 있을 가능성이 아주 높다.

제 11 장
지 진

지진은 왜 일어나는가? 지진의 의미는?

질문 1

타이완의 지진을 보고 사람들이 건물의 내진설계의 중요성을 말하고 있지만 사실 내진설계를 위해서는 수많은 구조 계산과 디자인의 어려움 등을 고려할 때 모든 건물에 적용한다는 것은 무리이다. 특히 우리나라와 같이 지진이 빈번하지 않은 나라에서는 더욱 그렇다. 지진의 진원지에 따라 건물에 미치는 힘이 다르기 때문에 무너진 건물 옆에 우뚝 서 있는 건물도 있는 것이다.

답변 1

지진에 인내할 수 있는 구조설계라 할 수 있겠죠. 중요한 것은 지진의 정도지요. 즉 각 지역에 따라 내진설계의 규준이 다를 수밖에 없는 것이죠. 따라서 규준에 맞게 설계가 되어도 예상하지 못한 강도의 지진이 발생한다면 그건 천재지변이 되는 거겠죠. 뭐 그 후로 규준이 되는 강도가 높아질 수 있는 것이고. 아 그리고 모든 구조설계의 원칙 중의 하나는 경제적 설계라는 것인데 단순히 싸게라는 말이 아니고 바람의 예를 들면 작용할 수 있는 풍하중의 최대치를 조금 더 크게 보아서(예: 140%) 그 힘에 버틸 수 있는 설계를 말하는 거죠. 그리고 그것만 만족시킨다면 괜히 돈을 낭비하면서까지 튼튼한 건물을 만들 필요는 없겠죠. 최대치도 100년에 한 번이나 일어날까 말까 하는데.

답변 2

우리나라에서 가장 내진설계가 잘된 건물을 들자면 포항제철 본사 건물을 들 수가 있습니다. 하지만 그 건물도 진도 5.0 ~ 6.0 정도의 지진까지만 견뎌낼 수가 있다 합니다. 그래서 그 이상의 지진이 일어날 경우엔 반드시 피해가 생길 겁니다. 하지만 타이완에서 일어났던 것처럼 건물들이 주저앉는 경우는 피할 수가 있겠죠. 참고로 국정 조사 자료에 의하면 국내의 내놓으라 하는 대형 건물들 중의 약 10%만이 내진설계를 했다 합니다. 내진설계를 하더라도 비용이 눈에 띄게 늘어나지는 않는다고 하던데 만약 한반도에 지진이 일어나면 이 건물들 죄다 무너질 게 뻔하겠죠. 국내에도 많은 지진활동이 있었습니다. 일본에 비해 강도가 낮은 것은 사실이지만 안전지대가 아닌 것만은 틀림없습니다. 지진에 대비한 건축설계가 필요합니다.

 질문❷

지각변동은 맨틀층의 대류로 인해 일어난다고 알고 있습니다. 또 이런 지각변동 과정에서 판과 판의 충돌 등으로 지진이 일어나는 경우가 많다고 합니다. 그렇다면 왜 요즘 지진이 과거에 비해 빈번하게 일어나는지 알고 싶습니다. 지각변동이 활발히 일어나는 주기가 있는 것인지 또는 지구의 온난화 등이 영향을 미치는 것인지 알고 싶어요.

 답변❶

인간이 인위적으로 지구의 상태를 변화시키는 행동을 지속적으로 해 나가기 때문인 것 같습니다. 일종의 몸살을 앓고 있다고나 할까. 지하수 얘기도 맞는 것 같고 인간이 지표면을 깎아서 인위적으로 지각 위의 모습들을 바꿔나가고 있어서 내부와의 긴밀한 균형이 깨졌다고도 생각이 들고요. 지구 내부에 있는 자원들을 자꾸 캐내니까 그 안에 공간이 생겨서 무게 중심이 이동하면서 하중을 견디지 못한 지각들이 이동을 하기 때문이 아닐까 하고도 생각이듭니다.

 답변❷

전 좀 다른 생각인데요. 제가 전에 본 만화책 중에 충격 대예언이란 책이 있는데요. 거기서 지진을 예언한 것에 대한 과학적인 조사 중에서 흥미로운 이론이 있었어요. 즉 인류의 문명이 발전할수록 지하수의 수요가 증가해 지하수의 양이 점점 줄어들고 나중에는 지하수가 있어야 할 공간이 텅 비게 된다는 거죠. 공간이 비게 되면 위에서 지표가 누르는 중력에 의해 지각에 균열이 생기고 그것이 지진으로 연결될 뿐더러 지하수는 뜨거워진 맨틀을 식히는 역할도

하고 있는데 지하수가 고갈되면 대류에 의해 뜨거워진 맨틀이 냉각되지 않아 지하수가 빠져나간 공간에 맨틀이 유입되는 등의 기존과 다른 지각현상이 일어나서 인구가 밀집해 사는 주요 지역을 중심으로 대규모 지진이 일어난다는 이론입니다. 당시 책이 쓰일 당시가 97년인가 96년이니 지금의 이런 대지진이 발생한 이유가 되지 않을까 생각합니다. 어쨌든 요점만 말하자면 인류에 의한 지하수의 고갈 때문인 것 같습니다.

 답변③

지진은 계속 빈번히 일어나는데 인명 피해를 내는 지진이 최근 몇 차례 발생해서 그렇게 느껴지는 것이라고 생각됩니다. 판구조론을 이해하면 판들이 연약권 위를 움직이며 그때 각 경계부분에서 암석들이 파쇄되어 지진이 발생한다는 것을 알 수 있을 겁니다. 타이완은 거대한 유라시아 판과 필리핀판이 경계를 이루고 있어 지진이 일어날 확률이 높은 곳이죠. 일본은 유라시아 판과 필리핀판, 태평양판이 경계를 이루고 있어 더 지진활동이 활발한 것이구요. 그런데 이번 지진은 강도도 높았고 진앙지가 타이완의 한가운데여서 전체적으로 큰 피해를 입었던 것 같습니다. 그래도 거의 비슷한 크기의 지진인데도 터키는 15000명의 사상자를 내었고 타이완은 몇 천 명의 사상자를 낸 것을 보면 지진을 대비한 건축물의 내진설계가 얼마나 중요한지 알 수 있을 것 같습니다. 타이완 국민들 힘내세요!

 답변④

터키에 이어 타이완도 지진의 피해를 입으니 지진에 대한 관심이 증가하는 것 같군요. 앞의 분이 지구의 판구조 이론에 대해 설명을 잘해 주신 것 같군요. 지난 학기에 어떤 수업에서 판구조론에 관한 비디오를 본 적이 있는데 제목이 '갈라지는 지구'였던가 하는 것이었습니다. 거기에서는 아이슬란드의 빈번한 화산활동으로 지각이 갈라지면서 만들어 내는 열곡대를 사실적으로 보여주었고 또 어느 해저에서는 지각이 점점 반대쪽으로 움직이면서 그 사이로 맨틀에서 직접 마그마가 올라오면서 즉시 굳어버리는 새로운 지각의 생성과정도

보여주었습니다. 요점은 각각의 지판은 서로 다른 방향으로 움직이고 있으며 때문에 각 지판의 경계에 위치한 일본이나 타이완에는 그 충격으로 지진이 빈번하게 발생하는 거죠.

여담이지만 우리나라는 흔히 말하는 환태평양 조산대에서 약간 비껴 있어서 직접적인 피해를 당한 적은 없지만 20세기 초 지진대에서 많이 벗어나 있는 중국의 당산 대지진에서 보듯이 우리나라도 안심할 수 없는 위치라고 합니다. 좀 더 체계적인 지진 대비책이 필요하겠죠?

 답변⑤

지진의 빈번도는 지질시대에 따라 달라 질수도 있습니다. 즉 해령이나 판들의 활동이 활발하게 되면 지진 발생률이 높아지겠죠. 그렇다고 요즘 지진이 과거에 비해 빈번하게 일어난다고는 단정 지을 수 없습니다. 과거엔 지진이 일어났어도 이것에 대한 기록이 없을 수도 있고 지금같이 인구가 몰려 사는 곳이 적어 피해가 적었다고 느낄 뿐입니다. 지각변동이 활발히 일어나는 주기가 있는 것인지에 대한 것은 의견이 양분되어 있으나 비주기적이란 의견이 지배적입니다. 지진에 수반된 화산이 활동적일 때는 그 지역 기후에 영향을 미치게 되겠지요.

 질문❸

대만에 진도 7.3의 강지진이 발생하여 지금 현재 2000여 명의 희생자가 발생하였다고 합니다. 터키, 그리스, 대만…… 점점 동쪽으로 진앙지가 옮겨오고 있는 것이 아닌가 하는 걱정이 생깁니다. 다행히 3000여 명의 우리 교민들은 다들 안전하다고 하네요. 진앙지가 타이페이 동남쪽이라고 하는데 우리 교민들 대부분은 북쪽에 살고 있다고 합니다. 그런데 우리나라도 지진의 안전지대가 더 이상 아니라고 하는데 혹시 우리나라는 어떤 상태에 놓여 있는지 아시는 분 답변 좀 해 주세요. 이제 지진이 바로 우리 이웃나라에까지 오니 우리도 관심을 가지고 대책을 마련하는 것이 괜한 걱정은 아니라고 생각합니다. 그리고 이건 여담인데 대만 지진의 여파로 우리 주식시장에선 주가가 올랐다고 합니다. 비정한 경제현실을 보여주네요. 참고로 저는 아파트 12층에 살고 있습니다.

 답변①

　우리나라도 지진에서 절대 안전지대가 아닙니다. 실제로 우리나라도 진도 5.0 이상의 큰 지진도 있었습니다. 우리나라의 지진활동은 지진발생의 원인이 되는 지각 운동에 큰 변동이 없는 한 다소의 차이, 즉 시간적 또는 지역적 집중성은 있겠으나 앞서의 통계적 추이가 지속될 것이라고 합니다. 최근의 경향으로는 1978－1998년 기간 중 남한의 홍성지진과 북한의 삭주지진 등 규모 5 정도의 지진은 4회나 있었으나 그 후 1991년까지 점차 지진활동이 약화되는 추세를 보여 왔고 이러한 안정상태는 1992년부터 점차 활동적 상태로 전환되는 경향을 나타내고 있습니다.

　한편 지진의 발생빈도와 규모가 증가하지 않더라도 진동재해에 취약한 구조물이 증가하고 시설이 대형화, 다양화됨에 따라 지진위험도는 상대적으로 높아지는 점을 고려할 때 과거에 발생하였던 정도의 지진과 지진해일(쓰나미)현상은 재현될 것이므로 피해발생 가능성은 자연히 증가할 가능성이 많답니다. 결국 현재의 과학기술로는 지진 예측이 불가한 실정이므로 지진발생 후의 화재, 전원, 통신장애, 교통두절 및 구조물 손상 등의 후속피해 경감과 내진설계에 의한 장기적인 안전성 확보에 주력하여야 할 것입니다. 통계자료에서도 실제로 계속 지진이 늘어가고 있는 추세라 하니 우리도 지진에서 언제나 안전하다는 생각은 버려야 할 때라 생각합니다.

 답변②

　우리나라도 아주 안전한 곳은 아니라고 합니다. 일본 같은 경우는 3개의 판의 경계 지역이라 매우 빈번히 그리고 강한 지진이 일어나지만 우리나라는 그곳에서부터 조금 떨어져 있기 때문에 비교적 안전합니다. 그러나 최근 발표된 자료에 따르면 2－3 정도의 약진은 한 달에도 수 차례에서 수십 차례 일어나고 있다고 합니다. 또한 대만의 지진을 보고나니 절대 안심할 수는 없다는 생각이 드는군요.

답변③

결론부터 말하자면 우리나라의 경우에는 그리 걱정할 만한 수준은 아닙니다. 대개 지진은 대륙판끼리 부딪치거나 떨어져 나가면서 발생하게 되는데 우리나라의 경우에는 유라시아 판 내부에 속해 있기 때문에 상대적으로 안전하다고 보는 것입니다. 하지만 우리나라에서도 리히터규모 5 이상의 지진이 발생했다는 보고도 있더군요. 따라서 지진에 대해 완벽한 안전지대라고는 말할 수 없습니다. 최근 강진이 발생했던 일본이나 대만, 터키나 그리스 등이 지진대의 대표적인 예가 될 수 있겠습니다. 참고로 말하자면 지금까지 리히터 규모 7 이상의 강진이 18여 차례나 있었다고 하는데 증가 추세에 있는 지진 때문에 이것을 세기말적인 현상으로 인식해서 불안해할 필요는 없겠죠.

답변④

다른 답변에서도 언급했지만 국내의 지진이 일본보다는 약하지만 결코 안심할 수는 없습니다.

질문4

월성 근처에서 알려진 활성단층의 수가 10개에서 30개로 늘어났다고 하는데 활성단층의 수가 무엇을 의미하는지 몰라서 이렇게 글을 올립니다. 활성단층이 많으면 지진 발생확률이 그만큼 높은 건가요? 그리고 단층의 종류를 어떻게 구분하는지 아시면 좀 가르쳐주시기 바랍니다.

답변① 활성단층이란

활성단층이란 지질학 시간으로 최근에(3만 5천 년 이전) 지층의 움직임이 있었던 곳으로 지진이 발생할 경우 또 다시 대규모 지각변동을 야기할 가능성이 높다.

활성단층의 정의는 국가마다 그 정의가 조금씩 다르며 우리나라의 경우 미국 원자력규제위원회(US NRC)의 기준을 준용하고 있다. 그 내용은 다음과 같다.

1. 과거 35,000년 동안에 1회 또는 500,000년 동안에 2회 이상의 지표면 변위를 일으킨 단층

2. 정밀한 계기로 관측된 지진기록으로부터 결정된 광역적인 지진활동과 직접적인 관련을 갖는 단층

3. 상기의 정의에 따른 잠재단층과 지체구조적인 관련을 갖는 단층, 즉 인접한 잠재단층의 운동에 따라 결과적으로 운동이 일어날 수 있는 단층.

■ 활성단층 분포

세계적으로 활성단층의 분포에 대해서는 아직까지 통합적인 자료가 확인되지 않고 있으나 가장 활동이 심한 단층(활성단층)들은 지진 다발지역에 분포되어 있고 이는 판구조운동과 연관이 많은 것으로 알려져 있다. 가장 활발한 활성단층 지역의 대부분은 판경계부(Plate Boundary)에 집중되어 있다. 미국 캘리포니아 주의 샌안드레아스(San Andreas)단층은 북미판(American Plate)과 태평양판(Pacific Plate)의 충돌부, 일본 지진대는 태평양판과 유라시아 판(Eurasian Plate) 혹은 필리핀판과의 충돌부, 뉴질랜드의 단층 등은 태평양판과 오스트레일리아판의 충돌부 그리고 중국내륙에 동서로 발달하고 있는 히말라야 단층을 포함한 활성단층들은 인도판과 유라시아 판의 경계부에 해당된다.

일본의 경우 현재까지 약 3000여 개의 활성단층을 조사하였다. 현재 일본에서는 활성단층에 대한 구조지질도를 작성하고 있다.

국내에서는 양산단층의 활성 여부가 논란이 되고 있으며 1993년에는 양산단층의 일부 지역에서 제4기 단층이라고 주장되었으나 이론이 있어 아직 확실히 결정되지 않은 상태이다.

■ 활성단층 조사방법

가. 활성단층의 일반적 조사방법

원자력발전소 건설을 위한 부지조사에서 단층조사의 목적은 부지에서 지표단

층의 변위 잠재성과 상당한 지반진동을 일으킬 만한 지진의 잠재성 평가이다. 조사내용은 단층의 생성원인, 길이, 폭, 생성시기 및 단층대 내의 물질 등이다.

단층조사에서 가장 먼저 판단되어야 할 것은 최근 지체구조운동과 어떤 연관이 있는가 혹은 큰 규모 지진과의 관련 여부이다. 활성단층이 항상 지진을 유발하는 것은 아니며 단층의 변위가 일어난 시기가 중요하다. 활성단층의 조사 시에는 이동의 증거 및 이동의 시기에 중점을 둔다. 구체적인 조사내용과 순서는 다음과 같다.

1) 문헌조사(넓은 범위의 지역) 및 상세 지질조사
2) 단층 존재가 인지되면 지층의 분포상황과 단층과의 관계로부터 단층운동 시기 판단.
3) 지구물리탐사
4) 굴착(Trench) 조사 및 운동특성 분석
5) 현재 변위 진행 여부 측정
6) 역사지진 및 계기지진의 통계적인 특징 등 분석
7) 기존의 활성단층 내력 평가
8) 미지진파(microseismic wave) 관측망 설치 분석
9) 단층운동 연대측정(Age Dating).

나. 단층연대 측정

단층운동의 연대 결정방법은 상대적 해석방법과 절대연령의 측정방법이 있다.

1) 상대적 해석 방법
    a. 단층을 덮고 있는 지층의 연대 결정
    b. 단층 이전의 교란되지 않은 지질 및 지질구조의 연대 결정
    c. 단층운동에 기인한 광물, 단층대(Fault Zone) 내의 변형되지 않은 광물의 연대 측정
    d. 연대가 알려진 지질구조와 단층운동의 관계
    e. 단층을 따르거나 단층을 가로지르는 지형의 연대 측정

2) 절대연령 측정방법

　방사능 물질 이용 방법

　a. ^{14}C(탄소동위원소 이용)

　b. Fission Track

　c. K－Ar 동위원소 이용

　d. Thermoluminescence

　e. U－Th 동위원소 이용

　　비방사능 방법

　a. Electron Spin Resonance

　b. Racemization of Amino Acids

　c. Paleomagnetism

　d. Fluid Inclusion Techniques

　굴업도에서의 단층연대는 상대적인 해석 방법이 이용되었으며 해저의 현생 지층(10,000년 이내에 생성된 지층)을 가로지르는 단층의 존재는 적어도 현생 퇴적층의 퇴적 이후에 단층운동이 일어났음을 시사하기 때문에 활성단층으로 추정된 것이다.

질문5 터키의 지진에 대해

터키에 지진이 발생하여 많은 사람들이 죽었습니다. 터키에 지진이 많이 발생하는 이유가 인도판이 유라시아 판으로 빠른 속도로 침투해 들어가서 그렇다고 하는데 그렇다면 각 대륙판의 이동속도를 결정하는 요소가 뭔지 알고 싶습니다. 그리고 한 대륙판이 빠르게 이동하면 다른 판은 상대적으로 천천히 이동하는지 알고 싶습니다.

답변1 지진

　최근 여러 곳에서 지진이 발생하고 있군요. 여러 곳이 모두 판들의 접촉부와 관련이 있습니다. 판의 움직임이 지질시대에 따라 속도가 달랐어요. 가장 활동적인 태평양판도 역시 그러했습니다. 판들의 이동속도를 결정하는 요소는 여럿 이지요. 대류활동의 강약, 화산활동, 판 접촉부위의 상태, 해령의 확장 속도, 지 진 등등의 복합적인 자연활동과 관련되어 있습니다.

질문❻ 지진을 측정하는 기기는?

❷의 내용에 보면 지진에 대한 여러 가지 내용이 나와 있는데 제가 궁금한 것은 그것을 어떻게 측정하는지가 궁금하군요. 지진을 측정하는 기기는 무엇이 며 그 기기로 측정하는 방법은 어떻게 되나요?

답변❶ 지진 측정기계는요.

지진을 관측하는 기계를 보통 지진계라고 한다. 지진계는 지반의 흔들리는 정 도를 측정하는 기계이고 종류에 따라서 지반의 변위를 측정하거나 지반의 속도, 지반의 가속도를 측정하는 것으로 나눠진다. 지진계는 추의 관성의 원리를 이용 한 계측기이다. 즉 바닥과 연결되어 있는 기둥에 추를 매달아 놓았다고 가정하 면 바닥이 흔들리지 않는 경우에 추는 움직이지 않을 것이다. 하지만 갑작스럽 게 바닥이 움직이게 되면 바닥과 붙어 있는 기둥도 함께 움직일 것이다. 하지만 기둥에 매달려 있는 추는 움직이지 않을 것이다. 끝에 펜을 붙여놓았다고 가정 하면 바닥이 움직이는 방향과 반대 방향으로 흔적을 남기게 될 것이다. 이것이 지진계의 기본적인 원리이다. 지진계는 보통 한 개의 수직성분과 두 개의 수평 성분(동－서, 남－북)으로 구성되어 있다. 따라서 지진파동을 3방향의 성분으로 분석하여 지진발생 위치와 지진원의 메커니즘을 연구하게 된다.

질문❼ 핵은 왜 위험한가?

❷에서 폐기물에 관한 내용을 다루었을 때 보충질문으로 '방사능이 왜 위험 한가?' 하는 질문을 올렸는데 너무 앞으로 지나가 버려서 답변을 해 주시는 분 이 없군요. 그냥 막연하게 핵과 방사능은 위험한 것이라는 것만 알고 있는데 전공 분야가 아니라서 지식이 없네요.

답변① 방사선의 위험 정도

방사능이란 어떤 물질이 시간당 방사선을 낼 수 있는 능력을 말합니다. 방사선이란 물질을 투과할 수 있는 힘을 가진 광선과 같은 것을 말합니다.

우리가 방사선과 함께 생활을 해도 아무런 문제가 없는 것은 우리 주위에 있는 방사선의 양이 특별히 관심을 두지 않아도 되는 적은 양이기 때문입니다. 그러나 우리를 따뜻하게 해 주는 열이나 물체를 볼 수 있게 해 주는 빛도 순간적으로 너무 많이 받으면 몸에 해로운 것처럼 일시에 너무 많은 방사선을 받게 되면 여러 가지 신체적 장애가 나타납니다.

방사선이 인체에 미치는 영향을 말할 때 우리는 특별히 밀리렘이라는 단위를 사용합니다. 예를 들어 가슴에 X－선을 1회 촬영하는 데에는 약 100밀리렘의 방사선량을 받는다고 말합니다. 사람이 70만 밀리렘의 방사선을 한꺼번에 전신에 받을 것 같으면 여러 증세를 보이다가 수일 내에 사망하게 됩니다. 그러나 암 치료를 위해 국소에 이용하면 효과를 볼 수 있습니다. 10만 밀리렘의 방사선을 한꺼번에 전신에 받는다면 구토와 설사증세 등은 보이지만 생명에는 즉각적인 영향이 없습니다. 그러나 1백 명 중 1명쯤은 몇 년 후에 암에 걸릴 수도 있습니다. 1만 밀리렘의 방사선을 한꺼번에 전신에 받을 경우에는 생물학적으로 별다른 영향이 나타나지 않습니다. 500밀리렘은 보통 사람이 이 정도는 받아도 아무런 영향이 없다고 정한 한계선량입니다. 240밀리렘은 우리가 일상생활을 하면서 연간 받을 수 있는 평균 자연방사선량입니다. 세상에 살고 있는 모든 사람은 누구든지 대략 이 정도의 방사선량은 받지 않을 수 없는 것입니다. 5밀리렘은 원자력발전소 주변지역에 생활하면서 받을 수도 있는 최대량입니다. 그러나 실제로는 원자력발전소 주변에 살고 있다고 해도 1밀리렘 정도밖에 받지 않는다는 것이 최근의 실제 측정치입니다. 방사성 폐기물 처분장을 운영함으로써 받을 수 있는 방사선량은 1밀리렘 이하라는 것이 처분장을 운영해오고 있는 외국의 실제 경험입니다. 무시해도 좋을 정도입니다.

출처 http://www.kaeri.re.kr/~atomkj/frame1.htm

답변② 이래서 위험하답니다.

방사능은 안정한 원자와 반응하여 그 원자를 이온으로 만듭니다. 이 이온은 다시 재조합하여 원상태로 돌아가거나 다른 이온과 결합하여 새로운 화합물을 만들게 됩니다. 따라서 그 이온 주변의 원자들이 불안정해지는데 방사능이 건강에 미치는 영향은 이 원리에 의한 겁니다. 살아 있는 조직에 이온화가 일어나면 둘 중 하나의 결과를 가져오는데 첫째는 세포를 죽입니다. 둘째는 세포를 손상시킵니다. 만약 손상된 세포가 회복가능하다면 문제가 없겠죠. 회복이 안 되면서도 세포의 기능이 변하지 않는다면 물론 문제가 없죠. 하지만 손상으로 인해 세포의 기능이 변한다면 그 세포는 돌연변이로 불리고 암을 유발시킬 수 있습니다! 그렇지만 같은 양의 방사선에 노출되더라도 오랜 기간에 걸쳐 받은 것은 우리 몸이 회복을 시킬 수 있고 그렇기 때문에 암 치료 시 방사선 요법을 사용하는 것입니다.

답변③ 덧붙여

방사능은 몸 안에 축적되기 때문에 우리 자신에게도 암이나 다른 여러 질환 등의 문제를 일으키지만 보다 위험한 것은 유전이 된다는 것이죠.

예전에 체르노빌 원전사고가 났을 때 그 근처의 사람들이 기형아를 출산했다든지 하는 이야기는 많이 들어보셨겠죠? 그런 것처럼 우리 세대만 피해를 입는 것이 아니라 자손들에게도 영향을 미치기에 더욱더 위험 정도가 크다고 볼 수 있습니다.

또 발전소 등의 누출 이외에도 자연적으로 존재할 수 있는 방사성 동위원소가 있을 수 있는데 아주 적은 양이라지만 방사성원소의 경우 적은 양도 큰 영향을 주기에 문제가 될 수 있습니다. 우리가 쉽게 아는 것으로 우라늄이라는 것이 있는데 이것들은 암석에 고체 등의 형태로 존재하지만 반감기를 거듭하며 다른 프로토늄 등으로 변해갑니다. 이때 중간과정에서 기체 형태로 변하게 되는데 이것은 암석에 존재할 때와는 달리 공기 중에 돌아다닐 수 있으므로 우리가 호흡에 의해 흡수할 수 있는 것이죠. 1994년인가 대전근처의 생수 음료수에서 우라늄함유량이 너무 많아서 문제가 된 적이 있는데 조사해 본 결과 근처 암석의 성분 중 우라늄이 많이 있었다고 합니다. 또 콘크리트 건물 밑 등에 많은 양의 방사성원소들이 모여 있게 되어 실외보다 실내에 있을 때 더 많은 농도의 방사성원소에 노출된다고 합니다.

질문❽ 지진의 규모에 관해

지진에 관한 뉴스를 들을 때마다 리히터 규모가 어쩌고저쩌고 하는 말을 듣는데 리히터 규모가 정확히 어떤 기준에 의해 만들어진 것인지…… 그런데 제가 우연히 알게 된 사실은 1906년 샌프란시스코의 지진과 1960년 칠레의 지진은 둘 다 리히터 규모 8.3으로 기록 되었으나 실제로 단층분리 현상이 일어난 지역의 범위와 정도에서 후자가 전자의 열 배 이상이었다고 하는데 그렇다면 과연 리히터 규모라는 것이 객관성을 가진 지진규모인지도 궁금하군요.

답변❶ 지진을 나타내는 척도들에 대해

지진을 나타내는 데는 주로 두 가지의 척도가 사용되는데 일반적으로 진도와 규모라고 부릅니다. 리히터 단위라고도 하는 규모는 지진의 크기를 측정하는 가장 일반적인 단위입니다. 1930년대와 구텐베르그(Bero Gutenberg)와 리이터(Charles Richter)가 천문학자들로부터 아이디어를 얻어 '규모'라는 개념을 처음으로 도입하여 Richter Scale이라고도 합니다. 규모는 각 관측소의 지진계에 기록된 진폭을 진원의 깊이, 진앙까지의 거리 등을 고려하여 지수로 나타낸 것으로 장소에 관계없는 절대적 수치입니다. 최근에 지진학자들은 규모가 지진으로 방출된 파동 에너지에 비례한다는 사실을 알아내었습니다. 지진파 에너지 E와 규모 M과의 관계는 보통 다음과 같이 나타냅니다. $\log E = 11.8 + 1.5M$

그러니까 규모 6.0의 지진파 에너지는 규모 5.0의 지진파 에너지의 약 32배이고 규모 4.0의 지진파 에너지의 거의 1,000배에 이르죠. 이것은 여러분의 집이 1,000배 정도 더 심하게 흔들린다는 말은 아닙니다. 더 큰 에너지는 더 오랫동안 지속되고 더 넓은 지역까지 에너지가 방출되는 겁니다. 참고로 히로시마 원폭(20kton)의 경우 6.1의 지진에 해당합니다.

다음으로 어떤 장소에 나타난 진동의 세기를 사람의 느낌이나 주변의 물체 또는 구조물의 흔들림 정도를 수치로 표현한 것으로 상대적 수치이며 정수 단위로 나타냅니다. 진도는 지진의 규모와 진앙거리 진원 깊이에 따라 크게 좌우되며 그 지역의 지질 구조와 구조물의 형태 및 인구 현황에 따라 달리 나타날 수 있습니다…… 따라서 규모와 진도는 1 대 1 대응이 성립하지 않으며 하나의 지진에 대하여 여러 지역에서의 규모는 동일하나 진도 계급은 달라질 수 있습니다.

규모는 동일하나 거리가 멀어짐에 따라 진도가 작아지는 것을 알 수 있습니다. 즉 질문하신 내용은 규모와 관련된 것인데 규모는 절대적인 것인 지진의 규모를 나타내는 척도이므로 서로 다른 지역에서 느끼는 지진의 진도는 달라질 수 있다고 할 수 있습니다.

참고로 진도 계급은 세계적으로 통일되어 있지 않으며 나라마다 실정에 맞는 척도를 채택하고 있는데 일본에서는 JMA Scale(Japanese Meteorological Agency Scale; 8등급), 미국에서는 MM Scale(Modified Mercalli Scale; 12등급)이 사용되고 있습니다. 우리나라에서는 JMA Scale을 사용합니다.

 답변②

리이터 규모와 진도의 개념이 조금 다른 것으로 알고 있습니다.

예를 들어서 규모가 5.0이라고 가정한다면 이것은 일정한 5.0이라는 값을 갖게 됩니다. 하지만 진도는 진원거리에 따라 각기 다른 값을 갖게 됩니다.

그렇기 때문에 진도로 보는 측면이 더 객관적이라 볼 수 있을 듯싶습니다.

■ 진도와 실제 현상

2.0 실내에서 극히 일부만 느낌

3.0 실내에서 소수가 느낌. 매달린 물체가 약하게 움직임.

4.0 실내에서 대다수가 느낌. 실외에서 감지 불가.

5.0 건물 전체가 흔들림. 물체가 깨어지거나 전도 또는 추락. 가벼운 물체의 위치이동.

6.0 똑바로 걷기 어려움. 약한 건물의 회벽이 떨어지거나 균열이 감. 무거운

물체의 이동이나 전도.

7.0 서 있기가 곤란. 운전 중에 지진을 느낌. 회벽이 붕괴. 느슨한 적재물 또
는 담장이 무너짐.

8.0 차량의 운전이 곤란. 일부 건물이 붕괴. 사면이나 지표의 균열. 탑, 굴뚝의
붕괴.

〈자료 제공: 서울대 지진공학연구센터〉

 질문❾ 지진 예측법

일본에 유학 가 있는 친구가 있습니다. 지금 강진이 곧 닥칠 거란 말이 무성
하데요. 그래서 과학자들이 그 규모에 대해서 계산하고 있다는데 어떻게 그 계
산이 가능하죠? 지층의 탄성계수…… 등으로 측정가능한가요?

 답변① 지진 예측

지진 예측에 관한 좋은 글과 사례가 있어 올립니다.

태풍은 발생한 후 진행 속도가 상대적으로 느리기 때문에 예보가 가능하지
만 지진파의 전파 속도는 굉장히 빠르기 때문에 지진이 발생한 후 예보한다는
것은 거의 불가능합니다. 따라서 현재 지진예보에 관한 연구는 지진이 발생하
기 전에 나타나는 여러 가지 전조현상에 집중하고 있습니다.

몇 가지 전조 현상들은 지진이 발생하기 수일, 수개월 또는 수년 전부터 시
작되는데, 예를 들면 지면의 이상적인 융기, 암석의 전기 전도율의 변화, 깊은
샘물의 방사성 동위 원소량의 변화, 미소지진활동 등이 있습니다. 이 중 가장
주목할 만한 것은 진앙 지역을 통과하는 P파와 S파의 속도비의 변화입니다. P
파의 속도는 항상 S파보다 약 1.75배 정도 큽니다. 그러나 큰 지진이 발생하려
는 지역에서는 P파의 속도가 감소하여 S파의 1.5배 정도가 되었다가 다시 정
상으로 회복되는 현상이 나타납니다. 이러한 현상 직후에 지진이 발생하는데
이는 지진 발생 직전에 지각에 근본적인 변화가 있음을 암시해 주는 것입니다.
즉 암석이 큰 규모의 단층으로 쪼개지기 전에 변형력의 증가에 의해 조금씩

미세하게 쪼개지기 시작하여 부피가 증가하면 암석 내부의 갈라진 틈이나 작은 구멍들에 차 있던 물이나 액체의 공극 압력이 감소하여 위의 여러 가지 전조 현상이 나타납니다. 그 후 시간이 경과하면 인접지역으로부터 다시 물이 흘러 들어와 공극 압력이 정상화되므로 이러한 현상들이 사라지고 이어서 암석이 약화되어 지진이 발생한다는 것입니다. 이를 다일레이턴시 이론이라 하는데 이 부분에 대해서는 아직도 해결되어야 할 문제가 많지만 현재까지 지진을 예보하는 가장 효과적인 방법으로 여겨지고 있습니다.〈일부 내용 줄임〉

■ 지진관측 및 분석

1) 지진관측의 원리

지하 어딘가에서 지진이 발생하면 그곳으로부터 모든 방향으로 지진파가 전파된다. 지진계는 이 지진파를 기록하는 장치로서 보통 암반 위에 설치하여 지진동을 잘 포착할 수 있도록 설치된다. 지진이 발생하면 지상의 모든 물체는 동시에 움직이는데 만약 지표 위 어느 공간에 정지한 채 있는 부동점이 있다면 그것을 기준으로 하여 지진동을 기록할 수 있을 것이다. 이와 같은 기록을 할 수 있는 것이 바로 진자(振子)이다. 지진계는 진자의 지면에 대한 상대적인 운동을 증폭기로 확대하여 기록하는 것이다.

2) 지진의 위치 결정

진앙(震央)과 진원(震源)을 알아내는 방법은 3점 이상 관측에 의한 방법과 한 지점의 관측에 의한 방법 등 여러 가지 방법이 있으나 이 중 많이 사용하는 방법 2가지를 설명하고자 한다.

지진관측소에 기록된 지진의 P파와 S파의 도착시간과 주행시간을 측정함으로써 결정할 수 있다. P파는 보통 5~8km/s의 속도를 가지고 있으며 S파의 속도는 P파의 1.7배 정도이므로 진앙에서 먼 관측소일수록 P파와 S파와의 간격은 커지게 된다. P파와 S파의 시간차 1초는 대략 8km에 해당하므로 만약 S-P시간이 10초라면 진앙거리는 약 80km가 된다. 지진의 위치는 이 원리를 이용하여 구한다.

또한 하나의 관측소에서 진앙을 찾는 방법으로는 두 개의 수평성분(동서, 남북)과 하나의 수직성분(상하)의 지진기록지를 읽음으로써 구할 수 있다. 각 성분의 초동방향(상, 하)과 길이를 측정하여 지진파가 들어온 방향을 계산하고 진앙거리는 P파와 S파의 시간차로 구할 수 있다.

3) 진원시 계산

진원시는 지진이 발생한 시각으로 지진계에 P파가 도착한 시각에서 P파가 전파되어 오면서 걸린 시간(주행시간)을 빼면 구할 수 있다. P파 주행시간은 깊이에 따른 주행시각표에 의해 구해진다.

4) 규모 계산

근거리 지진파 기록에서 규모(M)를 계산하는 데는 다음과 같은 坪井(Tsuboi)공식이 사용된다.

$$M = 1.73 \log A + \log B - 0.83$$

M : 규모로써 단위가 없으며 소수 1위까지 계산한다.

A : 진앙거리(단위: km)

B : SQRT(MN*MN + ME*ME) * 1000 / 배율

MN : 남북방향, ME: 동서방향

즉 지진동의 수평 최대 진폭으로서 기록지의 수평 그 성분 합성치를 그 주기에 해당하는 비로 나눈 값이다.

예를 들어 진앙거리 180km인 지진파 기록에서 S파 최대 진폭이 MN=6mm(남북방향), ME=8mm(동서방향)이며 그 주기가 0.25초일 때 규모 M의 계산은 다음과 같다(단, 지진계 배율은 3~5Hz의 진동에 대하여 15,000배임).

B=SQRT(6*6+8*8)*1000/15000=0.67

A=180km

M=1.73 log180+log 0.67−0.83=2.9

질문❿ 우리나라의 지진 역사에 관한 질문?

지진에 관한 강의 자료를 보고 문득 우리나라의 지진 발생현황에 관한 궁금

증이 생기더군요. 지구과학 공부하는 이유도 다 우리가 행복하게 잘 살려고 하는 거 아니겠어요. 지금까지의 우리나라 지진 역사나 앞으로의 우리나라 지진 발생에 관한 예언자들의 예언 같은 것 없나요?

 답변① 우리나라에서 일어난 지진들

퍼온 글이지만 도움이 됐으면 합니다. 한국의 지진사를 보면 중생대 이전에는 한국도 일본과 마찬가지로 화산활동이나 지진이 심하게 일어났으며 삼국사기, 고려사 동국여지승람, 이조 세종실록 등의 기록에서 그 유례를 보면 1700년경까지 지진기록을 찾아볼 수 있다. AD2-1900년까지의 우리나라 지진발생 횟수는 약 1800여 회 정도이고 이 중 규모(M) 5 이상 1200여 회, 6 이상 141회, 규모 7 이상 23회이다. 1800여 회 중 고려시대까지는 260여 회 정도이고 대부분은 이조시대 이후 자료로 기록되어 있다. 한반도 지진활동은 고려 말기에서부터 급격히 상승하여 16세기에서 절정에 달했다가 그 후 급속도로 감퇴하여 20세기에 들어와서 점차 활성화되어가고 있는 실정이다.

지진계설치 이전과 이후를 비교해 보면 설치이전보다 이후에는 지진 발생 지역이 광범위해져 국내 어느 곳도 지진 안전 지역으로 취급하기는 힘든 실정이다. 연도별 발생현황 표를 보면 빈도수에 있어 1900년 이후 유감지진의 수는 1936년까지 증가추세를 보여 1936년엔 최고 연간 20회를 기록하였으나 1950년 이후에는 연간 5회 이하로 감소하였다. 그러나 이들 지진 중 JMA 3 정도의 지진은 현재까지 계속해서 발생하고 있다. 현대적인 지진 관측망을 갖춘 1978-1996년까지 관측된 계기 지진 자료에 의하면 규모 2 이상의 지진이 총 350회 발생하였으며 그중 사람이 느낄 수 있는 규모 3 이상은 총 170회, 규모 4 이상 25회이고, 피해를 줄 수 있는 규모 5 이상이 4회 정도였다. 장비의 현대화로 규모 3 이하의 미소지진 관측횟수는 점차 증가 추세에 있다. 최근 우리나라에서 발생한 지진 가운데서 가장 진도가 컸던 지진은 1936년 7월 4일 발생한 지리산에 있는 쌍계사 지진이다. 쌍계사 지진은 진도계급(JMA-scale)이 5에 해당되며 깊이는 약 10km이고 유감지역은 거의 남한 전역이었다. 그리고 1978년 10월 7일 홍성에서 발생한 지진의 진도계급도 JMA-scale로 5에 해당하는 지진이었다. 깊이는 약 10km이며, 규모는 대략 5.2, 유감지역은 충남과 전북, 전남의 해안지방이었다. 또 1981년 4월 15일의 포항 앞바다의 지진은 강도 4에 해당하는 지진이었다.

쌍계사 지진 1936.7.4, 속리산 지진 1978.9.16, 홍성 지진 1978.10.7, 의주 지진 1980.1.8, 포항 지진 1981.4.15, 사리원 지진 1982.2.14, 울진 지진 1982.3.1, 영흥도 지진 1985.6.25, 울산지진 1992.1.21, 울산 지진 1992.12.13, 울산 지진 1994.4.22, 울산 지진 1994.4.23, 홍도 지진 1994.7.26, 백령도 지진 1995.7.24, 양양 지진 1996.1.21, 영월 지진 1996.12.13 등이 있습니다.

제  장

에너지 자원

지구가 갖고 있는 에너지 자원의 종류와
각종 에너지 자원의 의미는?

질문**1** 석유

얼마 전 신문에서 지구의 자원고갈에 관한 기사를 읽었습니다. 그리고 현재 지구에 남아 있는 석유에 대한 간단한 기사가 나와 있었습니다. 먼저 궁금한 것은 석유가 어떻게 생겼냐 하는 것입니다. 제가 알고 있기로는 일부학자들은 유기물질을 산화시키는 산소가 없는 깊은 바다 밑에 가라앉은 부유성 동물과 식물(플랑크톤)로부터 생성되었다고 주장하고 다른 몇몇 과학자는 석유가 변성암의 형성 과정 중에 부산물로서 실제로 생성된다고 믿고 있다고 합니다. 이 것보다 더 자세한 내용을 알고 계신 분은 답변을 해 주십시오. 그리고 에너지 고갈문제에 관한 대처방안 등에 관해서도 여러분의 의견을 듣고 싶습니다.

답변① 석유

영어로 Petroleum 또는 Oil로 불리며 Petroleum의 의미는 'Petra'(암석)와 'Oleum'(기름)의 합성어로서 광유라고 불리기도 하며 액체탄화수소의 혼합물입니다.

석유를 천연적으로 산출된 것과 이를 정제한 것으로 구별하는 경우, 전자를 원유(Crude Oil)라 하고 후자를 석유제품(Petroleum Products)이라고 부릅니다.

아직도 일부에서는 등유를 석유라고 부르고 있는데 이는 등유가 석유제품의 주종을 이루던 시대에 만들어진 관습일 뿐 등유는 어디까지나 석유제품의 일종입니다.

석유생성의 중요한 기원 중 하나는 플랑크톤이라고 불리는 해양미생물인 것으로 추정되고 있습니다. 셀 수 없이 많은 이 미세한 생물이 죽어서 분해되기 전에 해저에 가라앉은 점토에 묻혔습니다.

공기가 없는 곳에서 활동하는 혐기성 박테리아가 죽은 플랑크톤에 작용하고 해수의 염분 및 점토와 약간의 화학작용이 이루어진 다음 수압과 자체무게로 점토가 셰일로 변환됨에 따라 석유기원 물질이 마침내 밀폐되었습니다. 그것은 조산운동으로 인해 지층이 엄청난 압력을 받아 더 단단한 지층으로 변환되기 전까지 셰일 내에 그대로 분산되어 있었습니다.

지질시대에 걸쳐 점진적으로 생성된 석유는 압착되어 더 조립질인 암석으로 이동되었는데 그 과정에서 때로 장거리를 이동하는 것으로 추정됩니다. 종종 지하수의 압력에 의하여 석유가 상부의 공극을 가진 지층을 통해서 점점 더 높은 곳으로 이동하는데 치밀한 지층에 가로막혀서 더 이상 이동이 멈출 때까지 이 과정이 서서히 이루어집니다.

그리고 제 생각엔 대체에너지들이 지금 많이 나오고 있다고 합니다. 그중에는 아직 알려지지 않은 열역학 제2법칙(엔트로피 법칙)에 반하는 기술이 연구되고 있다고 합니다. 지금 문제가 모든 연료가 열로 사라지는 것이라면 이 연구가 성공하게 된다면(물론 쉽지는 않겠지만) 열을 이용하여 발전을 하면 자원 문제가 해결되지 않을까 생각됩니다.

 답변② 대체에너지에 관하여

석유 자원의 고갈. 정말 인류에게는 엄청난 걱정거리일 수밖에 없죠. 현재의 거의 모든 산업활동과 운송수단들은 석유에 대단히 의존하고 있는 현실이니까요. 석유의 생성에 대해서도 조사를 대충 해 보았습니다만 이미 석유의 생성과정에 대해 간단히 답변을 해 주셨더군요. 그래서 저는 석유의 대체에너지에 대해 몇 줄 적어 보겠습니다. 하지만 제가 구한 자료들이 1990년대 중반에 작성된 것들이라 10년 전의 상황들이 예로 자주 등장합니다. 이 점 양해해 주시길 바랍니다.

화석 에너지의 에너지원으로써의 본격적인 사용은 19세기 후반 증기기관의 발명으로부터 시작되었으며 이것은 1차 산업혁명으로 이어지게 되었습니다. 이로 말미암아 대량의 석탄을 생산, 소비하게 되었죠. 석탄의 대량 생산이 가능해지자 가격 인하로 신탄 등이 석탄으로 대체되어 당시 에너지원의 주역을 맡게 되었습니다. 제2차세계대전 이후 중동지역에서 대규모 유정이 속속 발견되었습니다. 대형 탱커에 의한 수송비 절감과 에너지의 형태가 액상이기 때문에 편리성이 추가되어 점차 석탄에서 석유로 에너지원이 대체되기에 이르렀습니다. 사용하기 쉽고 저렴한 가격의 석유가 대량 공급됨으로써 사업 구조의 큰 변화를 가져왔습니다. 1859년의 미국 펜실베이니아 주의 드레이크유정(발견자 Dreake 대령의 이름에서 따왔습니다)에서 처음 석유가 채굴된 이래 세계에는 최근에 발견한 것부터 고갈 직전에 있는 것까지 1만 수천 개의 유정이 있다고 합니다. 일반적으로 가채 매장량이 5억 배럴 이상이면 거대유전이라고 하는데 이러한 곳들은 전 세계에 약 200개소가 있습니다. 세계최대의 유전은 1948년에 발견된 사우디아라비아의 기와르유전입니다. 두 번째로 큰 것은 1938년에 발견된 쿠웨이트의 부르간 유전으로 생산량은 세계에서 가장 많습니다.

1차 석유파동과 1978년 이란사태를 계기로 일어난 제2차 석유파동으로 각 국가들은 대체에너지를 추구하게 되었고 석탄이 다시 주요 에너지원으로 부상하게 되었습니다. 석탄의 가장 큰 장점은 그 자원양의 풍부함이죠. 석탄은 1989년에 확인된 가채 매장량이 1.6조 톤이며 추가 예상매장량은 8.2조 톤에 이르고 있어 가까운 미래까지는 공급제약이 없을 것으로 판단되고 있습니다. 석탄의 또 하나의 장점은 그 부존 지역이 세계적으로 분산되어 있고 또 정치적으로 안정되어 있는 선진국에도 대량으로 매장되어 있다는 사실입니다(이에 비해 석유는 1991년 1월 1일 기준 원유매장량 국별 비율을 볼 때 사우디아라비아 25.5%, 이라크 9.9%, 쿠웨이트 9.4%, 이란 9.2%, 아부다비(UAE) 9.1%, 베네수엘라 5.8% 등으로 석유 수출국 기구(석유 가격안정과 생산량 조정 및 석유 수입국에 대한 집단적 교섭 등을 위하여 1960년에 결성된 기구. 중동 산유국을 중심으로 13산유국이 가맹하고 있습니다)인 OPEC 13개국의 확인매장량 구성비가 76.6%에 달하고 있습니다. 한편 가채년수는 사우디아라비아, 쿠웨이트 ,이라크, 아부다비(UAE) 등은 100년 이상으로 나타나고 있으며 이란 81.6년, 베네수엘라 71년, 사우디와 쿠웨이트가 공동 관할하는 중립지역 50년, 멕시코 49.9년, 리비아 46.5년 등으로 OPEC 13개국의 합계는 87.2년이며 세계 전체의 경우는 43.4년으로 증가하고 있으나 새로이 발견되는 매장량의 확대도 주로 OPEC 지역에서 이루어지고 있는 실정입니다.

두 차례의 에너지 위기를 겪으면서 석유에의 의존도 심화에 따른 에너지원의 안정적 확보에 대한 각국의 인식제고는 효율향상을 통한 에너지 절약과 대체에너지 개발을 통한 에너지원의 다각화 및 궁극적인 에너지의 개발에 관심을 돌리게 되었습니다. 점차 증가하는 에너지 수요에 비해 고갈성 자원의 한계성은 새로운 에너지원의 개발을 통하여 해결되어야 할 것입니다. 특히 우리나라는 에너지의 96% 이상을 수입에 의존하고 있어 고갈성 자원의 소멸에 대비한 대체에너지 개발문제는 그 어느 나라보다도 신중하고 관심 깊게 가져야 할 문제이죠.

석유는 우리의 생활주변에 없어서는 안 될 중요한 연료로서 사용되고 있습니다. 난방용 연료, 자동차 연료, 각종 화학제품, 공장을 움직이는 전기, 딸기나 토마토 등의 온실재배에도 석유가 연료로 사용되고 있습니다. 이렇게 없어서는 안 될 석유가 50년도 채 안 되어서 바닥이 날 형편이기 때문에 대체에너지의 중요성이 부각되면서 여러 대체에너지가 대두되고 있습니다.

그 첫 번째가 천연가스입니다. 1991년 1월 1일 현재 세계 천연가스의 확인 매장량은 4280Tcf로, 가채연수는 58년이며, 지역별로 천연가스 매장량의 지속적인 증가로 석유대비 87%에 이르고 있습니다. 국가별로는 구소련과 이란이 각 1600Tcf, 600Tcf으로 반 이상을 차지하고 있습니다.

두 번째로 핵분열에 의한 원자력 에너지를 들 수 있겠습니다. 제2차 세계대전 후 원자력 에너지는 단시일 내에 다른 에너지원을 대체함으로써 무한대의 값싼 에너지를 공급해 줄 수 있을 것이라는 기대를 가지게 하였습니다.

세 번째로는 우리가 매일 보고 있는 태양으로부터 얻어지는 에너지입니다. 태양에너지는 태양 속에 있는 수소 원자의 핵융합에 의하여 생기며 한 시간 동안에 지구상에 도달하는 에너지량은 인류의 연간 에너지 사용량의 약 2배가 될 정도로 막대합니다. 이처럼 태양에너지는 풍부하고 영원한 것이 특징이지만 그 효율적 이용은 매우 어려운데, 이는 에너지 밀도가 너무 낮고 지역차, 일기차에 의해 많은 영향을 받기 때문입니다. 따라서 태양에너지를 수집, 전환, 저장하는 방법의 발명 여부에 의해 경제성을 얻게 될 것입니다.〈일부 내용 줄임〉한적하고 양지바른 전원 쪽으로 가보면 가정집 옥상에 넓은 유리 같은 거울이 눈이 비치는데 이것이 바로 태양열을 전기로 집적하여 가정의 전기로 이용하는 것이죠. 설치비의 고가로 인해 그다지 많은 주택에는 사용되고 있지 않지만 설치 후에는 극히 적은 전기료 납부로 조심스럽게 늘고 있는 추세입니다.

그다음 네 번째로는 수소에너지가 있습니다. 수소는 자원이 풍부하고 또한 이용방법도 다양한 에너지이나 실제로 에너지로서 개발 이용이 지연되고 있는 것은 대량의 수소를 경제적으로 제조하는 기술이 개발되어 있지 않기 때문입니다. 수소를 얻는 방법은 크게 두 가지로 나뉘는데 그중 하나는 천연가스, 석유, 석탄 등을 열분해하여 수소를 얻는 방법이고 또 하나는 오늘날 공업용 수소의 90%가 제조되는 방법으로 물의 전기분해에 의한 수소의 발생입니다. 오래전부터 잉여전력을 이용하여 물을 전기분해하는 방법으로 효율이 좋은 수소 제조법의 연구개발이 진행되어 왔는데 최근 일본의 Sunshine Project에 의해 개발된 고온, 고압 물 전기분해법은 그 효율이 90%에 가까운 성능을 보여주고 있습니다. 현재 수소는 주로 화학연료, 우주 로켓용 연료 등 특수 분야에 사용되고 있으나 화석 연료에서는 볼 수 없는 특성, 즉 연소 시 수반되는 매연이나 황산, 탄소 산화물이 없고, 질소가스도 현저히 적은 특성 및 무한한 자원으로 인해 화석연료 고갈 시 가장 유효한 에너지로 등장할 것으로 예견되기도 합니다. 또한 수소는 전력용으로도 높은 관심을 끌고 있는데 연료 전지에의 수소이용 그리고 열병합을 실행할 수 있게 된다면 80%에 가까운 에너지 효율을 얻을 수 있고 환경오염의 영향도 거의 없는 등 유리한 면이 아주 많습니다.

또한 핵융합 에너지가 있습니다(위에 설명드린 원자력 에너지는 '핵분열' 에너지입니다). 지구환경 보전적 유엔 기후변화 협약, 그린라운드 협약 등 앞으로 화석연료 사용이 제한되고 있는 현실에서 화석연료를 대체할 수 있는 에너지는 바로 원자력입니다. 최근에 이르러 지구환경문제가 커다란 관심사항으로 등장하고 있습니다. 1988년 캐나다에서 열렸던 국제환경회의에서는 2000년까지 이산화탄소 발생량의 20%를 줄이기 위해 에너지 소비절약과 이산화탄소 발생량이 적은 원자력의 확대 이용 등을 권고하기로 결의하였습니다. 1992년 6월 브라질 리우데자네이루에서 개최된 유엔 환경개발 회의에서는 지구의 환경보전을 위한 국제적 의지를 표명하는 환경과 개발에 관한 '리우선언'과 함께 온난 가스의 배출량을 2000년까지 1990년도 수준으로 줄이기로 한 '유엔기후변화 협약'을 채택하였습니다. 또한 1995년 3월 28일에는 유엔환경회의가 독일 베를

린에서 160개국 1500여 명이 모여 개막된 가운데 지난 1990년 리우데자네이루 지구정상회담 결의를 구체화하기 위한 후속회담이 진행되어 지구온난화 문제, 이상기후, 환경재해방지 등을 논의하였습니다. 이와 같이 선진국에서는 세계 환경보전을 위해 우루과이 라운드에 이어 그린라운드(Green Round)협약 체결이 추진되고 있는 등 앞으로 화석연료의 사용제한이 불가피할 것으로 전망되고 있어 화석연료를 대체할 수 있는 에너지 개발이 시급한 과제로 부각되고 있습니다. 이러한 문제점을 해결할 수 있는 에너지원이 바로 원자력입니다. 사실 원자력은 다른 에너지와는 달리 연기나, 유황, 질소화합물 등 환경오염물질을 배출하지 않으므로 대기나 수질, 토양 등을 오염시키지 않는 깨끗한 에너지원입니다.

또 다른 대체에너지로서 바이오매스에너지를 들 수 있겠습니다. 바이오매스는 원래 생태학의 용어로서 생물량 또는 생체량이라고 번역되어 있습니다. 이것은 살아 있는 동물, 식물, 미생물의 유기물량(보통 건조중량 또는 탄소량으로 표시)을 의미합니다. 따라서 생태학의 용어법에서는 나무의 줄기, 뿌리, 잎 등이 대표적인 바이오매스이며 죽은 유기물인 유기계폐기물(폐재, 가축의 분뇨 등)은 바이오매스가 아니라고 할 수 있습니다. 그러나 이와 같은 생태학의 용어법과는 달라서 산업계에서는 유기계폐기물도 바이오매스에 포함시키는 것이 보통이죠. 바이오매스 자원은 재생이 가능하며 또 광역분산형의 자원으로서 지역 에너지원으로서 주목되고 있습니다. 에너지원으로서의 바이오매스의 장점은 에너지를 저장할 수 있다는 점, 재생이 가능하다는 점, 물과 온도조건만 맞으면 지구상의 어느 곳에서나 얻을 수 있다는 점, 최소의 자본으로 이용기술의 개발이 가능하다는 점 그리고 원자력의 이용 등과 비교할 때 환경보전적으로 안전하다는 점 등이 있습니다. 한편 단점으로서는 넓은 면적의 토지가 필요하다는 점, 토지 이용 면에서 농업과 경합한다는 점, 자원부존량의 지역차가 크다는 점, 비료, 토양, 물 그리고 에너지의 투입이 필요하다는 점, 문란하게 개발하면 환경파괴를 초래한다는 점 등을 들을 수 있습니다. 또 바이오매스의 생산, 수집, 운반, 변환에 관련한 기술적 문제, 경제성과 에너지바란스(투입에너지에 대한 산출에너지의 비율)에 대한 문제도 있습니다. 이와 같이 바이오매스

에너지의 이용, 개발은 대단히 많은 문제를 안고 있으며 또 바이오매스자원의 부존량은 지역에 따라 큰 차이가 있습니다.〈일부 내용 줄임〉 또 알코올 발효에서는 물보다 비등점이 낮은 알코올을 증류, 분리하기 때문에 물을 증발시키는 것보다는 에너지 절약적이죠. 특히 메탄의 생성에는 많은 돈이 필요하지 않으므로 중국에서는 1970년대에 많은 바이오매스 시설을 건설하여 1979년에는 700만 개소가 가동되었다고 합니다. 세계 각국에서 연료화의 대상이 되는 주요 바이오매스 자원을 들면 다음과 같습니다.

-목질계(목재, 폐재): 특히 고성장 수종(포플러, 버드나무, 아카시아 등)

-당질계 :사탕수수, 과실폐액 등

-전분질계: 고구마, 강냉이 등

-에너지식물

-초본식물(草本植物)

-수생식물(水生植物)

-해조(海藻)

-조류(藻類)

-광합성 세균

-유기계폐기물, 농산폐기물, 임산폐기물, 축산폐기물, 산업폐기물, 도시 쓰레기 등 이상과 같이 바이오매스와 유기계폐기물은 거의 모든 부분을 직접 또는 변환하여 연료화할 수가 있습니다.

설명이 좀 길어지는데 과연 이러한 바이오매스 자원들이 어떻게 하여 '에너지'라 할 수 있는 것인지 궁금하시죠? 이러한 자원들의 에너지화에 대해 말씀 드려보겠습니다. 먼저 건조 바이오매스(목재, 폐재 등)는 직접연소에 의해서 열, 전기, 가스연료, 메타놀 등이 생산되며 가스화에 의해서 암모니아, 기름, 가스, 목탄 등이 생산됩니다. 또한 함수 바이오매스(분뇨, 폐액, 수초)는 혐기성 발효에 의해 메탄, 에탄올 등을 생산하며, 발효, 화학적 분해에 의해 에탄올을 생산합니다. 마지막으로 에너지 식물 바이오매스와 물은 추출, 분해에 의해 탄화수소, 유지 등을 생산하며 광합성반응에 의해 수소를 생산합니다.

이외에도 여러 가지의 대체에너지가 있습니다. 다수의 과학자들이 석유의 때 이른 고갈로 인하여 인류가 파멸하고 원시시대의 생활로 돌아갈 것이라고 과거에 예견했습니다. 하지만 인류가 과연 그러한 식으로 파멸되리라고는 생각되지 않는군요. 적어도 이러한 대체에너지들에 대한 끝없는 연구와 개발 노력이 뒷받침된다면 말입니다.

 답변③ 원유의 생산에 관한 글

　원유는 지하 심부에 위치하기 때문에 시추에는 특수 장비가 필요합니다. 가장 눈에 띄는 시추장비 형태는 높은 시추탑(전형적으로 약 40m 높이) 네 기둥의 끝이 가늘어지면서 강철지주가 교차 버팀 쇠로 엮어진 것입니다. 시추탑 꼭대기의 도르래 사이로 움직이는, 내구성이 높은 강철 케이블에 회전고리가 매달리며 이 회전고리에 시추관(drill pipe)이 연결됩니다. 시추관은 약 9m 길이의 파이프가 서로 결합되어 시추작업장(derrick floor) 한가운데 장치된 원형 강철 회전판(rotary table＝turntable)의 구멍을 통과하도록 되어 있습니다. 회전판의 구멍과 이 구멍에 딱 맞는 켈리(kelly)라고 하는 특수한 최상부 구간의 시추관은 사각 또는 육각의 단면으로 되어야 합니다.

　시추탑 한쪽 편에 장치된 엔진이 켈리와 시추대(drill string)를 돌게 하는 회전판을 회전시키며 켈리와 시추대가 회전하면서 시추관 하부 끝에 장착된 비트(bit)가 암석을 갈아 부수어 뚫습니다. 비트가 아래로 내려 갈수록 켈리도 단지 수십cm 길이만 보일 정도로 회전판 구멍을 통해 내려갑니다. 그러면 시추대를 끌어 올려 켈리와 이미 시추공 속에 있는 시추관 사이에 추가로 시추관을 연결시킵니다.

　그다음에 시추관은 켈리가 다시 회전판에 물리도록 한 다음 시추공 속으로 내립니다. 이러한 굴착기술은 기술의 진보로 엄청나게 향상되었으며 매우 깊은 곳인 약 8000m 깊이까지도 굴착이 가능하게 되었습니다.

　지하에 부존되어 있는 원유는 고압상태의 가스와 물을 수반하고 있으며 석유가 자연적으로 지표까지 유출되어 나올 것인지는 그 압력의 정도에 따라 결정됩니다. 석유는 암석의 공극을 통해 유정 밑바닥으로 밀려나와서 위로 유출합니다. 유전의 개발초기에는 유정에서 석유가 주로 자연적으로 유출하지만 지하 지층압력이 감소하면 펌프로 퍼 올려야 합니다. 그렇지 않으면 가스 또는 물을 석유부존 지층의 가장자리에 주입하여 압력을 높여줍니다.

이와 달리 처음부터 압력이 부족한 경우는 펌프를 이용합니다. 석유가 압력을 받아 자연적으로 유출되는 경우 생산량은 크리스마스 트리(christmas tree)라고 널리 알려진 일련의 조절벨브로 정두(wellhead)에서 조절합니다. 용해가스를 함유한 원유는 지표에 도달하면 관을 통해 가스처리 장치로 보내며 가스를 분리시킨 후 저장탱크에 저장합니다.

유정의 생산량은 차이가 매우 큽니다. 하루에 수톤 또는 그보다 적게 생산하는 유정도 있는 반면 하루 수천 톤 이상을 생산하는 것도 있습니다. 이는 여러 종류 지층의 공극에 들어 있는 석유의 양, 석유부존 지층의 규모와 투수율 등에서 차이가 심하기 때문입니다.

에너지 고갈문제에 관한 대처방안에 대해서는 많은 관심들이 있겠지만 제 생각에는 역시 무공해 자원이 되어야 하지 않을까 하는 생각이 있네요. 요즈음 환경문제에 대해서는 제가 얘기하지 않아도 너무나 심각한 얘기들이 오가기 때문에 얘기할 필요가 없겠지요? 결국은 효율성을 극대화한 무공해 에너지가 되어야겠지요. 태양, 바람, 해수 등—어떤 영화에서는 물, 쓰레기를 이용하기도 하지만 그렇게 되면 진짜 좋겠지요—을 이용하기도 하지만 실용화되려면 더 열심히 연구를 해야겠지요.

이제 대체에너지에 관한 연구는 미래에 관한 이야기가 아니라 현실인 것 같지요?

질문❷ 조력 발전?

위의 내용에서 조석의 차가 9m 이상이면 조력 발전이 가능하고 실제로 불란서에서 이를 이용하고 있다고 합니다. 조석의 차를 이용한 위치에너지를 사용하리라 생각되는데 바다에 위치에너지를 이용한 발전시설을 만들려면 상당한 비용이 들 거라 생각됩니다. 구체적으로 조력발전을 위한 시설은 어떻게 지어지고 그 경제성은 얼마나 되는지 알고 싶군요.

답변① 조력을 이용하여 발전을 하고 있는 나라 현황과 우리나라 현황

초등학교 탐구생활에서 펴온 글입니다.

조력발전이란 조석이 발생하는 하구나 만을 방조제로 막아 해수를 가두고 수차발전기를 설치하여 외해와 조지 내의 해수를 가두고 수차발전기를 설치하여 외해와 조지내의 수위차를 이용하여 발전하는 방식으로서 해양에너지의 수위차를 이용하여 발전하는 방식으로서 해양에너지에 의한 발전방식 중에서 가장 먼저 개발되었다. 현재 개발 가능한 조력자원을 보유한 국가는 세계에서 손꼽을 정도로 한정되어 있기 때문에 이들 국가에서는 조력자원을 미래의 중요한 대체에너지자원의 하나로 지목하여 이에 대한 조사와 연구를 활발히 진행 중에 있다. 현재 가동 중인 조력발전소는 프랑스의 랑스(1967 완공, 용량 400Kw), 소련의 키슬라야(1968 완공, 용량 800Kw), 캐나다의 아나폴리스(1986 완공, 용량 2만 Kw), 중국의 지앙시아(1980완공, 용량 3,000Kw) 등이다. 우리나라의 경우 1970년대에 와서 한국해양연구소에 의해 충청남도의 가로림만과 천수만을 대상으로 한 조력발전 예비 타당성 조사가 실시된 이래 1980년과 1982년 최적 후보지로 선정된 가로림만에 대한 조력발전 정밀타당성조사 및 기본설계를 프랑스와 공동으로 실시하였다. 1986년에는 영국의 기술진과 공동으로 1981년의 조사를 재검토한 결과 최적 시설용량은 40만 Kw, 연간 발전량은 836GWH로 평가된 바 있다. 국내에서는 현재 시험조력발전소 건설에 관한 조사사업을 추진 중에 있는데 앞으로 연구 개발되어야 할 주요 대상은 깊은 수심에서의 연안구조물 설계와 시공기술, 조력발전소 수심에서의 연안 구조물 설계와 시공기술, 조력발전소의 주요부분인 수차발전기의 설계제작기술, 발전계통기술, 발전시스템의 자동제어기술, 해수에 의한 소재의 부식방지기술 등이다. 우리나라에서의 조력발전 건설은 서해안에 부존하는 천혜의 조력에너지를 개발함으로써 지역경제의 균형발전을 도모할 수 있을 것으로 기대되고 있다.

질문③ 천연가스와 석유에 대해

석유에 대한 질문과 글들을 보고 저도 글을 올리려구요.

얼마 전 제 고향인 울산 앞바다에서 천연가스가 발견되어 이제 몇 년간 영남지방에 공급될 예정이라고 합니다. 제가 알기로는 천연가스의 발견과 석유의 발견은 어느 정도 연관이 있는 것으로 알고 있습니다. 어느 정도의 연관성이 있을까요? 석유 발견 가능성은 없는 것일까요?

 답변① 우리나라의 대륙붕은 개발 상태입니다.

국내 대륙붕에서 석유자원 부존 가능성이 거론된 것은 1970년대의 일이지만 본격적인 석유탐사활동은 1983년부터 시작되었습니다.

1972년부터 1982년까지는 걸프, 쉘, 텍사코 등 외국 기업이 주도하여 51,130LKm의 물리탐사와 12개 공의 탐사시추를 실시, 대규모의 퇴적 분지와 석유자원의 부존 가능성을 확인하였습니다. 1983년 이후에는 우리 공사가 주도적으로 석유탐사활동을 전개하여 92,160LKm의 물리탐사와 22개 공의 탐사시추를 실시하였으며 이 기간 중 제6-1광구 돌고래 지역과 고래지역에서 양질의 가스층을 발견하는 성과를 거두었습니다.

특히 경제성 규모가 기대되는 천연가스 발견에 성공한 고래Ⅴ구조에 대해서 올해 정확한 매장량 확인을 위한 평가시추 결과 울산 앞바다(제6-1광구)에서 경제규모의 천연가스 매장량을 재차 확인한바 있으나 현재까지 알려진 바로는 매장량과 채굴경제성이 낮아 본격적인 개발이 진행되지 못하고 있습니다.

그러나 석유가스부존 가능성이 증대된 인근의 유망구조들에 대한 탐사를 지속적으로 추진하는 한편, 장기적으로 국내대륙붕 중장기 탐사 계획에 의한 체계적인 탐사활동을 하고 있으며 특히 탐사 단계의 자금 조달과 위험의 분산을 위해 외국 합작선을 적극적으로 유치하는 등 대륙붕 개발에 다각적인 노력을 기울이고 있습니다.

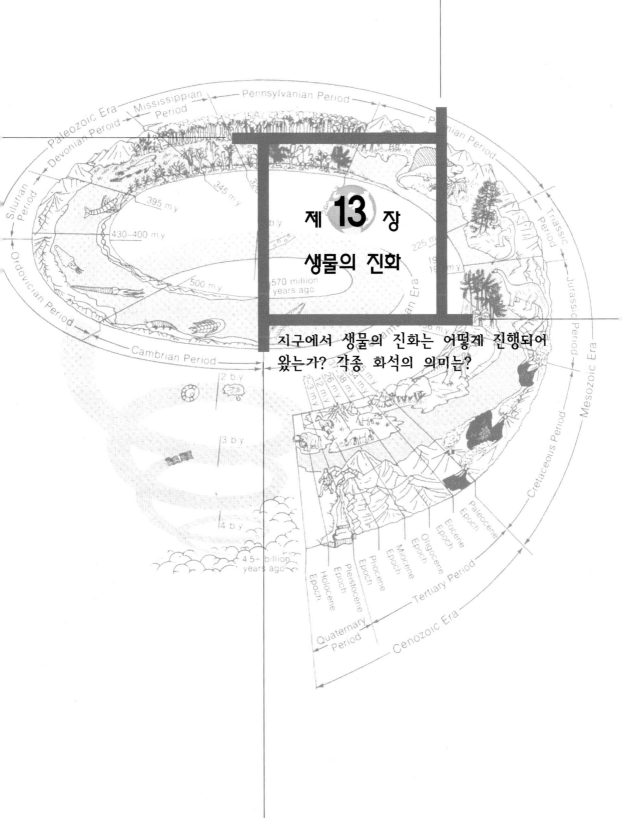

제 **13** 장

생물의 진화

지구에서 생물의 진화는 어떻게 진행되어
왔는가? 각종 화석의 의미는?

질문 1 공룡의 멸망에 관하여

공룡 멸망에 대해선 여러 가지 이론들이 있습니다. 운석충돌설, 지구 환경의 변화, 설치류의 증가, 외계인 공격설 등이 있습니다. 이에 대한 여러분의 의견을 듣고 싶습니다.

동일한 질문

제가 어느 잡지에서 공룡 멸종과 관련된 운석의 흔적이 발견돼서 연구가 진행 중이라는 기사를 접한 적이 있습니다. 멕시코의 어떤 반도에 떨어진 운석이라고 하던데 아마 위성사진으로 발견한 것은 아니고 지질탐사에 의해서 발견한 것으로 알고 있는데 교수님이 말씀하셨듯이 실제 지표면에서 쉽게 발견할 수 없는 광물질이 어느 시대의 지층에 보통 존재하는 양보다 수백 배 이상이 발견되어서 조사를 했다고 들었습니다. 지금까지 어떤 사실들이 발견되었는지 궁금합니다. 그리고 토론란에도 올렸는데 어떻게 운석 충돌이 그 시대의 한 종족을 멸종시킬 수 있는지 궁금합니다. 인터넷을 돌아다녀 봐도 저의 실력으로는 학술과 관계된 자료는 찾기가 어렵더군요.

답변 1 x-files의 팬으로서

전 X-files의 팬으로서 외계인이 존재한다고 믿습니다.

이번 주에 했던 에피소드는 지구의 생명의 기원은 외계였습니다. 다음 주에는 이번 주에 이어서 결론이 나오겠지만 저도 외계에 어떤 존재가 있다고 생각합니다.

그래서 외계의 어떤 존재가 공룡을 멸망시키지 않았을까요? 이건 첫 번째 생각이구요. 그 담에는 운석충돌설이 그럴듯하다고 생각합니다.

수업시간에 비디오에서 운석 충돌을 실험한 것을 보았을 때 충분히 그럴 수 있다고 생각합니다. 꽤 큰 운석이 떨어지고 그로 인해 지구의 환경이 변화해서 공룡이 멸종했다.

답변② 잘은 모르지만

과거로부터 지금까지 지구는 빙하기와 간빙기를 교대로 거쳐 온 점을 미루어 보아 빙하기를 거치는 동안 공룡의 멸망이 가능하지 않았나 생각해 봅니다. 아무래도 빙하기를 거치면서 공룡 자체의 번식력이 감소하였을 것이고 적응력이 떨어진 공룡들이 차례로 사라져갔을 수가 있으니까요. 또한 먹이의 부족을 생각해 볼 수 있겠지요.

운석의 충돌 역시 신빙성이 있는데 운석 충돌 후 충격도 있었겠지만 대기를 덮은 여러 가지 가스들로부터 산소 부족과 함께 태양에너지 공급의 차단으로 빙하기가 촉진되었을 수도 있다는 점을 같이 생각해 볼 수 있지 않을까 싶은데요.

답변③ 공룡의 멸종에 대하여

얼마 전 모 신문에 나온 기사를 보니 공룡의 멸종에 대한 새로운 학설에 대해서 평가를 했더군요. 그 학설에 따르면 공룡이 멸종한 이유로 거대한 몸집 때문에 교미를 하기가 힘이 들어 번식에 실패한 것이라는군요. 지금까지 존재했던 이상기후로 인한 생태계 변화에 적응하지 못했다는 설이나, 혹은 거대운석충돌설 등과 비교할 때 반발의 여지도 많을 학설 같은데. 공룡이 멸종한 원인을 꼭 한 가지로 단정 지을 수는 없고 지금까지 생각되어온 여러 가지 설들의 복합적인 상황으로 공룡이 멸종했다는 한 발 물러선 예측(?)을 해봅니다.

답변④ 동아일보 기사입니다. 공룡의 멸종이

공룡, 왜 사라졌을까……「운석충돌설」대표적

《공룡은 왜 지구상에서 사라졌을까? 가장 대표적인 이론은 거대한 운석이 지구와 충돌했다는 가설. 하지만 최근 이에 대해 반론을 제기하는 과학자가 늘고 있다. 영국의 과학지 뉴사이언티스트는 최근 공룡의 멸망원인에 대한 다양한 가설들을 특집으로 다뤘다.》

■ 운석충돌설

지난 80년 루이즈 알바레즈 교수(미국 캘리포니아대)가 처음 주장한 이 이론은 거대한 운석이 떨어져 지구에 핵겨울과 비슷한 기후변화가 일어났다는 것. 지난 1991년 멕시코의 유카탄 반도에서 발견된 거대한 분화구가 운석 충돌의 흔적이라고 주장한다.

또 공룡이 사라질 무렵인 백악기 말기의 지층에 이리듐이 많이 포함돼 있다는 것도 근거의 하나. 이리듐은 우주공간에는 흔하지만 지구 표면에서는 희귀한 광물이기 때문이다.

■ 가스구름설

운석이론에 대한 반론 가운데 하나가 바로 태양계 전체가 거대한 가스구름을 통과했다는 것.

주로 먼지와 분자 상태의 가스로 이뤄진 이 가스구름은 지름이 몇 광년에 이르기 때문에 통과하는 데 수백만 년이라는 시간이 걸린다.

가스구름 속에 포함된 먼지와 수소분자가 지구의 대기권에 차츰 쌓인다. 이들 먼지가 태양빛을 우주로 반사해 지구의 온도를 낮춰 몇 백 만 년에 걸친 추운 겨울이 찾아왔다는 것이다.

또 가스구름의 중력은 혜성을 지구 근처로 평소보다 자주 끌어들이는 결과도 빚었다. 유카탄반도의 거대 분화구도 혜성과 충돌한 흔적이라고 설명한다.

■ 화산폭발설

인도 남부의 데칸고원을 만들어 낸 거대한 화산폭발이 이상기후를 가져왔다는 가설. 이때의 화산폭발은 지금까지 기록에 남아 있는 최대 폭발보다 1천배 이상 큰 규모다. 분출된 화산재는 지구촌 곳곳을 뒤덮었고 연일 산성비가 계속 내렸다.

또 함께 발생한 엄청난 양의 이산화탄소가 온실효과를 일으켜 지구의 온도가 점차 올라가는 등 기후 변화를 가져왔다는 주장이다.

답변⑤

지금으로부터 6천 500만 년 전 어느 날 지구에서 무서운 일이 벌어졌습니다. 바로 중생대가 끝나는 날이었습니다. 이날 공룡을 포함한 80%의 생물이 멸종하였죠. 거대한 운석이 지구에 충돌하였기 때문입니다. 공룡 멸종에 관한 여러 가지 학설이 있었습니다. 재미있는 학설로는 1) 방구설(변비설) 2) 독초설 등이 있었습니다.

공룡의 화석 중 공룡의 똥이 있는데 음식물이 소화가 안 된 상태로 발견되었습니다. 그래서 소화가 안 되어 변비가 되어 방귀를 뀌다가 죽었다고 여긴 설이 바로 방귀설입니다. 좀 황당하지만 그럴 듯했어요. 또한 다른 학자들은 독초가 지상에 번성하여 공룡들이 이 독초를 먹고 죽었다는 독초설을 내놓기도 했습니다. 그러나 오늘날의 과학계에서 운석충돌설이 모든 학설을 제압하고 왕좌를 차지한 것으로 여겨집니다. 중생대는 지각변동으로 생물계에 큰 변동을 초래했습니다. 습곡산맥(땅이 구겨져 - 습곡 - 위로 솟아나면 산이 됨)이 형성되고 대륙이 갈라지고 하면서 고등생물들이 많이 출현했습니다. 그 유명한 공룡이 번성한 시대입니다. 기후는 온난했습니다. 살기에 딱 좋았어요. 중기부터 기온이 상승하여 온갖 생물이 마구 자라기 시작하여 공룡이 엄청 커졌죠. 말기에 갑자기 기온이 뚝 떨어지면서 공룡을 비롯한 많은 생물들이 일시에 멸종했어요. 중생대 말기인 지금으로부터 6500만 년 전, 반지름 10km짜리 거대한 운석이 지구와 충돌하여 거대한 구름이 솟아 하늘을 뒤덮고 충돌의 충격 때문에 전 세계 화산이 동시에 터져 거기서 나온 엄청난 화산재가 역시 하늘을 덮었습니다. 두꺼운 먼지와 구름층이 햇빛을 차단하여(우산효과) 땅위의 온도가 급격히 떨어져 식물들이 죽고 그 때문에 먹을 것이 없어진 동물들도 순식간에 멸종한 것입니다. 이때 공룡도 싹 죽어 버렸죠. 이 운석충돌설은 지금 거의 맞는다고 여겨지며 그 충돌한 지점이 멕시코의 유카탄 반도 앞바다인 것이 인공위성의 사진 촬영으로 증명되었습니다. 또한 6500만 년 전의 지층 속에서 전 세계적으로 엄청난 양의 이리듐(Ir)이 발견되었어요. 이리듐은 운석의 주성분입니다. 즉 지층 속에 운석가루가 가득한 것이죠. 6500만 년 전에 운석이 충돌하여 만들어진 것이죠. 확실한 증거입니다. 앞으로 인류의 멸종은 이러한 거대

운석의 충돌에 의해 시작될지도 모릅니다. 그래서 미국과 유럽에서는 거대한 소행성들의 궤적을 하나하나 컴퓨터로 추적하기 시작했습니다. 그중의 하나가 지구로 끌려 들어오는 경우 미리 발견하여 핵폭탄으로 중간에서 파괴시키기 위함입니다.

답변⑥

제가 알기론 이리듐은 지구에서 보기 힘든 물질이 아니라 지표면, 즉 지각에서 보기 힘든 물질입니다. 왜냐하면 이리듐은 무거운 물질이기 때문에 지구의 생성 초기 용융상태에서 점점 안쪽으로 가라앉았기 때문이죠. 그러니까 지구 내부에는 지표면보단 많은 이리듐이 있겠지요. 물론 이리듐이라는 것이 운석에서 많이 발견되는 물질이기도 합니다. 그래서 지층에 이리듐이 많이 포함되어 있는 것을 운석이 지구에 충돌하구 잘게 부서졌기 때문이라고 생각했던 것입니다. 이것이 공룡 멸종에 대한 운석충돌설이지요. 하지만 운석의 충돌뿐만이 아니라 화산활동을 통해서도 안쪽에 있던 이리듐이 지표면으로 나올 수 있습니다. 따라서 백악기 말기의 지층에서 이리듐이 많이 발견되는 것은 당시의 화산활동이 아주 급격하게 많은 곳에서 일어났다고 생각해 볼 수 있습니다. 이것이 공룡 멸종에 대한 화산활동설입니다. 백악기 말기에 거대 운석이 지구에 떨어진 것은 확실하다고 합니다. 하지만 운석 충돌로 인한 한 가지 이유로 공룡이 멸망했다고는 생각하기 어려운 일입니다. 여러 가지 이유(화산활동, 해수면 저하, 대륙 이동 등)가 복합적으로 작용했을 것입니다. 그렇다면 공룡이라는 생물은 아주 운이 없는 종족이네요. 하늘에서 돌이 떨어지고 땅에선 불이 올라오고 그 후엔 추위에 떨고 결국엔 먹을 것도 없게 되고……. 불쌍한 공룡들. 공룡이 멸종할 당시 생물의 79%가 멸종했다고 합니다. 그러니까 운 좋은 21%의 생물은 살 수 있게 된 것이지요. 또다시 거대 운석이 지구와 충돌하더라도 운 좋은 생물은 살 수 있을 것입니다.

답변⑦

운석에는 지구에서 보기 힘든 물질이 존재합니다. 그 물질은 제 기억으로는 이리듐일겁니다. 공룡 멸망시기에 해당하는 지층에서 이 이리듐의 층이 발견되었죠. 운석충돌설에 힘을 실어준 발견이었죠. 일단 10km 이상의 운석이 떨어지면 그건 핵과는 비교도 안 되는 에너지를 내지요. 기대할 수 있는 효과는 우선 지표의 거대 크레이터, 엄청난 열 발생, 해일, 폭풍 등이 있겠지요. 하지만 보다 끔찍한 일이 발생할 수 있습니다. '핵겨울'이란 것인데 핵이 터졌을 때와 똑같이 엄청난 먼지가 대기에 뿌려지게 되어 태양빛을 가리게 되고 전 세계적인 추위가 닥칩니다. 예로 지구상의 핵의 10%가 터지면 태양빛의 95%가 감소한답니다. 기온이 역전되고 −20~−40도의 추위가 닥치죠. 이런 상황이 몇 달간 지속된답니다. 이때 상당수의 공룡이 죽고 그 후 식물의 부족으로 초식공룡이 죽고, 육식공룡도 죽고 이 여파가 상당히 가는 동안 포유류가 틈새를 비집었고 서서히 거대한 동물은 살기 힘든 그런 상황으로 갔다는 겁니다. 얼마 전일본에서 동경만에 운석이 떨어질 경우를 1km, 10km짜리로 시뮬레이션을 했는데 10km면 우리나라에도 굉장히 타격일 겁니다. 1km로 동경만은(동경시가) 흔적도 없이 사라집니다. 생명이 멸절하긴 힘들겠죠. 미생물은 물론이고 일부 지역에선 작은 동물도 살아남을 수 있지 않을까요? 하지만 핵겨울이 끝나면 지구의 주요 생물체 비율이 바뀌지 않을까, 하는 생각입니다. 인간도 여기서 예외는 아닙니다.

 답변⑧ 그 학설의 대략적인 설명?

말씀하신 대로 유성에 의한 공룡의 멸망설은 유성의 지구 충돌로 인해 엄청난 폭발과 해일이 일어나 지구상의 많은 부분의 생물들이 전멸당하고 또 남은 곳들에서는 폭발 잔해들에 의한 먹구름 현상으로 인해(원자탄과 비슷한) 태양빛이 지표까지 도달하지 않아 한파가 밀어닥치고 식물들이 살아남지를 못해 결국 공룡들이 멸망하였다는 학설이죠. 그런데 그 뒤를 이을 생물로 어떻게 포유류가 등장했느냐. 포유류의 조상 격 되는 동물은 쥐 같은 동물로 털이 수북이 덮인 동물이었을 것이라고 합니다. 이는 '보온'의 용이성을 의미하겠죠. 그래서 그러한 한파 속에 살 수 있었고 또 쥐같이 작은 몸집 때문에 식량의 요구량도 매우 적었습니다. 그래서 여러 가지 남은 식량들을 긁어먹으며 살아남아 현재 지구상을 뒤덮고 있는 포유류들의 조상이 되었을 것이라고 합니다. 그런데요 포유류가 가장 많은 것은 아닙니다. 그나마 공룡 다음에 포유류가 컸기 때문이죠. 몸집이 작은 파충류나 양서류 그리고 특히 곤충류 등은 많은 종이 살아남았다고 합니다.

'바퀴벌레' 같은 곤충을 보세요. 원자탄이 떨어져도 바퀴벌레들은 살아남는다고 하지 않습니까? 그 학설에서 포유류의 조상으로 분류되는 살아남은 생물에 대한 자세한 자료를 원하신다면 찾아보도록 하겠습니다!

 답변⑨ 운석충돌설

① 운석충돌설

1980년에 알바레스 등이 제창한 것으로, 현재 가장 유명한 학설이다. 덴마크, 이탈리아, 뉴질랜드의 백악기와 제3기 경계층(K/T층)에, 보통보다 1~2자리 높은 농도로 이리듐(Ir) 등의 운석물질이 포함되어 있다는 것이 발견되었다. 이와 같은 무거운 백금족 원소는 지구 내부에 가라앉고 지각 안에는 거의 존재하지 않는다. 그래서 이것은 운석에 의한 것으로 생각되었다. 운석의 크기는 지름 약 10km로 추정되었다.

최근 10년 동안에 세계 곳곳에서 자세히 연구한 결과, 운석이 6500만 년 전에 낙하했다는 것은 거의 사실로 받아들여지고 있다. 운석충돌설에서 말하는 멸종의 메커니즘은 운석의 충돌에 의해 대량의 먼지가 대기권으로 올라가서 햇빛을 차단하였다고 하는 것이다. 그래서 지상의 온도가 떨어져 마치 핵의 겨울과 같은 상태가 되고 식물은 광합성을 할 수 없게 되었다고 생각하는 것이다.

〈문제점〉

문제는 동물들의 멸종이 운석의 낙하 직후에 시작되었는가 하는 것이다. 북아메리카의 공룡 산출 기록은 이미 쇠퇴 경향에 있다는 것을 나타내고 있다. 암모나이트류도 백악기 후기를 통하여 서서히 쇠퇴하고 있었다. 백악기에 크게 번영한 이매패류인 이노세라무스류는 백악기 말 조금 전에 멸종되었다.

② 기온 저하설

예전부터 지질학자들 사이에서는 조산운동에 따른 기후 변동이 원인이라는 주장이 있었다. 이것을 더욱 최신의 지질 데이터에 입각하여 재구축한 것이 기온 저하설이다. 스탠리에 따르면, 11대 일제 멸종 중 선캄브리아대, 오르도비스기, 데본기, 백악기, 마이오세의 후기에 극지방에 대륙빙하가 발달한 증거가 있다. 이것은 판게아 대륙, 또는 곤드와나 대륙이 극지방으로 이동하여 대륙빙하가 형성되었기 때문이다. 일단 빙하가 형성되면 태양빛을 거의 전부 반사하므로 더욱 한랭화하게 된다. 당시의 극지방의 한류가 주위의 대륙과의 관계에 따라 어떻게 흘렀느냐 하는 것도 크게 관계하게 된다. 스탠리는 이것을 전 시대를 통하여 자세히 해석하여 일정한 성과를 얻었다. 5대 멸종에서는 대륙빙하의 퇴적물이 남아 있고 적도 지방의 열대성 동물이 큰 해를 입고 있다는 점에서 매우 설득력이 있다.

〈문제점〉

고생대의 데본기에서 페름기에 걸쳐 판게아 대륙은 이동하면서도 언제나 거의 남극점에 있었다. 그러나 한랭 기후는 한정된 때에만 있었다. 이와 같은 때의 해류의 변화에 대하여 해명할 수 있을 만큼 고지리(古地理)복원의 정밀도가 높지 않다.

③ 해수준 저하설(해퇴설)

지질학자와 고생물학자들은 일제히 멸종한 현상을 자세히 해석하기 위해 장기간 동안 문제가 되어 온 지층을 찾아내서 화석 기록을 검토하려고 노력해 왔다. 그런데 일제히 멸종한 때에는 해수준이 내려가서 얕은 바다는 육지가 되었다. 따라서 지층의 존재는 극히 드물었다. 현재까지 지질시대의 해수준의 변동은 해수준이 내려갔을 때에는 멸종이 일어나고 올라갔을 때에는 종의 증가를 볼 수 있다고 하여 매우 좋은 상관을 나타낸다는 것이 밝혀졌다. 신바로프와 쇼프흐 등은 고생대 말의 얕은 바다의 면적의 변화를 계산하고 그것에 따라 많은 동물이 멸종되었다고 하여 연구자들의 지지를 얻었다.

해수준의 변동의 원인은 중앙 해령의 활동의 변화로써 설명된다. 이 메커니즘은 현재도 더욱 자세히 해석되고 있다. 또 해수준의 변동은 곧 해양 면적의 변화이므로 기후 변동이 수반된다는 것도 충분히 예측할 수 있다.

〈문제점〉

해양 생물의 대부분이 얕은 해역에 살고 있다는 것은 사실이지만 얕은 해역이 없어졌다고 하여 멸종에 이르렀다고 할 수 있는지는 의문이 남는다. 또 제4기의 빙하 시대에 해수준이 전 지구 규모로 내려갔지만 대규모의 멸종은 전 지구 규모가 아니라 북극에서 시작되는 한류의 영향을 강하게 받았던 지역만이었다. 적어도 이 경우는 해수준 저하설보다도 기온 저하설 쪽이 우세한 것으로 생각된다.

④ 화산활동설

운석충돌설의 제창과 동시에 그 근거로서 이리듐 등의 백금족 원소의 농집(濃集)이 보고되었다. 이 백금족 원소가 운석에 의한 것이라는 설에 대하여 백악기 말기에는 인도아대륙을 비롯한 많은 지방에서 격심한 화산활동이 있었다는 것이 알려져 있었기 때문에 그들 원소는 화산활동에 의해 지구의 심부에서 나온 것이라는 설이 나왔다.

백악기 말기는 지구의 자기극이 서로 바뀌어 있었던 때이기도 하고 해수준의 저하도 있었으므로 지구 내부에 변동이 있었다는 주장은 매우 매력적이었다. 이탈리아의 K/T층 경계층에서는 이리듐의 농집이 5회나 인정되고 있는데 대운석이 5회나 연속 충돌하였다고는 생각되지 않는다. 그래서 화산활동설이 운석충돌설을 대신할 요인론(要因論)이 될 수 있느냐 하는 논의가 벌어졌다. 화산활동설에서는 화산활동에 의한 태양 복사의 현저한 감소, 분화에 의해 대기로 올라간 에어로졸이라는 입자에 의한 산성비 등이 멸종의 메커니즘이라고 한다.

〈문제점〉

스트론튬(Sr) 동위원소의 존재비 등이 운석의 것인지 지구 내부에서 나온 것인지 분명히 결정할 수가 없다. 운석의 충돌처럼 순간적인 고압에서만 형성되는 충격 석영이나 구정(球晶)의 존재에 대한 설명에도 난점이 있다.

⑤ 그 밖의 멸종설

■ 종의 노화설

개체가 노화하는 것처럼 종족에도 노화가 있어 공룡도 종족으로서 노화하여 결국 멸종하였다고 한다. 과학적인 근거는 없다.

■ 알칼로이드 중독설

새로 나타난 현화식물 중에는 알칼로이드라는 유독물을 포함하고 있는 것이 많은데 공룡이 그것을 먹었기 때문에 멸종되었다고 한다. 공룡이외의 초식 동물이나 해양 생물의 멸종을 설명하지 못한다.

■ 2600만 년 주기설

지질시대의 대량 멸종은 2600만 년마다 일어나고 있다는 설. 이와 같은 주기적인 멸종을 초래하는 것은 지구 밖의 영향 때문이라 생각된다. 대량 멸종이 일어난 시대의 지층에는 이리듐이 많이 포함되어 있어서 운석충돌설을 설명할 수 있다.

■ 태양계의 섭동설

은하계 안을 태양계가 움직이는 주기는 2600만 년이고 그 중앙부에 왔을 때 운석이 쏟아진다는 가설. 그러나 현재 태양계는 중앙부에 있어서 주기와 맞지 않는다.

■ 행성 X설

태양계에는 발견되지 않은 행성 X가 있고 그 궤도의 관계로 지상에 운석이 내린다는 가설.

■ 혜성설

멸종은 단계적으로 일어나고 있다. 계속하여 지구에 떨어지는 것은 운석이 아니라 혜성이라고 하는 설. 혜성은 이리듐을 함유하지 않으므로 이리듐의 농집을 설명할 수가 없다.

답변⑩ 공룡 멸망에 대해

　공룡 멸망에 대한 설명은 수십 가지가 넘습니다. 이에 관해 몇 가지만 열거합니다. 공룡의 치아가 빨리 마모되어 영양분을 섭취하지 못해서, 식물 중에 독성을 가진 것이 있어서, 몸이 너무 비대해져서 등등의 여러 가지 이론들이 있습니다. 현재 가장 설득력을 갖는 설은 여러 학생이 답변한 운석충돌설입니다.

질문❷ 그거 보셨어요?

　글쎄, 2억 5천만 년 전에 살았었던 매머드가 발견됐다네요. 만화에서나 보고 말로만 듣던 털복숭이 매머드가 사진도 있어요.〈조선일보 인용〉

　2만 3천년 전 '털복숭이 매머드' 발굴

　여러 나라의 과학자들로 구성된 북극권 탐험대 「매머더스」 대원들이 이달 초 시베리아 북부 타이미르 반도 얼음 구덩이에서 2만 3000년 된 「털복숭이 매머드(학명 매머드 프리미제니우스)」 사체를 발굴, 발굴지점에서 320여km 떨어진 하탕가 지하 냉동터널로 운반할 준비를 하고 있다.

　머리부터 몸통까지 전신이 완벽하게 보존된 매머드 사체가 발굴된 것은 이번이 처음이다. 발굴 팀은 레이더를 통해 매머드 몸체가 파묻힌 얼음 덩어리 위치와 크기를 측정한 뒤 매머드가 녹지 않도록 매머드 사체를 둘러싼 근처의 얼음까지 통째로 파내 헬기로 운반했다. 매머드 이름은 1997년 매장사실을 최초로 발견한 현지 순록치기 소년의 이름을 따 「차르코프」로 명명됐다. 차르코프 매머드의 키는 3.3m, 몸무게는 7톤이다. 헬기 운반에 앞서 한 발굴대원이 거대한 매머드 상아를 순록 썰매에 싣고 있다(사진 위). 「매머더스」 소속 블라디미르 아이스너 박사는 매머드 어금니에 새겨진 에나멜질 무늬를 보고 사망 당시 매머드가 47살이었을 것으로 추산했다. 매머드의 평균수명은 60년이다. 연구진은 매머드 위

장 속에 남아 있는 음식물, 매머드를 둘러싼 흙 등을 조사해 정확한 사망원인을 밝힐 예정이다.

답변① 2만 3천년 전 "털북숭이 매머드" 발굴

2만 3천년 전 '털북숭이 매머드' 발견은 진정 대단한 발견입니다. 사진까지 옮겨 주어 고마워요. 화석이란 생물체 자체나 흔적이 주로 나타나는데 그 실체가 발견된다는 것이 획기적인 것입니다.

질문❸ 공룡알이 어떻게

늘 강의 시간에 교수님께서 이대에 있는 박물관에는 공룡알이 있다고 하는데 아무리 공룡알이 단단하다고 해도 그 많은 시간 동안 보존될 수 있는지 궁금합니다.

암석도 풍화 작용을 받아서 그 모양이 왜 되는데 공룡알은 암석보다 그 강도가 약하다고 생각되는데 어떻게 지금까지 우리가 볼 수 있는 것입니까?

답변① : 공룡알에 관심 있으시면

공룡알에 관한 사이트가 있는데 재미있더군요.
http://www.nationalgeographic.com/features/96/dinoeggs/hunt/hunt1.html
한번 구경가보시는 것도 좋을 듯…….

답변② 공룡알

화석은 생물체 원래의 성분을 갖고 있지 않고 화석화 작용으로 다른 성분들로 치환되거나 채워져 나타납니다. 물론 공룡알도 다른 광물로 채워져 화석으로 산출된 것입니다. 국내에 다른 나라에서 구입해온 공룡알 화석이 거래되기도 한답니다.

참고 생물의 분류

생물은 고정된 것이 아니라 진화하여 생긴 깃임이 확인되고 나서 각 생물 간의 유연이나 계통의 추구가 분류학의 큰 과제가 되었는데, 그러기 위해서는 현생 생물의 체제·형태·발생의 비교만이 아니라 화석의 연구가 중요하게 되었다. 또, 생물의 화학조성·성분·생리·생태의 비교도 필요하게 되었다. 분류학에서는 종(種) 위에 속(屬)·과(科)·목(目)·강(綱)·문(門) 등의 단계가 있고, 아래에는 아종(亞種) 등이 있는데, 이것은 분류상 생물 위치를 가급적 자세히 나타내기 위해서 구별하는 것이다.

1. 종

일반적으로 생물의 종류라고 하는 것이 이것에 해당한다. 종의 정의로서는 개체 사이에서 교배(交配)가 가능한 한 무리의 생물로서 더욱이 다른 생물군과는 생식적(生殖的)으로 격리된 것이라고 할 수 있다. 그러나 사실은 반드시 이렇게 명쾌하게 선이 그어지는 것은 아니다. 보통 우리가 야외에서 보는 생물은 형태적으로 색채를 포함하여 종의 특징을 나타내고 있으며, 비슷한 종이라도 일정한 차이가 있어서 두 종의 중간형이나 잡종이 생기는 일은 없으나, 그중에는 암수 또는 개체 사이에 상당히 현저한 형태 차이가 있으면서도 서로 교배하여 자손을 남기는 종도 있다. 또, 매우 비슷하며 외견상으로는 거의 구별할 수 없지만 생식적으로 격리되어 있는 종도 있다. 종의 분화에는 지리적인 격리가 큰 요인이라고 생각되고 있으나, 지방적으로 분화하여 많은 아종(亞種)을 형성하며 두 극단적인 아종 사이에서는 종에 해당하는 분화를 나타내는 것도 있다.

2. 속

보통 한 무리의 근연종(近緣種)으로 이루어진다. 때로는 한 종만으로 하나의 속을 이루는 경우도 있으나, 속이 포함하는 범위의 판단이나 평가는 생물군·연구자에 따라 다르다. 하나의 종을 나타내는 학명은 예를 들면 고양이 Falis catus와 같이, 대문자로 시작하는 속명과 소문자로 시작하는 종명을 연기(連記)하는 이명법(二命法)을 사용한다. 속명은 보다 고차의 다른 단계명보다도 중요하며 속에 따라서는 그 이름의 근거가 된다. 예를 들면, 등에속 Tabanus는 등에과(科) Tabanidae가 된다. 속명은 라틴어의 주격(主格) 단수명사 또는 이것에 준하는 용어를 사용한다.

3. 과

카를 린네(Carl Linne)의 계층 분류체계에서 목과 속의 중간에 있는 계급명이다. 과의 명칭은 명명규약에 따라 기준이 되는 속명을 정하여 그 기준속명(type species)의 어간에 동물에는 −idea, 식물과 세균에는 −aceae를 붙여서 나타낸다. 예를 들면, 개과는 Canidae(Canis가 기준속), 집게과는 Paguridae(Pagurus가 기준속), 가지과는 Solanaceae(Solanum이 기준속)이다. 과는 은행나무과와 같이 1개의 속으로 이루어지는 것도 있으나, 보통은 여러 개의 속을 포함한다.

4. 목

생물분류 단위의 하나. 강과 과 사이에 있고 강에 비해서 훨씬 자연적으로 이루어진 군(群)이 많다. 식물에서는 속명의 어미에 −ales를 붙이고 아목(亞目)은 −ineae로 하지만, 아족(亞族)의 −inae와의 혼란을 피하기 위해서 어미에 −inales를 사용하는 경우가 많다. 동물에서의 규정은 없다. 목의 위에 상목(上目: superorder)을 두기도 한다.

5. 강

문과 목의 중간에 위치하며 대개는 넓은 범위의 생물군을 포함하지만 그들은 공통된 뚜렷한 특징을 가진다. 예를 들면, 척추동물문 안에는 강으로서 무악류(無顎類)·연골어류·경골어류·양서류·파충류·조류·포유류 등이 포함되는데, 제각기 외관상 뚜렷하게 구별할 수 있는 특징이 있다. 다만 각 군(群)을 분류상 어면 단계로 하는가에 대해서는 학자 간에 반드시 일치하지 않으며, 연구의 진보에 따라 바뀌기도 한다.

6. 문

동물에서는 배엽의 형성방법을 포함한 발생에 따른 체제형으로, 식물에서는 핵의 유무 또는 클로로필의 유무 그리고 체제의 양식 등을 기준으로 하여 구별하고 있다. 식물에서는 그 군의 특징을 나타내는 라틴어에 −phyta의 어미를 붙여 표시하고, 아문(亞門)은 −phytina의 어미를 취하도록 명명규약에 규정되어 있다. 동물에서는 특별한 규정은 없으나 특징을 나타내는 어간에 −a를 붙인 형으로 나타내고 있다.

참고   고생대 중생대 신생대 이름의 유래들

1. 고생대(5억 7000만 년 전~2억 4500만 년 전)

- 캄브리아기(5억 7000만 년 전~5억 500만 년 전): 캄브리아기는 이 시기에 쌓였던 지층이 영국의 웨일즈(wales) 지역에서 처음으로 발견되어 웨일즈의 옛 이름인 캄브리아(Cambria)를 땄다.
- 오르도비스기(5억 500만 년 전~4억 3800만 년 전): 오르도비스기는 웨일즈의 아래 니그산(Arening)에 있는 퇴적층이 대표층으로 로마제국시대에 웨일즈에 살던 종족명 오르도비스(Ordovices)에서 유래되었다.
- 실루리아기(4억 3800만 년 전~4억 800만 년 전): 실루리아기는 영국 웨일즈에 살았던 고대 켈트(Celt)족의 이름 실루어스(Silures)에서 왔다.
- 데본기(4억 800만 년 전~3억 6000만 년 전): 데본기는 영국 남부에 위치한 데본셔(Devonshire) 지역의 이름을 따서 붙이게 되었다.
- 석탄기(3억 6000만 년 전~2억 8600만 년 전): 석탄기는 영국이나 벨기에 등지에 넓게 분포하고 있는 석탄을 많이 함유하고 있는 지층의 이름에서 유래되었다.
- 페름기(2억 8600만 년 전~2억 4500만 년 전): 페름기는 우랄산맥 서쪽에 있는 페름(Perm) 지방에 이 시대의 지층이 잘 발달되었다 해서 붙여진 이름이다.

2. 중생대(2억 4500만 년 전~6640만 년 전)

중생대는 트라이아스기, 쥐라기 그리고 백악기로 나누어진다. 이들 이름은 그 시대를 대표하는 지층이 분포하고 있는 지역의 이름을 따기도 하고 그 지층 자체의 특징에 따라 붙이기도 하였다.

- 트라이아스기(Triassic, 2억 4500만 년 전~2억 800만 년 전): 트라이아스기(삼첩기라고도 부름)는 독일 라인 강 하류에 발달되어 있는 지층에서 왔는데 고생대 지층과는 다른 화석을 포함하고 있으며 크게 셋으로 구분(라틴어로 tri)할 수 있다고 하여 트라이아스기란 이름을 붙였다.
- 쥐라기(Jurassic, 2억 800만 년 전~1억 4400만 년 전): 쥐라기는 알프스(Alps) 북쪽에 위치한 쥐라(Jura) 산맥에 이 시대의 특징적인 지층이 분포하여 있다고 해서 붙여진 이름이다.

- 백악기(Cretaceous, 1억 4400만 년 전~6640만 년 전): 백악기는 유럽의 중생대 말엽의 지층은 백악(chalk, 라틴어로 creta)을 포함하는 경우가 많다는 사실에서 유래되었다.

3. 신생대(6640만 년 전~현재)

신생대는 제3기와 제4기로 구분된다. 제3기는 다시 고(古) 제3기와 신(新) 제3기로 나누어진다.

- 제3기(Tertiary, 6640만 년 전~160만 년 전): 지질시대를 구분하는 데 있어서, 18세기 중엽 아르뒤노(Arduino, 1714–1795)가 제1기(primary), 제2기(secondary), 제3기(tertiary)를 제안하였다. 후에 제1 및 2기는 조사결과 그 내용이 제안했을 때와 전혀 달라졌으므로 다시 이름이 바뀌었으나, 제3기는 그대로 남고, 후에 제4기가 추가되어 오늘날까지 그대로 사용되고 있다.

- 제4기(Quaternary, 160만 년 전~현재): 제4기는 지질시대의 마지막 기로서 전체 46억 년 중의 불과 2300분의 1에 해당하는 극히 짧은 기간이지만, 이 기간 동안 생물계에는 인류가 출현한 획기적인 사건이 있었고, 기후의 변화는 중생대 이래 경험해보지 못했던 대빙하기를 맞이하였다. 이 시기는 플라이스토세(Pleistocene epoch)와 홀로세(Holocene epoch)로 구분된다. 대체로 해안에서 5m 이상 되는 단구(terrace)나 높은 하안 단구(river terrace)에 플라이스토세의 지층이 잘 발달한다. 플라이스토세를 홍적세라고도 하는데, 이는 이 시기 동안에 홍수가 많았다는 뜻에서 기인한 것이다. 플라이스토세는 기후가 한랭하여 몇 차례 빙하(glacier)가 내습한 시대로서 빙하시대(age of glacial)라고도 한다. 이 시기는 이미 대륙의 윤곽이 거의 완성된 때로 육지와 바다의 분포상태는 현재와 거의 다름이 없었다. 홀로세 지층은 해안이나 하안에서 5m 미만이거나 얼마 높지 않은 평지에 사력(gravel)층, 점토(clay)층으로 잘 발달한다. 홀로세는 충적세 혹은 현세(recent epoch)라고도 한다.

(지질시대의 연대는 조금씩 바뀌어 왔습니다. 이유는 연구 결과의 보완과 동위원소의 측정값의 정밀성 등에 기인합니다. 예로 고생대 캄브리아기의 시작을 예전엔 5억 7000만 년 전으로 했었으나 요즘은 5억 9000만 년 전으로 추정하고 있습니다. ― 엮은이)

실러캔스에 대해서

고생대 데본기에서 중생대 백악기까지의 바다에 생존하였던 오래된 물고기로서 그 유해는 화석이 되어 나타나기도 한다. 5000만 년 전에 절멸하였다고 생각되었는데, 원시적인 모습으로 마다가스카르 근해에 생존하고 있는 것이 알려져 '살아 있는 화석', '환상의 물고기'로서 전 세계를 놀라게 하였다.

■ 발견의 경과: 그 생존이 처음으로 알려진 것은, 1938년 12월 22일 남아프리카공화국의 이스트런던의 찰룸나 강 하구 앞바다의 수심 60m인 해저에서 채집되었다. 그날 이스트런던 박물관의 M. C. 래티머는 애비니존슨어업회사로부터 기묘하게 생긴 큰 물고기를 포획하였다는 연락을 받았다. 그는 이 물고기를 박제로 만들어 보존하고 스케치와 소견을 붙여 그레엄스타운대학의 어류학자 J. L. B. 스미스에게 보냈다. 스미스는 그것이 실러캔스의 신속 신종(新屬新種)이라는 것을 확인하고 래티머와 찰룸나 강을 기념하여 라티메리아 찰룸나(Latimeria chalumnae)라는 학명을 붙여 1939년 3월 18일자의 네이처지에 발표하였다. 그 후 실러캔스 포획을 위하여 100파운드의 상금을 걸어 1952년까지 100마리가 잡혔으며, 마다가스카르 섬과 동아프리카 사이에 있는 코모로제도 연안의 깊은 곳에도 서식하고 있음이 알려졌다. 특히 1952년에 코 모로제도의 하나인 안주안 섬 앞바다에서 포획된 실러캔스는 등지느러미의 숫자와 꼬리지느러미의 모양이 라티메리아 찰룸나와 다른 것이 확인되었으며, 이의 반출을 도와준 남아프리카공화국의 말란 총리와 어획장소를 기념하여 말라니아 안주아나(Malania anjuanae)라는 학명을 붙였다. 한국에도 1985년 모로코 정부로부터 기증받은 박제 실러캔스가 서울 영등포구 여의도동의 63빌딩에 전시되어 있다.

■ 생태와 형태: 현재까지의 어획상황이나 물고기 몸의 조사에 의하면 수심 150~500m의 깊은 바다에 살며 몸길이 1.6m, 몸무게 80kg에 이르고, 몸은 길고 다소 측편되었다. 지느러미에 자루부가 있는 것이 특징이며, 특히 가슴지느러미와 배지느러미가 크고 이것으로 해저를 기어 다니는 것으로 추측된다. 등지느러미는 라티메리아속(屬)에서는 2개, 말라니아속에서는 1개이다. 꼬리지느러미는 상·중·하의 3부로 되어 있다. 비늘은 크고 3중으로 겹쳐 있다. 몸 빛깔은 균일하게 파란색을 띤다. 척추는 연골(軟骨)이며 속이 빈 관상(管狀)으로 되어 있다. 영어명은

'척추가 중공이다'라는 뜻이다.

- 진화상의 의미: 경골어류의 대부분은 유영하기 위하여 지느러미나 부레·비늘·골격 등에 각별하게 진화가 일어났으며, 그 때문에 해양생활에 잘 적응하여 현재 크게 번성하고 있다. 그런데 경골어류 중에서 육상생활에 적응하려고 한 무리가 있는데, 이것을 내비공어류(內鼻孔魚類)라고 한다. 콧구멍이 구강(口腔)에 열려 있어 공기호흡을 할 수 있게 되어 있고, 가슴지느러미와 배지느러미가 튼튼하게 발달하여 이것으로 지상을 길 수 있다. 현재 남반구의 담수역(淡水域)에 살고 있는 폐어류(肺魚類)와 실러캔스가 대표적인 것이다. 내비공어류는 원시적인 양서류와 관계가 있고, 또 양서류 이상의 고등생물과 연관되는 점에서 동물진화상 다른 경골어류와 다른 의미를 가진다. 즉 실러캔스의 근연종으로서 고생대 말기에 살았던 무리 중의 어떤 것은 아가미뚜껑의 뼈가 퇴화 소실되었고 꼬리지느러미·등지느러미·뒷지느러미가 없어지고 가슴지느러미나 배지느러미가 네 다리로 변하여 원시적인 양서류로 진화하였다. 이런 뜻에서 실러캔스는 폐어류보다도 양서류에 가깝다고 한다.

질문❹ 진화의 끝은?

사회학이나 경제학에서는 추세외삽법이라는 도구를 사용하여 미래를 예견하기도 합니다.

과학이론에 따르면 우리는 유인원으로부터의 꾸준한 진화를 거쳐 왔습니다. 추세외삽법이라는 개념으로 인류의 진화를 예측할 수 있을까요? 물론 사회과학과 자연과학은 엄연히 다르지만 과학적 사고로서 인류의 끝을 어림짐작할 수도 있으리라 생각하는데…….

답변① 제가 생각하는 진화의 끝은

글쎄요 진화의 방향이 어느 쪽으로 나가는지는 알 수 없지만 제가 생각하는 진화의 마지막은 우리가 흔히 부르는 죽음이 아닐까 싶군요. 진화가 후대까지 자신의 종족을 보존하기 위해서라면 단순한 생각으로도 죽음 그 자체를 뛰어

넘을 필요가 있다고 생각하지 않으시는지요. 실제로 17억 년 전의 endo-spore(일부 세균에서 생기는 일종의 포자)를 호박 속의 곤충에서 꺼내어서 발아에 성공했다는 보고도 있습니다(쥬라기공원 생각하시면 될 듯). 그런데 이것을 보면 생명체라고 보기보다는 탄수화물/단백질결정에 가깝지요. 그렇다면 이쪽이 인간보다 어느 쪽에서는 진화한 존재가 아닐까요? 결론적으로 제 생각은 진화의 극에 달한 생물은 '죽음'과 필연적으로 만날 것이고 그것을 뛰어넘어 '정신'적인 존재가 되지 않을까 생각됩니다.

 답변② 진화의 끝

글쎄요. 어려운 질문입니다. 자연환경 적응에 매우 적합한 형태로 변화해 가리라 추측이 됩니다만…… 과학 공상 영화에서 보여 주는 것과 같은 인공적인 신체부위를 갖는 상상의 인류로 발전할 것인지?

 질문⑤ 진화론과 창조론?

제 우연히 기독교 신자가 아님에도 불구하고 교회세미나에 갔었는데요. 목사님께서 진화론의 허점에 대해서 설명을 하시더군요. 그래서 흥미롭게 들었는데. 예를 들어 파충류에서 양서류로 진화를 했다고 하면(맞나? 진화의 순서는 잘 모르겠지만) 그 중간 생물이 존재해야 하는데 존재하지가 않고 바로 건너뛴다고 하더군요. 실제로 그런가요? 정말로 그렇다면 이상하지만 생물학자들이 그렇게 바보는 아닐 텐데. 그리고 3천 5백만 년 전에 살았다고 하는 어떤 물고기의 화석이 우리나라에 온 적이 있었는데 이 물고기가 아직도 아프리카에서 살고 있다고 하더라구요. 전 그럴 수도 있는 거 아니냐고 생각하는데요. 바퀴벌레도 아주 오래전부터 살았던 거잖아요. 근데 그 목사님은 왜 이 생물은 진화를 하지 않고 그대로 있었냐는 거죠. 그리고 마지막으로 열역학 제2법칙에 따르면 세상의 엔트로피는 항상 증가하게 되는데, 즉 불안정한 쪽으로 이동하는데 왜 진화론만 엔트로피가 감소하는, 그러니까 더욱더 안정하게 되는 거냐고 따지시더군요. 저야 뭐 창조론보다는 진화론에 무게를 두고 있지만 여러분의 생각은 어떠세요?

답변① 진화론과 창조론이라……

　흔히들 진화론은 과학적인 이론으로, 창조론은 기독교적 믿음에 기초한 비과학적인 이론으로 생각하는 경향이 있죠. 저도 예전에는 그렇게 생각했었죠. 저는 진화론을 믿지만 진화론을 부정할 만한 증거가 많이 있다는 소리를 들었습니다. 잘 기억은 안 나지만 흔히 시조새를 진화론의 근거로 드는데 현재 남미 지방에서 날개에 발톱이 달린 새가 발견되기도 한다는군요(확실한 것은 잘 모르겠습니다. 불확실한 얘기를 올려서 죄송합니다). 진화론이나 창조론 모두 부족한 부분이 있고 확실히 증명된 것도 없는 상황에서 둘 중에 한 가지 이론을 선택하는 것은 개인적 견해의 차이가 아닐까 싶습니다.

답변② 음, 제가 민감하게 생각하는 부분이군요.

　학기 초에 그에 대한 언급을 몇 번 하였던 적이 있습니다. 앞부분을 찾아보시면 도움이 되실지도……. 제가 거기에 대한 것을 제출하느라 조사했던 적이 있습니다.

　진화론은 엄청나게 많은 단점이 있고 뚜렷한 증거가 한 개도 제시되지 못한 치명적 학설입니다. 님께서 말씀하신 대로 중간생물의 부재, 현재 있는 생물의 진화가 안 된 이유 그리고 가장 중요한 엔트로피의 법칙이요. 하지만 '정황적'인 증거로 볼 때 진화론은 창조론의 무조건적인 '모든 것 창조, 흙으로 빚어서 뚝딱하니 사람 됐더라.'는 식의 '오직 성서적' 해석보다는 훨씬 과학적이고 명쾌한 설명이 가능하므로 현재의 지배적 학설로 인정받고 있는 것이죠. 제 생각은 이렇군요. 진화론과 맹목적 창조론은 모두가 치명적인 약점들을 가지고 있습니다. 하지만 성서는 수천 년 전의 상황에서 그 당시의 백성들에게 '알기 쉽게' 쓰인 '비유'의 책인 만큼 탄력적인 성서의 해석이 동반된다면 진화론적인 입장과 충분히 상통하는 부분이 있습니다. 어느 과학자가 그런 주장을 했던 것이 기억나는군요.

　우주의 생성도 마찬가지지요. 한 가지 재미있는 예를 들어볼까요?

　옛날 사람들은 지구가 평평하다고 생각했죠. 하지만 성서는 말합니다. "하느님께서 땅을 공간에 다셨다." 공간이라? 그 당시 그런 생각을 한 이는 아무도 없었을 겁니다. 그런 상황에서 성서에는 분명히 그렇게 쓰여 있군요. 이것이 우주에서의 지구의 존재를 명시하는 게 아닐까요? 성서에는 이렇듯 우리가 잘 알지 못하는 재미있는 부분들이 제법 있더군요. 이제 더 이상 '무조건 믿어라' 라는 식의 무조건적인 성서 그대로의 해석은 과학에 어울리지 않아 보인다는 생각이 듭니다. 제가 기독교 신자지만 말입니다.

어허, 이거 써놓고 보니 꼭 전도사 같군요. 저는 그저 진화론이 별로 믿음직 스럽지 않다고 생각하는 학생일 뿐이랍니다. 신자는 사이비 신자구요.

답변③ 진화론의 맥락은

글쎄요. 필요에 의한 진화라. 그것은 '변종'이라 보는 것이 옳을 듯합니다.

진화론의 관점은 모든 생물들이 점차 환경에 적응하는 쪽으로 변화해 나가 고 있다는 것이겠죠. 지금의 생물들도 각기 다른 방향을 향해 진화해 나가고 있다고 합니다(진화론의 관점에서는 말이죠). 원숭이가 언제 사람이 되냐는 질 문에도 진화론에서는 원숭이와 사람은 같은 조상에서 각기 다른 방향으로 진 화를 했다고 설명합니다. 진화론은 필요에 의한 변종이 아니라 단세포 생물에 서 지금의 수많은 생물들로의 모든 진화를 의미하죠. 물론 변종이 굳어져 진화 가 된다고 설명하긴 하지만요.

답변④ 엔트로피에 관해

열역학 2법칙에 의해 엔트로피는 증가하게 되어 있습니다. 글 중에서 보면 세상의 엔트로피가 증가하면서 불안한 쪽으로 흐른다고 하는데 그건 잘못된 생각입니다. 엔트로피가 증가하는 방향은 자연이 움직이는 방향입니다. 즉 고 온에서 저온으로 움직이고 고압에서 저압으로 움직이는 것입니다. 바로 조금 더 안정되는 방향으로 흐르는 것입니다. 따라서 엔트로피와 관련되어서 진화론 이 잘못되었다는 것은 잘못된 것 같군요!

답변⑤ 엔트로피의 법칙은……

조금 더 안정된 쪽으로 흐른다는 것은 엔트로피의 법칙에 정면으로 위배되는 것으로 저는 알고 있습니다. 엔트로피에 대해 정말 간단히 설명을 드리자면 가능한 상태의 로그량이니 뭐니 하는 수학적 정의, 열과 압력에 관련된 엔트로피의 물리학적 정의가 있지만 가장 간단히 말하여 '조금 더 확률이 높은 상태'로 움직이는 것이 엔트로피의 법칙입니다.

엔트로피는 반드시 증가하는 쪽으로 움직이며 한곳의 엔트로피가 감소하려면 그와 관련된 곳에서 그 이상의 엔트로피의 증가가 반드시 있어야 합니다. 가장 간단한 예를 들어 방안이 엄청 어질러져 있을 때(방안에 물건이 정돈되어 있는 것은 확률이 훨씬 낮은 상태죠. 물건들을 아무렇게나 던져놓은 것이 확률이 높은 '자연적인' 상태가 되겠죠.) 어머니께서 그걸 치우시면 방안의 엔트로피는 분명 감소됩니다. 하지만 어머니는 그 이상의 힘을 쓰셨다는 소리가 되겠죠? 진화론에서 엔트로피의 법칙에 위배되는 면이 있다는 건 바로 그 '자연적인 것'에 관련됩니다. 자연적으로 확률이 높은 쪽으로 흘러가는 것이 과연 진화를 뜻할까요? 환경이 변하면 거기에 적응하며 조금 더 안정된 모습을 띠게 되는 것이 과연 엔트로피가 증가하는 방향일까요?

건물은 엔트로피가 감소하는 것이고 폐기물은 엔트로피가 증가하는 것이죠. 물론 '자연적인 힘'에 의해 건물은 폐기물화되어 갑니다. 그리고 모든 물건은 '쓰레기화'되어가며 엔트로피의 법칙을 만족시킵니다. 아니라면 물건들을 가만 놔두면 규칙적으로 짜 맞춰져 만들지도 않은 물건들이 만들어지는 어처구니없는 일들이 생기겠죠?

따라서 제 생각에는 진화론에 분명 엔트로피의 증가에 위배되는 면이 있다는 겁니다. 물론 다른 곳의 엔트로피, 즉 태양의 엔트로피나 자연의 엔트로피를 엄청나게 증가시키며 진화를 한다고 주장할 수도 있겠지만 사람이 태양의 엔트로피를 마음대로 정할 수 있는 것은 아닐 테고. 진화를 거듭한다면 아무런 일을 하지 않고 똑같은 수의 생물들이 진화만 하고 있어도 자연은 고갈되어야 할까요? 의문이 생기는군요.

 답변⑥ 제 생각은 약간 다르네요!

엔트로피가 증가하는 방향이 확률이 증가하는 방향이라는 것은 동의합니다.

그러나 그것이 불안정한 방향이라는 것에는 동의가 되지 않네요. 예를 들면 줄에 매달린 진자의 경우에는 안정적인 방향이 가운데 점점 멈추는 방향입니다. 그리고 이것은 자연이 흐르는 방향, 즉 확률이 높은 방향과 동일합니다. 안정적인 시스템이라는 것은 외부에서 힘이 가해지더라도 시간이 지나면 원래 상태로 되는 것을 의미합니다. 방의 예에서 어지러워진 방에 쓰레기가 더해지는 경우와 깨끗한 방에 쓰레기가 더해진 경우 어느 경우가 더 안정한 경우이겠습니까?

 답변⑦ 예. 맞습니다.

오늘 학교에서도 친구와 그 얘기를 했습니다만 저는 위 분께서 '자연계는 안정적인 방향으로 흘러가며 그것이 엔트로피의 법칙이다.'라고 정의하신 것에 대해 반론을 제기한 것입니다. 생각은 알겠지만 언어의 선택이 조금 애매모호했던 것 같군요. 님의 말씀이 맞습니다. '안정적'과 '불안정적'이란 너무나 주관적인 기준에 따르겠죠.

저는 '확률적인 면'을 강조하고 싶었을 뿐입니다. 보다 명쾌한 해설이라고 생각되는군요.

 답변⑧ 제가 알고 있는 짧은 지식

한때 진화론과 창조론의 열띤 논쟁이 일어났을 때, 오랜 시간이 지난 후 진화론의 대표가 이런 말을 했다더군요. "진화론이 과학적이지 못하다는 것을 인정한다. 그러나 난 창조론을 믿을 수 없으므로 진화론을 믿겠다." 실제 진화론에는 많은 결점들이 있다고 합니다. 조작인지는 모르겠지만 저는 공룡발자국 안에 사람발자국이 함께 찍힌 사진도 보았거든요. 창조론에도 과학적으로 밝힐 수 있는 부분들이 꽤 있거든요. 궁금하시면 창조과학회 사이트를 방문해 보시든지요. 그곳에는 저명한 과학자들이 많이 있거든요.

 답변⑨ 위에서도 얘기했지만

진화하는 과정에서 님께서 말하신 것처럼 다른 쪽에서 엔트로피가 증가한다고 생각하면 말이 됩니다. 한 부분이 진화해서 발달하면 다른 것들은 그 여파로 더 많이 죽어간다는 등. 또 이 진화가 안정된 쪽으로 가는 것이 엔트로피의 반대에 해당한다고 쳐도 그 진화하는 과정에서는 수많은 양의 엔트로피가 발생합니다.

답변⑩ 근본적인 문제는요

신이 존재하는지, 그렇지 않은지 알 수 없다면. 문제의 귀결은 자신의 믿음에 달려있다고 봅니다. 글쎄요. 극단적으로 상대적인 생각인지는 모르겠지만 진화론과 창조론을 저는 아예 다른 영역으로 보고 싶네요. 근본적인 문제인 신의 존재를 알 수 없다면 어차피 논의는 평행선을 그릴 수밖에 없지 않을까요? 그냥 저의 생각이었습니다.

답변⑪ 어려운 문제

저도 한때 심각하게 고민해 봤던 문제네요. 전 당연히 진화론을 믿고 있죠. 근데 어떻게 보면 창조론도 맞는 거 같아요. 둘 다 단점이 있긴 하지만요. 국내에서 과학 잡지로 이름을 날리고 있는 뉴턴에서 한때 진화론에 반박하는 이론을 다룬 적이 있었죠. 물론 진화론에 반대된다고 해서 창조론은 아니지만요. 뭐 거기에 나와 있는 것이 말이죠. 인간 진화의 증거로 여겨지는 것이여. 뭐 예를 들면 네안데르탈인의 두개골이라든지 뭐 그런 거여. 그게 원숭이의 두개골로 봐도 무방하다는군요. 지금은 없는 그런 원숭이요. 게다가 진화론자들이 가장 좋은 예로 제시하는 시조새 말이죠. 파충류와 조류의 중간 단계 새요. 근데요, 그와 같은 새가 지금도 살고 있거든요? 호애친이라구 하는데요. 그 새는 날 때 날갯죽지에 시조새나 박쥐처럼 발톱이 있어요. 뭐 그건 성체가 되면서 사라지지만요. 근데 이런 것들은 진화론을 반박하는 근거가 되긴 하지만요. 그렇다고 해서 창조론을 옹호하는 것은 아니거든요. 상대적으로 창조론이 우세해지긴 하겠지만요. 창조론이 아니면 진화론이다? 그 목사님이 하신 말씀에는 이런 흑백 논리가 들어 있는 것 같네요. 이런 틀에 박힌 사고로는 우리 인류는 결코 생명의 비밀을 알아내지 못하는지도 모르죠. 창조론 아님 진화론이라면 이미 답은 둘 중에 하나게요? 그건 아닐 거 같네요. 찍어도 맞출 확률이 50%라니……

답변⑫ 이렇게 생각해 볼 수 있지 않을까요?

만일 양쪽 모두가 다 맞는다고 말입니다. 저는 이렇게 생각합니다. 신이 창조하셨든 과학적으로 생겨났든, 지구상의 물질들은 끊임없이 생겨나고 변화합니다. 이것을 창조론자들은 신이 창조하셨다고 하고, 진화론자들은 진화되었다고 하는 것일 뿐입니다. 한마디로 그 표현하는 데 있어서의 차이라고 할 수 있겠죠. 마치 사과를 우리나라에서는 '사과'라고 하고 미국에서는 'apple'이라고 하는 것처럼요. 이것은 과학을 종교처럼 그리고 신학을 과학처럼 생각해 보면 금방 이해가 될 겁니다. 과학을 배우고 연구하고 이해한다고 생각하지 마시고 그냥 거기 존재하는 법칙을 '믿는다'고 생각해 보십시오. 또 신학을 마치 어떤 미스터리라도 되는 양 생각지 말아보십시오. 그저 단순한 결과로 받아들여 보세요. 예를 들어 어떤 장인이 아주 아름다운 도자기를 만든 것을 우리는 그저 그렇구나 하고 인식합니다. 그러나 이런 도자기를 물체가 없는 정신계에 몰래 가져다 놓으면 그들(혼이나 유령 등등)은 이게 어디서 어떻게 생겼는지 고민할 것입니다. 그저 누가 만들었다는 단순한 사실인데도 말입니다. 그들에겐 그런 능력이 없기 때문에 아예 과학적으로 가능성을 배제시키는 것이지요. 따라서 저는 양쪽이 다 옳다 내지는 양쪽이 아예 같은 말을 다른 식으로 하고 있다고 생각합니다. 그저 얄팍한 지식으로 긁적여 봤습니다. 틀린 점이 많아도 이해해 주시길…… 단지 제 의견일 뿐입니다.

 답변⑬ 저는 진화론 신봉자입니다만

저는 진화론 신봉자입니다만. 저도 이번 학기에 성서와 기독교 수업을 듣고 있는데요. 교수님이 목사님이시라 창조론을 주장하시면서 진화론의 허점을 말씀하시는데 위 글과 같은 내용을 들으면서 저는 가슴이 터질 것만 같더군요 (?) 진리를 위한 것이 아니라 상대편 허점 잡기에 열 올리는 듯한 인상을 지울 수가 없더군요. 기독교 신자들이나 창조론자들은 진화론을 반박할 때에 주로 아주 지엽적인 경우를 들어서 반박을 하곤 하는데 그걸 염두에 두셔야 합니다. 아직 아무것도 확실하게 밝혀진 것은 없다는 것을요. 확실히 과거부터 현재까지 생물이 진화를 해 오고 있는 것은 확실한 사실입니다. 중요한 문제는 최초의 시작에 창조가 있었느냐 아니면 창조 없이 진화로부터 시작되었을까 하는 것입니다. 수학적 0의 개념에 익숙해진 우리들이 무에서 유가 나왔다는 것에 대해서 당연하다고 여기는 것은 인정합니다. 그러나 이렇게 생각해 볼 수도 있습니다. 태초부터 0이라는 개념은 아무것도 없다고요…… 0은 인간이 만들어 낸 수학상의 도구이지 우주에서 0은 존재하지 않는다고요. 여기에 동의하신다면 태초에 우주가 유에서 유로 진화해 나갔다고 생각이 미칠 수 있지 않을까요? 여기서 우리들의 숙제는 왜 태초에 물질이 있었냐는 것이지요. 해답은 바로 신의 경지이며 제 생각에 인류 최초로 이 해답을 알아낸 사람은 석가가 아닐까 생각합니다. 아니면 석가가 해답을 찾으려 하다가 포기하고 열반에 들어간 것일 수도 있지만 가장 근접했을 가능성이 있는 사람은 석가라고 생각합니다. 한번 생각해 보시구요. 너무 극단적인 생각은 가지지 마세요. 요렇게도 한번 생각해 보시라니까요.

 답변⑭ 님께서 너무 극단적인 생각을 지니신 듯.

비방하는 것이 아니니 절대로 화내지는 마시길 바랍니다. 그러나 글을 읽어 보니 님께서 너무 극단적인 관점을 지니시고 계시다는 생각이 드는 것을 피할 수가 없군요.

대화의 가능성을 져버린 것은 더 이상 학문으로서의 가치를 잃는 것입니다.

진화론은 엄연히 하나의 '학설'로서 인정받고 있으며 지금 현재 '지배적인' 학설인 것입니다. 창조론만이 진화론에 대항하는 설은 아닙니다. 그리고 우리가 끊임없이 진화하고 있다는 것이 틀림없는 사실이라고 말씀하셨는데요, 이것은 역사적인 저명한 학자들마저도 확답하지 못하고 있는 사항입니다. 다만 '진화를 하지 않겠느냐.'라는 정도의 정황적 근거만 몇 가지 있는 것이죠(모두들 아시죠? 갈라파고스 군도의).

진화론을 맹목적으로 부인하고 창조론만은 주입하려 했다면 그 성서와 기독교의 교수님께서도 대화의 가능성을 완전히 닫아버리신 것 같군요. 학문을 하는 사람이라면 어느 한쪽의 편을 들 수는 있지만 상대방을 비방하는 것이 목적이 되어서는 안 되겠죠.

답변⑮ 논의가 활발해서 기분이 좋네요. 근데.

처음에 이 질문을 올린 사람인데요. 여러 가지 의견들이 많이 나왔네요. 그동안 몰랐던 점도 있었고 또 알고 있었던 것도 있지만 다양한 생각들을 접할 수 있어서 좋습니다. 근데 알게 되면 알게 될수록 의문이 생기는 건 역시 어쩔 수 없는가 봅니다.

우리가 흔히 빅뱅을 설명할 때 한 점에서 무한한 우주가 터져 나왔다고 하는데 그렇다면 그 한 점은 어떻게 생긴 것일까 궁금하기도 하구요. 또 생물이 처음 진화될 그 당시에 있었던 바이러스(?)는 누가 만든 것인지 궁금하네요. 결국 제가 대충 내린 결론은 하느님께서 그 우주의 한 점과 미생물의 시초를 만드시고 그 뒤에는 알아서 진화하도록 내버려두신 게 아닐까 하는 생각이 들었습니다. 후훗, 단지 제 의견일 뿐입니다. 하핫.

 답변⑯ 진화론과 창조론

진화론과 창조론에 관한 토의는 인류가 생존하는 한, 또한 종교가 존재하고 있는 한 계속되어질 과제인 것 같습니다. 고생물학에서 지층에서 산출된 화석을 근거로 할 때 생물의 진화를 확인할 수 있는 것은 정확한 사실입니다. 장구한 지질시대에 따른 생물의 변화를 또한 확인하고 있습니다. 종교적인 측면에서의 창조론은 종교로 믿는 것이 아닐까요? 제가 저의 학문 분야 연주자 중에서 진정 존경했던 스승님이며 작고하신 이하영 교수님(고생물학 전공)께서 진화론과 창조론에 대해 언급하신 적이 있습니다(여러 해 전에 연세춘추에). 이하영 교수님은 성실한 기독교 신자였고 장로님이셨는데 진화론을 주장하셨습니다. 그리고 종교는 종교로 받아들여야 된다고 평상시 얘기했답니다.

 질문❻ 지구 진화의 방향은?

진화(evolution)란 더 나은 방향으로 나아가는 것을 의미한다고 생각합니다.
생물체의 진화 역시 환경에 대한 적응과 발달로 원핵생물에서 인간으로까지 나타나고 있습니다. 이는 수많은 경쟁에서 이긴 개체들과 유전 형질들의 생존에 의한 것이라고 생각하는데요. 그렇다면 지구는 과연 진화하고 있는 것일까요? 진화한다면 과연 어느 환경 속에서 어느 대상과 경쟁을 하면서 더 나은 방향으로 나아가는 것일까요? 마지막으로 지금 인간이 지배하는 지구의 모습은 지구 진화의 마지막 모습일까요?

 답변① 인간 역시 진화할까.

지구가 진화한다는 의견에 동감입니다. 지금은 인류가 지구의 지배자라는 생각을 할 수 있지만 인류의 역사는 그리 오래지 않은 것으로 나타나 있습니다. 인간 역시 꼬리뼈가 퇴화되고 사랑니가 퇴화되는 것을 보면 진화의 한 가운데 있는 것 같습니다. 다 진화하기 전에 서로 싸워 멸망하지만 않는다면 진화된 인류가 나타나지 않을까요? 물론 그 변화를 느낄 수는 없겠지요. 인간이 느끼기에는 너무도 긴 시간일 테니까. 하여간 지구도 지구 위의 인간도 변화하는 것은 사실인 듯합니다. 과연 우리 다음에는 어떤 형태의 인간들이 나타날까?

 답변② TIME 2000년 1월호

인간의 진화에 대한 기존의 연구와 '진화의 끝' 등에 대해 좋은 정보를 얻을 수 있는 곳을 소개해 드리고자 글 씁니다. 2000년 1월 TIME을 읽어보시면 도움이 될 것입니다!

 답변③ 좋은 방향의 기준

그저 단순히 좋은 방향으로 나가지는 않고 주어진 환경에 조금이라도 더 익숙하게, 또 유리하게 변화하는 것이 진화라고 생각합니다.

 답변④ 인간이……

인간이 지구를 지배하는 것이 지구진화의 마지막 모습은 아닐 것 같습니다.
저의 아주 개인적인 생각이지만 인간이 지구에서 살 수 있는 것은, 즉 현재의 문명이 계속 유지되면서 발전할 수 있지는 않을 것 같거든요. 왜냐하면 인간의 이기심이 언젠가는 인간을 파멸로 이끌어 갈 수밖에 없는 것 같습니다.

아니면 지구의 자연환경이나 외부환경이 인류가 계속 생존할 수 있도록 가만히 두지 않을 거 같아요. 공룡처럼 인류도 언젠가는 그 끝이 있겠죠. 하지만 태양의 수명이 끝날 때까지 지구는 계속 살아남겠죠. 너무 비관적인 생각인가…….

답변⑤ 적응과 진화

사람들은 적응을 하면서 진화를 하는 것이 아닌가 생각됩니다.

제 생각입니다만. 한 예를 들면 어릴 적에는 아무 생각 없이 공부를 안 해도 아는 것만으로도 좋은 성적을 받을 수 있었는데 중·고등학교 때부터는 더 잘 많이 알고 있는 친구들과 경쟁해야 하고 대학에 와서는 더 많은 지식을 가지고 있는 사람들과 경쟁을 해야 합니다. 그러면서 그전에는 수용하지 못했던 지식들을 충분히 수용하도록 적응을 하지요(예를 들면 고등학교 중간고사 시험 범위는 책 몇 페이지이지만 지생진의 시험범위는 아주 두꺼운 책 반 권과 많은 양의 프린트 물이었습니다). 그전의 내 머리라면 아찔합니다. 물론 어느 정도 지식이 축적된 이유도 있겠지만. 상황이 어쩔 수 없을 때 그전에 없던 초인적 힘이 나오는 게 아닐까요? 그러면서 진화를 하는 듯합니다. 과거의 인간들보다도 제 생각에는 지금의 인간이 더 머리가 좋은 듯합니다. 많은 지식을 더 많이 빠른 시간에 알고 있어야 하니까요.

답변⑥ 상당히 추상적이긴 합니다만

인간은 다만 지구에서 살아가는 한 세대에 불과한 생물체라는 생각이 듭니다. 리포트를 쓰면서 화석 부분에 대한 공부를 했는데 그때 책에 나오던 한 시대를 풍미했던 수많은 생물들을 보면서 인간의 존재라는 것이 얼마나 짧은 역사를 가지고 있는 것인가 하고 생각했었거든요. 하지만 생물체의 변화가 단순히 진화는 아니라고 생각합니다. 변화한다고 해서 진화라고 볼 수 있을까요? 인간은 스스로의 관점에서 보기 때문에 우리가 위대하다고 생각하고 우리가 만물의 영장이며 다른 생물을 지배하고 있다고 생각하고 있는 것 같아요. 예전에 개미라는 소설을 매우 재미있게 읽은 적이 있는데 그 책에서는 철저히 개미의 시각에서 세상을 바라보죠. 개미들에게 인간이란 알 수 없는 존재입니다.

변화는 끊임없이 있을 것이라고 생각하고 그것이 진화―특히 인간이 생각하는―인 것이라는 생각은 하지 않습니다. 자연의 섭리대로 흘러갈 따름이겠죠.

· 저자 ·

유강민   · 약 력 ·

연세대학교 이과대학 지질학과 졸업
京都대학 지질학광물학교실(이학박사, 1982년)
Post-Doctoral Fellow, Department of Geological Science,
Harvard University
Courtesey Professor, Department of Geological Science,
University of Oregon
대한지질학회 부회장, 지질학회지 편집위원장
연세대학교 이과대학 학장
현, 연세대학교 지구시스템과학과 교수

· 주요논저 ·

『Proceeding of the 29th International Geological Congress Part A (1994):
Sandstone Petrology in Relation to Tectonics』,
『퇴적암의 이해』, Kang-Min Yu, Gie-Hyeon Lee, and Sam Boggs Jr. (1997)
「Petrology of late Paleozoic-early Mesozoic Pyeongan Group sandstones, Gohan
area, South Korea and its provenance and tectonic implication」, Sedimentary
Geology, p. 321-338.
외 다수

지구의 생성과 진화

· 초판 인쇄	2007년 10월 31일
· 초판 발행	2007년 10월 31일
· 지 은 이	유강민
· 펴 낸 이	채종준
· 펴 낸 곳	한국학술정보㈜
	경기도 파주시 교하읍 문발리 526-2
	파주출판문화정보산업단지
	전화 031) 908-3181(대표) · 팩스 031) 908-3189
	홈페이지 http://www.kstudy.com
	e-mail(출판사업부) publish@kstudy.com
· 등 록	제일산-115호(2000. 6. 19)
· 가 격	18,000원

ISBN   978-89-534-7691-2 93450 (Paper Book)
        978-89-534-7692-9 98450 (e-Book)